Stephan Busch & Tom Wonneberger

Akquirieren, beraten und begeistern

Wie du als Finanzberater bei der Generation Y gewinnst

FBV

Bibliografische Information der Deutschen Nationalbibliothek
Die Deutsche Nationalbibliothek verzeichnet diese Publikation in der Deutschen Nationalbibliografie. Detaillierte bibliografische Daten sind im Internet über http://dnb.d-nb.de abrufbar.

Für Fragen und Anregungen:
info@finanzbuchverlag.de

1. Auflage 2023

© 2023 by FinanzBuch Verlag, ein Imprint der Münchner Verlagsgruppe GmbH
Türkenstraße 89
80799 München
Tel.: 089 651285-0
Fax: 089 652096

Alle Rechte, insbesondere das Recht der Vervielfältigung und Verbreitung sowie der Übersetzung, vorbehalten. Kein Teil des Werkes darf in irgendeiner Form (durch Fotokopie, Mikrofilm oder ein anderes Verfahren) ohne schriftliche Genehmigung des Verlages reproduziert oder unter Verwendung elektronischer Systeme gespeichert, verarbeitet, vervielfältigt oder verbreitet werden.

Die im Buch veröffentlichten Ratschläge wurden von Verfasser und Verlag sorgfältig erarbeitet und geprüft. Eine Garantie kann jedoch nicht übernommen werden. Ebenso ist die Haftung des Verfassers beziehungsweise des Verlages und seiner Beauftragten für Personen-, Sach- und Vermögensschäden ausgeschlossen.

Ausschließlich zum Zweck der besseren Lesbarkeit wurde auf eine genderspezifische Schreibweise sowie eine Mehrfachbezeichnung verzichtet. Alle personenbezogenen Bezeichnungen sind somit geschlechtsneutral zu verstehen.

Redaktion: Judith Engst
Korrektorat: Anke Schenker
Umschlagabbildung: shutterstock/saicle, R-Vector
Umschlaggestaltung: Sonja Vallant
Fotos Umschlagklappe und S. 5: Thomas Schlorke
Fotos im Innenteil: Ines Schmidt: julia-funke businessphotos; Steffen Ritter: Institut Ritter; Lena Kronenbürger: Teresa Rothwangl; Ingo Schröder: Teresa Rothwangl; Constantin Papaspyratos: Valeska Achenbach; Monika Müller: FCM Finanz Coaching; Norman Wirth: Wirth Rechtsanwälte; Saskia Drewicke: Veronika Jirkova; Stephan Heider: Lisa Brunner; Franziska Zepf: Felix Baab Photography; Klaus Möller: DEFINO; alle anderen Fotos Copyright »privat«.
Satz: Daniel Förster
Grafiken Innenteil: Jana Zschäpe
Druck: Florjancic Tisk d.o.o., Slowenien
Printed in the EU

ISBN Print 978-3-95972-728-0
ISBN E-Book (PDF) 978-3-98609-412-6
ISBN E-Book (EPUB, Mobi) 978-3-98609-413-3

Weitere Informationen zum Verlag finden Sie unter

www.finanzbuchverlag.de

Beachten Sie auch unsere weiteren Verlage unter www.m-vg.de

INHALT

Wir beraten seit 2012 ausschließlich die Zielgruppe Generation Y und haben in dieser Zeit etwa 3.000 Gespräche geführt. 2019 wurden wir für unseren Zielgruppenfokus mit dem OMGV Award ausgezeichnet.

Entgegen dem Image klassischer Berater unterstützen wir ehrlich und praxiserprobt. Wir klären über Megatrends auf, bieten Lösungen, geben Entscheidungshilfen und sorgen so für Gelassenheit und Sicherheit bei den Themen von morgen.

Unsere Mission ist es, Finanzdienstleister zu befähigen, ihr Geschäftsmodel zukunftsfest weiter zu entwickeln.

Wir haben unsere ganzen Erfahrungen in dieses Buch einfließen lassen, um dir den Zugang zur Zielgruppe Generation Y zu erleichtern.

VORWORT

> »Ich bin fast 18 und hab keine Ahnung von Steuern, Miete oder Versicherungen. Aber ich kann 'ne Gedichtanalyse schreiben. In vier Sprachen.«

Das schrieb die damals knapp 18-jährige Naina 2015 via Twitter und löste damit eine mittelschwere Bildungsdebatte aus.

Weniger als die ausgelöste Bildungsdebatte interessiert(e) uns die Person Naina. Sie stand und steht stellvertretend für eine ganze Generation. Sie steht an der Schwelle der Generation Y und der Generation Z. Wir glauben, dass ihre knapp 140 Zeichen diese Zielgruppe(n) sehr gut beschreiben.

Wenn du also diese Nainas als deine neuen potenziellen Kunden auserkoren hast, dürfte das vorliegende Buch dir dabei helfen, sie zu verstehen, zu erreichen, zu beraten und zu begeistern.

- Im ersten Abschnitt beschäftigen wir uns mit strategischen Themen, die für den Versicherungsvertrieb und das eigene Geschäftsmodell wichtig sind. Du erfährst, welche Grundlagen du schaffen musst, um in der Zielgruppe Generation Y erfolgreich zu sein.
- Im zweiten Abschnitt stellen wir die Generation Y detailliert vor. Du erfährst, was diese Zielgruppe auszeichnet und worauf sie Wert legt.
- Im dritten Abschnitt geht es um die Akquise der Generation Y. Du erfährst, wie und mit welchen Themen du diese Zielgruppe erreichst.
- Im vierten Abschnitt geht es um die erfolgreiche Beratung der Generation Y. Du erfährst, welche Aspekte für die Beratung relevant sind und wie du komplizierte Beratungsthemen zielgruppengerecht aufbereitest.
- Im fünften Abschnitt geht es um die erfolgreiche Betreuung nach dem Vertragsabschluss. Du erfährst, wie du mit System mehr aus dem Bestand herausholen und die Zielgruppe Generation Y begeistern kannst.

- Im sechsten Abschnitt dreht sich alles um die Jungmakler. Dieser Abschnitt ist insbesondere dann für dich interessant, wenn du Maklerbetreuer oder Vertriebspartnerbetreuer bist. Du erfährst, wie du diese erreichst und bindest, um auf diese Weise mehr Geschäft über die Vertreter der Generation Y zu platzieren.
- Im siebten Abschnitt beschäftigen wir uns einem der wichtigsten Themen der jüngeren Generation: Nachhaltigkeit. Du erfährst, was Nachhaltigkeit bei Finanzen und Versicherungen bedeutet und wie du deine Beratung und dein Unternehmen nachhaltig gestaltest.

Um das Buch noch praxisnäher zu gestalten, haben wir 25 ausgewiesene Experten der Branche eingeladen, ihre Perspektiven und Erfahrungen mit der Generation Y zu teilen. Diese ergänzen und bereichern die einzelnen Kapitel.

Wir wünschen dir eine gute Lektüre und spannende Erkenntnisse!

KAPITEL 01
Strategisches

01 STRATEGISCHES

Im ersten Teil beschäftigen wir uns mit strategischen Themen, die für den Versicherungsvertrieb und das eigene Geschäftsmodell wichtig sind. Du erfährst, welche Grundlagen du schaffen musst, um in der Zielgruppe Generation Y erfolgreich zu sein.

01.1 SECHS MEGATRENDS

In diesem Kapitel geht's um die Megatrends und ihre Auswirkungen auf den Versicherungsvertrieb.

Demografie

Zugegeben: Das Thema Demografie dürfte die wenigsten Leser überraschen. Erläutern wir unseren Kunden doch vermutlich regelmäßig die Auswirkungen auf Altersvorsorge und Co. Doch was macht Demografie mit uns, den Versicherungsmaklern?

Bevölkerung	20–55 Jahre	> 55 Jahre
2020	37,1 Mio.	30,9 Mio.
2030	35,4 Mio.	32,8 Mio.
2040	35,2 Mio.	33,5 Mio.
Fazit	**- 2 Mio.**	**+ 2,5 Mio.**

Tabelle 1: Entwicklung der Bevölkerung

Die Bevölkerung wird im Durchschnitt voraussichtlich deutlich älter. So weit, so bekannt. Interessant sind die Dimensionen. In 20 Jahren wird es zwei Millionen weniger Menschen in einem Alter geben, das interessant für die Risiko- und Altersvorsorge ist. Das sind zwei Millionen potenzielle Kunden weniger als heute. Das bedeutet, die Nachfrage nach Produkten zur Einkommensabsicherung und Altersvorsorge dürfte sich gravierend ändern. Gleichzeitig steigt die Zahl derer, die kurz vor oder bereits im Ruhestand sind. Diese Altersgruppe wird vermutlich vermehrt eine umfassende Ruhestandsplanung nachfragen. Ruhestandsplanung darf aber nicht mit Altersvorsorge verwechselt werden. Das sind zwei komplett unterschiedliche Paar Schuhe.

Die zweite Entwicklung betrifft die Vermittler selbst. Seit 2011 ist deren Zahl um 25 Prozent gesunken. Jünger als 40 Jahre dürften zwischen 6.000 und 7.000 Vermittler sein. Nachwuchs ist kaum in Sicht. Der Schwund dürfte sich also eher verstärken als abflachen. Dafür gibt es drei Hauptgründe: mangelnde Attraktivität des Berufs, verstärkte Regulierung und sinkende Courtagen. Es gibt schlichtweg nicht genügend Nachfolger. Was passiert mit den ganzen Kundenbeständen?

Auswirkungen der Demografie

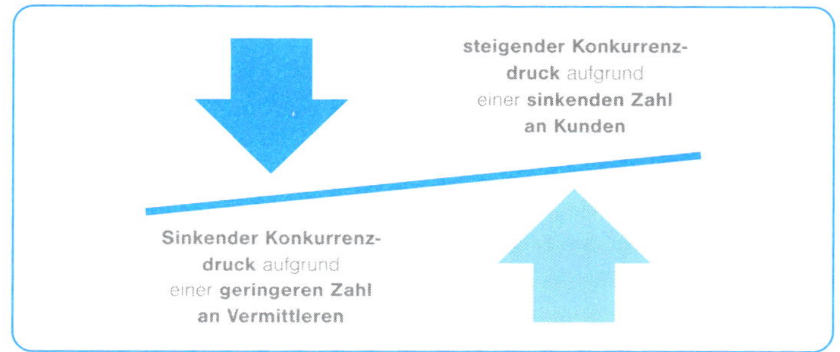

Abbildung 1: Auswirkung der Demografie

Im Ergebnis haben wir zwei gegenläufige Entwicklungen: Auf der einen Seite sinkenden Konkurrenzdruck, da es ja weniger Vermittler gibt. Auf der anderen Seite jedoch steigenden Druck, da es auch weniger Kunden im bis dato potenziell relevanten Alter gibt.

Dies führt zu einer Verschiebung des Marktes:

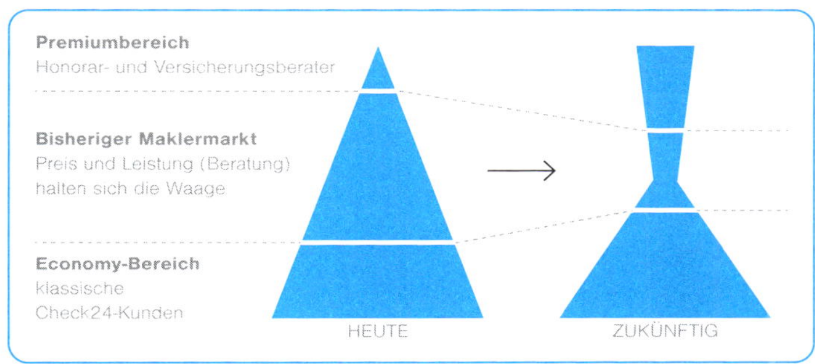

Abbildung 2: Veränderung des Vermittlermarktes

Heute haben wir einen überschaubaren Economy-Bereich. Hier geht es vor allem um den Preis. Das sind also die klassischen Check24-Kunden. Darüber kommt der bisherige Maklermarkt. Hier halten sich Preis und Leistung – also Beratung – die Waage. Im Premiumbereich sind meistens Honorar- und Versicherungsberater unterwegs. Hier steht die Beratungsdienstleistung im Vordergrund.

Die Demografie führt dazu, dass der Mittelteil besonders schrumpft. Entweder wenden sich die Kunden dem Economy-Bereich zu. Vergleicher und Plattformen, aber auch Maklerkollegen mit einem voll digitalisierten und weitestgehend automatisierten Prozess werden hier erfolgreich sein. Der Premiumsektor wird ebenfalls gewinnen. Das könnte zum Beispiel die Ruhestandsplanung sein. Der klassische Versicherungsverkauf spielt hier keine oder allenfalls eine untergeordnete Rolle. Verlierer ist der Mittelbau, also der althergebrachte Makler: Er ist Einzelkämpfer und hat einen ganzen Bauchladen im Angebot. Hier ein bisschen Altersvorsorge, da Hausrat und nebenbei noch Krankenversicherung. Nicht Fisch und nicht Fleisch. Weder besonders preiswert noch ein besonderes Beratungserlebnis oder gar Dienstleistungsangebot.

Künstliche Intelligenz

Der zweite Megatrend ist die künstliche Intelligenz (KI). Keine Sorge, hier folgt keine Abhandlung über starke und schwache KI oder neuronale Netzwerke. An dieser Stelle reicht es, wenn wir uns darauf verständigen, dass KI ein selbstlernendes System ist, das eigenständig Aufgaben lösen kann. KI findet Lösungswege, die wir nicht auf dem Schirm haben. Waren die Anwendungsfelder einst eng begrenzt, ist spätestens seit der Einführung des dialogfähigen Chatbots ChatGPT inzwischen mehr oder weniger offensichtlich, wie sehr die KI unsere Welt künftig prägen wird. Die Entwicklung schreitet rasch voran und die Probleme werden komplexer, die KI bearbeitet.

Hier ersetzt oder ergänzt KI menschliche Kräfte bereits oder in absehbarer Zeit:

- Dokumentenverarbeitung
- Bestandsänderungen
- Erstellung von Angeboten
- Policierung
- Schadensbearbeitung
- Betrugserkennung
- Erfassung von Kundenproblemen
- Beratung

Vor allem bei den letzten beiden Punkten sollten die Alarmglocken läuten.

Fazit zum Thema künstliche Intelligenz

Zuerst die gute Nachricht: Repetitive, verwaltende und administrative Aufgaben werden weniger oder fallen ganz weg. Gerade die Bestandsarbeit dürfte dadurch um einiges einfacher und schneller werden. KI wird vieles effizient(er) machen (mache ich die Dinge richtig?). Dadurch wird die Frage nach der Effektivität wichtiger (mache ich die richtigen Dinge?). Was machst du mit der gewonnenen Zeit? Mehr Kunden akquirieren oder bessere Beratung bieten? Letztlich stellt sich folgende Frage: Was ist der Kern deiner Dienstleistung? »Nur« die Versicherungsvermittlung oder vielleicht auch die Aufklärung über Cyberrisiken?

Prävention

Versicherung heißt heute: Schadensersatz. Das Haus brennt ab? Die Versicherung bezahlt den Wiederaufbau. Ich kann nicht mehr arbeiten? Die Versicherung zahlt die BU-Rente. Versicherung in Zukunft heißt: Schadensverhütung und Schadensersatz. Einen Schaden zu verhindern oder zu vermindern ist günstiger (und nachhaltiger), als ihn zu ersetzen. Selbstverständlich werden Versicherungen diesen Umstand zu nutzen wissen. Digitalisierung und KI (siehe oben) helfen ihnen dabei. Und das Beste dürfte sein: Die Kunden machen begeistert mit. Bereits heute laufen Krankenversicherte für einen läppischen Euro 10.000 Schritte am Tag.[1]

Vor allem im Bereich der Gewerbe- und Industrieversicherung ist Prävention *das* Thema der Zukunft. Mit *predictive maintenance* lassen sich Schäden wie kaputte Bauteile vorhersagen. Bevor ein wichtiges Dichtungsteil den Geist aufgibt, macht das System Meldung und veranlasst den Tausch. So lassen sich besonders teure Großschäden vermeiden. Der Versicherer profitiert von sinkenden Schadensaufwendungen und der Versicherte von sinkenden Prämien. Außerdem kann die Produktion weiterlaufen.

Fazit zum Thema Prävention

Daraus ergeben sich eine ganze Menge Fragen. Wenn Kunden sich bereits heute für kleinste Beträge überwachen lassen und für einen Euro täglich 10.000 Schritte gehen: Was werden sie zukünftig noch alles machen, um einen kleinen Vorteil zu bekommen? Was ist, wenn die Beiträge in der Breite sinken? Wie entwickeln sich die Courtagen? Wofür werden Kunden in Zukunft überhaupt noch bereitwillig Geld zahlen? Warum sollen sie bei dir eine im Vergleich teure Versicherung abschließen, wenn sie woanders im Tausch gegen Daten und für ein paar Schritte am Tag deutlich weniger zahlen? Und wieder: Was ist der Kern deiner Dienstleistung? »Nur« die Versicherungsvermittlung oder vielleicht auch das Daten- und Risikomanagement?

Individualisierung

Der vierte Trend greift die beiden vorherigen auf: Individualisierung. Hierzu zwei kurze Beispiele:

- situative Versicherungen
- Gegenstandsversicherungen

Situative Versicherungen sind meist zeitlich auf ein Ereignis oder Vorhaben begrenzt. Ich stehe am Skihang und merke: Ich bin ja gar nicht unfallversichert! Was ist, wenn mir was passiert? Kein Problem! Einfach schnell die günstige Versicherung für die Abfahrt abschließen. Ein, zwei Klicks und fertig. Zack: Schon bin ich versichert!

Die Gegenstandsversicherung sichert statt des gesamten Hausrats oder der gesamten Elektronik das geliebte Smartphone oder das »überlebensnotwendige« Tablet ab. Schnell, einfach und günstig versteht sich.

Auch hier nutzen die Versicherer die Digitalisierung und zum Teil KI. Diese Lösungen sind nah an den Kunden und ihren Bedürfnissen. Der Abschluss ist so einfach wie die Bestellung bei Amazon, dem Maßstab schlechthin für Convenience.

Fazit zum Thema Individualisierung

Der Kundenzugang geht an neue Player. Das ist vor allem für uns Makler bitter. Ist doch der Kundenzugang das entscheidende Asset, das wir haben. Interessanterweise zahlen Kunden unterm Strich mehr Geld für weniger Versicherungsschutz. Eine vollwertige Elektronikversicherung ist wenig teurer als eine Gegenstandsversicherung fürs neueste iPhone, sichert aber die gesamte Elektronik ab. Eine vollwertige Unfallversicherung leistet natürlich auch für den Skiunfall. Aber der eine Euro für die Unfallversicherung für die Abfahrt klingt erst einmal und im betreffenden Moment nach wenig im Vergleich zu den 10 Euro im Monat für eine vernünftige Unfallversicherung.

Wenn die Kunden aber letztlich *mehr* Geld für solche Versicherungen ausgeben, bleibt dann noch genügend übrig für die wirklich wichtigen Versicherungen? Erwarten sie dann einen ebenso bequemen Abschluss? Und wieder: Was ist der Kern deiner Dienstleistung? »Nur« die Versicherungsvermittlung oder vielleicht auch der Aufbau von echter Entscheidungskompetenz?

Nachhaltigkeit

So langsam sickert das Thema Nachhaltigkeit auch in der Assekuranz durch. Die Kapitalanlage ist da deutlich weiter. Klar, es gibt noch keine Taxonomie und der Begriff ist schwammig. Doch vor allem auf EU-Ebene wird das Thema mit hoher Priorität vorangetrieben. Sich *nicht* damit auseinanderzusetzen wäre fahrlässig. Die Generation Y hat einfach ein geändertes Verhältnis zum Geld und zur Finanzindustrie, deren Teil wir sind. Noch deutlicher ist das bei der Generation Z (Stichwort: Fridays for Future). Sinn schlägt Status immer mehr. Dazu sei nur eine Zahl genannt: 6,7 Millionen. So viele Menschen richten ihren Konsum und ihre Geldentscheidungen nach nachhaltigen Gesichtspunkten aus. Meistens sind das hoch qualifizierte, junge, urban geprägte Leute. Eine Zielgruppe, die die meisten Makler gewinnen wollen.*

Fazit zum Thema Nachhaltigkeit

- Zunächst einmal haben wir alle zweifellos eine Verantwortung gegenüber der Gesellschaft und sollten diesen Planeten lebenswert erhalten. Also sollten auch wir Versicherungsprofis uns darum kümmern.
- Zweitens verlangt es der Gesetzgeber. Derzeit gibt es entsprechende Vorgaben zwar nur in der Anlageberatung. Aber es ist nur eine Frage der Zeit, bis auch wir Versicherungsmakler unsere Kunden fragen müssen, ob und wie wir das Thema Nachhaltigkeit bei unseren Empfehlungen berücksichtigen sollen.
- Drittens bietet der Markt mittlerweile eine gewisse Auswahl an nachhaltigen Finanzprodukten.
- Viertens erwarten vor allem junge Mitarbeiter Engagement in diesem Bereich. Nachhaltigkeit betrifft auch und vor allem die Unternehmensführung.
- Fünftens wollen und erwarten immer mehr Kunden, dass wir das Thema Nachhaltigkeit abdecken.
- Und zu guter Letzt bringt es Geld. Hebe dich mit diesem Thema vom Markt ab und du wirst in einer hart umkämpften, ertragreichen Zielgruppe damit reüssieren.

* Quelle: https://goodimpact.eu/dialog/kommentar/polycore-studie-die-leute-wollen-einen-unterschied-machen

Feminisierung

Der letzte Megatrend ist die Feminisierung. Hierzu sei eine beeindruckende Übersicht angeführt:

Erwerbstätigenquote	Männer	Frauen
1960	90 Prozent	47 Prozent
1980	83 Prozent	48 Prozent
2000	73 Prozent	58 Prozent
2019	85 Prozent	77 Prozent
Fazit	**–6 Prozent**	**+63 Prozent**

Tabelle 2: Entwicklung der Erwerbstätigenquote Männer vs. Frauen*

Während also der Anteil der erwerbstätigen Männer zurückgegangen ist, ist der Anteil der erwerbstätigen Frauen geradezu explodiert. Beide Geschlechter liegen mittlerweile fast gleichauf. Natürlich gibt es noch deutliche und zum Teil ungerechtfertigte Unterschiede. Die Tendenz ist aber überdeutlich und setzt sich weiter fort. Besonders spannend ist der Anteil der jungen (30- bis 34-jährigen), hoch qualifizierten Personen. Hier gibt es mittlerweile mehr Frauen (35 Prozent) als Männer (30 Prozent). Überdies machen auch deutlich mehr Frauen als Männer Abitur und sie schneiden außerdem mit besseren Noten ab.

Trotz dieser rasanten Entwicklung zeigt sich das in den Führungsetagen und der Versicherungsvermittlung noch nicht:

	Männer	Frauen
Anteil Führungsposition, alle Branchen	70 Prozent	30 Prozent
Vermittler**	80–90 Prozent	10–20 Prozent

Tabelle 3: Anteil Männer und Frauen bei ausgewählten Indikatoren

* Quelle: https://www.sozialpolitik-aktuell.de/files/sozialpolitik-aktuell/_Politikfelder/Arbeitsmarkt/Datensammlung/PDF-Dateien/tablV31.pdf

** Quelle: AssCompact Trends III/2021

Dennoch gehen wir mittel- und langfristig davon aus, dass immer mehr Frauen in Führungs- und Machtpositionen gelangen werden.

Fazit zur Feminisierung

Frauen werden wirtschaftlich unabhängiger. Frauen werden Führungskräfte. Die Gender-Pay-Gap (schlechtere Bezahlung) und die Gender-Pension-Gap (geringere Rentenansprüche) werden sinken. Frauen werden Entscheiderinnen über die Finanzen in den Haushalten. Frauen werden also eine wichtige und bedeutsame Zielgruppe im Versicherungsvertrieb. Sie haben jedoch andere Bedürfnisse und Erwartungen als Männer. Frauen bedürfen einer anderen Ansprache. Um diese zu erfüllen, werden Frauen als Mitarbeiterinnen und Beraterinnen wichtiger.

GASTBEITRAG JUSTUS LÜCKE

Justus Lücke ist Mathematiker und Aktuar. Sein Schwerpunkt liegt auf den Themen Produkte, Regulatorik und Vertrieb. Er war in verschiedenen Beratungsstationen tätig, von mittelständischen Versicherungsunternehmen bis hin zu internationalen Versicherungskonzernen. Seit 2017 ist Julius Lücke Geschäftsführer der Versicherungsforen Leipzig und seit 2021 auch der Maklerforen Leipzig.

Megatrends und die Zukunft des Versicherungsvertriebs?

Die Welt und die Gesellschaft befinden sich in einem grundlegenden Wandel. Einige Entwicklungen werden großen Einfluss darauf haben, wie wir in Zukunft leben. Das wirkt sich auch auf Versicherungen und auf das Beratungsgeschäft aus. Daher ist es wichtig, diese Megatrends zu kennen und sich mit den Folgen auseinanderzusetzen.

Schwund der Bevölkerung und des Mittelstands

Seit Jahren sinkt in Deutschland (wie in vielen anderen Ländern) die Geburtenrate mit der Folge, dass die Bevölkerungszahl schrumpft. Für dich hat diese demografische Entwicklung zwei konkrete Auswirkungen: Es gibt sowohl weniger potenzielle Mitarbeiter als auch weniger Kunden. Die Mittelschicht, die besonders empfänglich für persönliche Versicherungsberatung ist, wird kleiner. Künftig wird es mehr Menschen mit Niedriglohnjobs geben und ebenso mehr Spitzenverdiener.

Digitalisierung und digitale Geschäftsmodelle

Die Menge der verfügbaren und verarbeiteten Informationen steigt exponentiell. Digitale Geschäftsmodelle sind der einzige Weg, um die Produktivität zu steigern, übrigens auch im Hinblick auf die Bevölkerungsentwicklung. Um dir einen Vorteil gegenüber den Wettbewerbern zu verschaffen, musst du die vorhandenen Daten mithilfe moderner Technologien zielgerichtet verarbeiten können.

Nachhaltigkeit und Sinn

Viele Menschen wollen nachhaltiger leben. Der Wunsch nach mehr Umweltverträglichkeit und Regionalität spielt nicht erst seit der Corona-Krise eine wichtigere Rolle. Passend dazu rückt die Frage nach einem »sinnhaften« Leben, nach einem persönlichen *purpose*, in den Mittelpunkt. Das wiederum hat Auswirkungen auf Versicherungsprodukte und auch auf deine Beratung.

Jetzt wirst du dir die Frage stellen, wie du auf diese Entwicklungen reagieren kannst. Dies sei vorweg gesagt: Die *eine* Lösung, die für alle passt, existiert nicht. Aber es gibt einige Ansätze, die du prüfen und für dich und dein Geschäftsmodell passend machen solltest. Hier kommen sie.

Digitalisierung der einfachen Prozesse

Benötigt man eine umfassende und ausführliche Beratung für eine Zahnzusatzversicherung oder eine Reiserücktrittsversicherung? Vermutlich nicht. Ist es sinnvoll, alle Dokumente noch in Papierform zu verarbeiten? Vermutlich auch nicht. Nutze die Möglichkeiten der Digitalisierung. Das könnte zum Beispiel bedeuten, dass deine Kunden sehr einfache Produkte online abschließen können und du deine internen Prozesse weitgehend digital gestaltest. Hier können Selfservice-Angebote helfen, deinen Alltag von administrativen Tätigkeiten zu entlasten. Ganz wichtig: Damit die Kunden diese Angebote nutzen, musst du es schaffen, sie auf die digitalen Kanäle zu bringen. Und das sollte dann auch fehler- und abbruchfrei funktionieren.

Spezialisierung und Community Management

Durch die digitalen Medien entstehen neue Communitys und Zielgruppen überregional. Dieses Potenzial kannst du nutzen, um dich auf eine Zielgruppe zu fokussieren, die zu dir und deinen Interessen passt. Hier kannst du dich authentisch mit deinem Wissen und guten Inhalten als Fachexperte positionieren. So entstehen langfristige Kundenbindungen.

Employer Branding und Fokus auf Kulturmanagement

Die Besetzung von Stellen und die Suche nach qualifiziertem Fachpersonal wird in Zukunft noch herausfordernder. Dabei geht es nicht nur um die Bevölkerungsentwicklung, sondern auch um geänderte Ansprüche. Neben einem guten Gehalt werden eine interessante, freundliche und offene Arbeitsatmosphäre immer wichtiger. Hier musst du dich mit dem Thema Kulturmanagement auseinandersetzen, genauso wie mit deiner Positionierung als Unternehmen nach außen, Stichwort Employer Branding.

Zusammengefasst: Für dich als Vermittler sind die demografische Entwicklung und die Digitalisierung die größten zukünftigen Herausforderungen. Das erhöht die Anforderungen an dich als Vermittler und Unternehmer, dich weiterzuentwickeln und neue digitale Fähigkeiten zu erwerben. Gleichzeitig bietet dir das die Chance, dein Geschäft langfristig gut aufzustellen und dir einen Wettbewerbsvorteil zu sichern.

GASTBEITRAG DR. KLAUS MÖLLER

Dr. Klaus Möller ist seit 1990 Gestalter der Finanzbranche. Aktuell ist er Obmann im DIN-Ausschuss »Finanzdienstleistungen für den Privathaushalt«, Mitglied im Beirat des Normenausschusses Dienstleistungen und Vorstand des Defino-Instituts für Finanznorm.

Sechs Megatrends und wie sie die Finanzberatung beeinflussen

»Lawinen in Zeitlupe«, so beschreibt das Zukunftsinstitut in Frankfurt Megatrends treffend. »Denn Megatrends entwickeln sich zwar langsam, sind aber enorm mächtig. Sie wirken auf alle Ebenen der Gesellschaft und beeinflussen so Unternehmen, Institutionen und Individuen.« Das gilt somit auch für die Finanz- und Versicherungsindustrie.

Die Herausgeber dieses Buches haben sechs Megatrends identifiziert, die unsere Gesellschaft in den 20er-Jahren unseres Jahrhunderts besonders prägen und bewegen:

1. die demografische Entwicklung, also die Überalterung unserer Gesellschaft,
2. das Aufkommen von künstlicher Intelligenz, also die rasante Entwicklung und die zunehmende Verbreitung lernender und selbstständig agierender technischer Systeme,
3. die Prävention, also die wachsende Neigung der Menschen, auch vorsorgend und nicht nur reaktiv zu handeln,

4. die Individualisierung, also zunehmender Egoismus in unserer Gesellschaft und zugleich eben doch auch der Wunsch, in bestimmten Situationen die Möglichkeit zu situationsbezogenem und eher reflexartigem Handel zu haben,
5. die Nachhaltigkeit und
6. die Feminisierung.

Lawinen haben die Eigentümlichkeit, dass man sich ihnen, wenn man sich an einem bestimmten Ort befindet, nicht entziehen kann. Da ist es gut, dass Megatrends in Zeitlupe kommen, sodass wir die Chance haben, sie zu antizipieren und Strategien für einen Umgang mit ihnen zu entwickeln. Denn nicht alle sind gut und schon gar nicht sind sie eine Einladung, einfach im Strom mitzuschwimmen. Einige sind tendenziell gefährlich für die Menschen. Sie stellen somit eine Aufforderung gerade an die Versicherungs- und Finanzindustrie dar, die Menschen beim Umgang damit zu unterstützen und die Risiken zu mindern, die sich daraus ergeben.

Es wird wenig Dissens darüber herrschen, dass Vorsorge und Prävention, ein nachhaltiger Umgang mit unseren Ressourcen – auch mit der Ressource Kunde – und ein größerer Einfluss von Frauen auf Politik und Wirtschaft und ihre Gleichberechtigung in diesen Feldern uns allen guttun und mit aller Kraft unterstützt und gefördert werden müssen. Bei diesen Megatrends ist aktives Mitmachen genau richtig.

Die demografische Entwicklung, also der Umstand, dass sich die Alterspyramide langsam auf den Kopf stellt, ist ein Megatrend, bei dem wir wenige Gestaltungsmöglichkeiten haben. Wir können ihn kaum bremsen oder fördern; wir können nur versuchen, mit seinen Folgen umzugehen.

Bezüglich der künstlichen Intelligenz wird eine permanente Folgenabschätzung nötig sein, um sicherzustellen, dass die Branche nicht vollends entmenschlicht wird, sondern dass KI ein Instrument bleibt, dass den Menschen und der Menschlichkeit dient.

Die hedonistisch-egoistische Individualisierung ist ein negativer Megatrend. Denn Menschen sind Herdentiere, die allein nicht überlebensfähig sind. Hier kann und sollte jeder gegensteuern, zum Beispiel auch durch die Verweigerung gegen den Trend, Tarife zu gestalten, die für immer kleinere und spezielle Gruppen separate Prämienberechnungen zugrunde legen. Dieses Vorgehen fördert zwar Prävention und Wohlverhalten, aber es isoliert Problemgruppen.

Eine Gesellschaft, die von den genannten Megatrends beherrscht wird, erfordert von ihren Finanzberatern ein hohes Maß an Achtsamkeit, Redlichkeit und Verlässlichkeit. Notwendig ist mithin die unbedingte Orientierung an den Kundeninteressen – an den zukünftigen und den aktuellen Kundeninteressen, an denjenigen, die die Kunden selbst äußern, und denen, die sie noch gar nicht kennen. Am besten können Berater diesem Anspruch durch Einsatz der einschlägigen DIN-Normen für die Finanzanalyse von Privathaushalten und die Risikoprofilierung von Privatanlegern gerecht werden. Denn diese helfen dabei, kein Finanzthema zu vergessen oder auszulassen – und sei es noch so klein oder noch so weit weg. Und da sie so komplex sind wie das Leben selbst, werden sie mittelfristig kaum von künstlicher Intelligenz ohne Anleitung von Beratern umgesetzt werden können.

01.2 STRATEGISCHE LÖSUNGSANSÄTZE ZU DEN BESTEHENDEN MEGATRENDS

In diesem Kapitel stellen wir Möglichkeiten vor, die vorgestellten Megatrends zu nutzen.

Geschäftsmodell

Um in dem Markt, der sich verschiebt, auch langfristig erfolgreich zu sein, braucht es ein klares Geschäftsmodell.

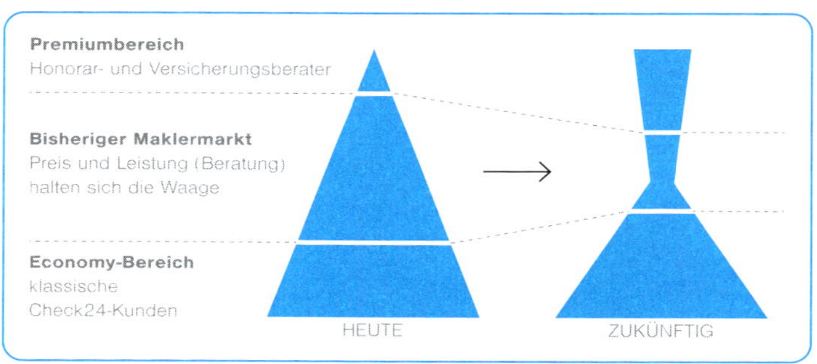

Abbildung 3: Veränderung des Vermittlermarktes

Geschäftsmodellentwicklung sollte den gleichen Stellenwert im Unternehmen haben wie die Kundenakquise und -beratung. Während die meisten viel *im* Unternehmen arbeiten, vergessen viele, *am* Unternehmen zu arbeiten. Definiere eine klare Zielgruppe beziehungsweise fokussiere dich auf ein Produkt. Beschreibe davon ausgehend den Kundennutzen und deine Alleinstellungsmerkmale. Lege klare Prozesse und Standards fest. Willst du in den Premiumbereich vorstoßen, wird die Beratung dein eigentliches Produkt. Entwickle dich vom Vermittler zum Berater, zum Coach, zum Trainer oder zum Finanzplaner.

Wichtig: Hol dir externe Unterstützung und eine objektive Meinung von außen ein. Diese Hilfe kannst du dir auch organisieren, indem du zu einem Maklerstammtisch gehst.

Spezialisierung

Es ist ein alter Hut: Spezialisiere dich! Dabei spielt es übrigens keine Rolle, ob du dich für eine oder mehrere Zielgruppen oder für einen Produktfokus entscheidest. Bei beiden Spezialisierungen geht es um einen Expertenstatus, den du dir aufbaust. Beim Zielgruppenfokus geht es eher um ein Breitenwissen. Beim Produktfokus benötigst du Tiefenwissen, um dich abzuheben. In beiden Fällen brauchst du Know-how, das deine Konkurrenten nicht haben. Du benötigst in beiden Fällen auch ein Netzwerk. Als Zielgruppenspezialist brauchst du das Netzwerk, um themen- oder spartenbezogene Empfehlungen auszusprechen. Beim Produktfokus benötigst du vielfach ein Netzwerk, dass dir Kunden anträgt. Das können Maklerkollegen oder Steuerberater sein.

Wichtig: Denk daran, dass du bei beiden Spezialisierungen am Ende Menschen unterstützt und berätst.

Neue Kundenansprache

Entwickle ausgehend von deinem Geschäftsmodell und deiner Positionierung neue Formen der Kundenansprache. Nutze die verschiedenen (digitalen) Kanäle, die zu deiner Zielgruppe passen. Probiere es mit Events. Events sind eine tolle Möglichkeit, sich zu präsentieren, Netzwerke zu knüpfen und mit Interessenten auf angenehme Weise in Kontakt zu treten. Denkbar sind auch Events zur Wissensvermittlung, etwa als Webinar. Denke über Content Marketing nach, um deine Expertise zu demonstrieren und Zusatznutzen für deine Kunden zu stiften. Kommuniziere nutzerorientiert und biete Inhalte, die einzigartig sind. Niemand schließt eine Berufsunfähigkeitsversicherung ab, nur weil du bei Facebook einen gesponserten Beitrag über die Wichtigkeit einer Berufsunfähigkeitsversicherung postest.

Wichtig: Hol dir externe, professionelle Unterstützung und Begleitung.

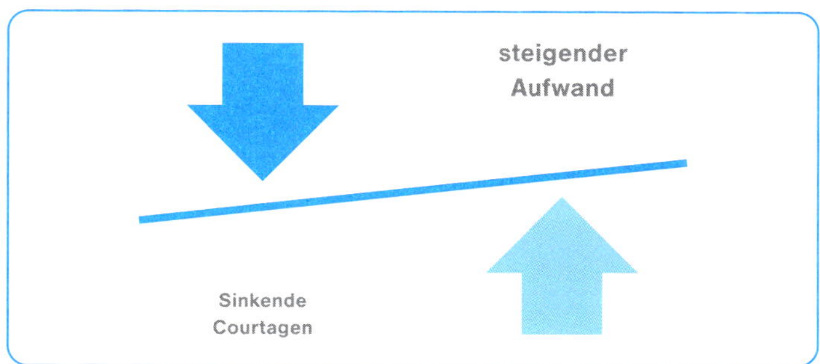

Abbildung 4: Veränderung bei Aufwand und Nutzen

Honorar

Wenn der Aufwand steigt, die Erträge aber sinken, kann ein Honorar oder eine Servicegebühr Abhilfe schaffen. Vor allem, wenn du auf den Premiumbereich setzt, sollte ein Honorarmodell Teil des Geschäftsmodells werden. Sieh es als Ergänzung, Ausgleich oder

Ersatz der wegfallenden Courtagen an. Argumentiere jedoch wiederum nutzenorientiert: Warum genau sollte dein Kunde ein Honorar bezahlen? Welchen echten Mehrwert stiftest du? Lass dir solche nutzenzentrierten Leistungen vergüten, die mit der Vermittlung nichts oder nur indirekt etwas zu tun haben.

Wichtig: Das ganze Honorarmodell muss transparent und verständlich sein. Es ist dabei gleichgültig, ob du Servicegebühren, Honorarvermittlung, ein stundenbasiertes oder ein volumenabhängiges Modell wählst.

Nachhaltigkeit

Im ersten Teil dieser Serie haben wir ja geschrieben, dass es fahrlässig wäre, sich nicht mit dem Thema Nachhaltigkeit auseinanderzusetzen. Befrage doch in einem ersten Schritt deine Kunden danach, wie wichtig ihnen das Thema Nachhaltigkeit ist. Vielleicht spielt das ja bereits für viele eine größere Rolle, als du bis dato gedacht hast. Wähle Anbieter und Produkte aus. Sprich mit deinen Maklerbetreuern. Die meisten Gesellschaften tun bereits eine Menge in dieser Richtung. Gestalte deinen Maklerbetrieb nachhaltig und gehe so mit gutem Beispiel voran. Hol dir Mitarbeiter, Kunden und Partner ins Boot und sensibilisiere sie. Suche dir gegebenenfalls externe Unterstützung bei der Ermittlung und Umsetzung von Maßnahmen.

Wichtig: Tu Gutes und sprich darüber! Kommuniziere also deine Maßnahmen. Das Thema ist besonders für Social Media geeignet: Es ist ein relevantes Thema und es ist authentisch.

Digitalisierung

Das ist auch ein alter Hut. Wir möchten dennoch ein paar Denkanstöße dazu geben. Der Ausgangspunkt einer guten Digitalisierung sind gute analoge Prozesse und Standards. Es gilt: Aus bescheuerten Prozessen werden bescheuerte digitalisierte Prozesse. Beginne daher mit einer fachlichen Arbeitsrichtlinie beziehungsweise einem Handbuch. Wer macht was, wann, wie, wo und warum? Denk immer daran: Die Digitalisierung ist nicht das Ziel, sondern der Weg beziehungsweise das Werkzeug. Das Ziel musst du vorab definieren. Digitalisiere redundante Aufgaben. Biete Videoberatung an. Erweitere deine Kundenkommunikation und -korrespondenz. Sammle Daten, um sie zu nutzen, und nicht um des Sammelns willen.

Wichtig: Gute Digitalisierung hilft dir dabei, mehr Zeit fürs Wesentliche zu haben: für Beratung und Gespräche.

Co-Creation

Ok, jetzt wird's ungewöhnlich. Üblicherweise werden Finanz- und Versicherungsprodukte in der Produktabteilung entwickelt. Danach wird das Preisschild daraufgeklebt und die Courtage kommt noch dazu. Anschließend wird das Ergebnis an die Rampe gestellt und der Vertrieb (also du) sollst das Produkt an den Mann und die Frau bringen. Du suchst dafür Interessenten, berätst sie und verkaufst das Produkt. Der Kunde schließt den Deal ab, bezahlt und hofft, eine richtige Entscheidung getroffen zu haben. Zu guter Letzt erhältst du den Lohn für deine Mühen: die Courtage.

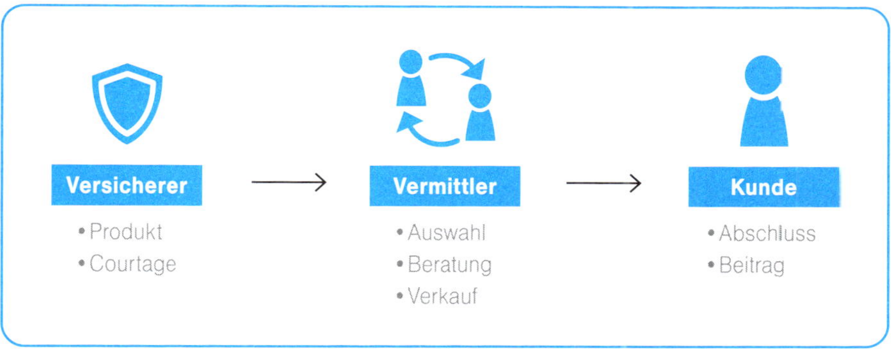

Abbildung 5: Schema klassischer Produktentwicklung

Im Ergebnis ärgerst du dich häufig über unsinnige Produkte oder unzulängliche Bedingungen und der Kunde ärgert sich über unverständliche Produktbeschreibungen und zu hohe Beiträge. Ok, das ist jetzt alles natürlich überspitzt, aber so ähnlich läuft es doch meistens!

Mithilfe von Co-Creation versuchst du, einen anderen Weg zu gehen. Statt Produkte am Bedarf vobeizuentwickeln, werden Kunden und Anwender bereits frühzeitig in die Produktentwicklung einbezogen. Im besten Fall entwickeln Versicherer, Makler und Kunde ein Produkt gemeinsam.

Dafür benötigst du zunächst die oben erwähnte Spezialisierung. Du kennst dann entweder die speziellen Bedürfnisse der Zielgruppe oder wartest mit produktspezifischem Tiefenwissen auf. Ab einer gewissen Relevanz und Marktgröße kannst du für deine Zielgruppe Speziallösungen entwickeln, die sie wiederum vom Markt abhebt. Das Gleiche gilt natürlich auch für Beratungsleistungen, die du gemeinsam mit deinen potenziellen Kunden entwickelst.

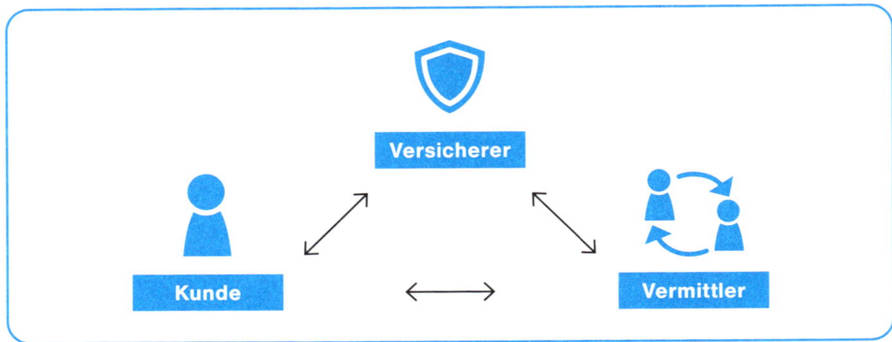

Abbildung 6: Schema einer Produktenwicklung via Co-Creation

Sinn

Sinn oder auf Neudeutsch *purpose* ist der letzte Baustein. Sinn benötigst du vor allem zukünftig, um gute Mitarbeiter zu gewinnen. Aber selbstverständlich ist ein starkes »Warum?« auch gut für die Kundenakquise. Sinn oder *purpose* beantwortet die Frage nach dem »Warum«. Sinnorientierte Unternehmensführung ist deshalb wichtig, weil du in anderen Bereichen wie zum Beispiel beim Gehalt gegen die Großen der Branche keine Chance hast. Außerdem ist der Maklerberuf generell schlecht beleumundet. Du musst also andere Qualitäten finden und kommunizieren. Denk stets daran: Gerade für die jungen Generationen Y und Z gilt: Sinn schlägt Status. Dazu passt ein Zitat des von uns geschätzten Simon Sinek: »Geld beantwortet die Frage, wofür wir arbeiten. Sinn beantwortet die Frage, warum wir arbeiten.«

GASTBEITRAG CHRISTIAN SCHWALB

Christian Schwalb ist Bankkaufmann und der Gründer und Geschäftsführer der SCALA Finanzgruppe, einer exklusiven Finanz-Boutique. Er engagiert sich als Initiator und 1. Vorsitzender des Vereins »ZUKUNFT FÜR FINANZBERATUNG« auch ehrenamtlich für die Finanzbranche.

Meine TOP 5 Vermittler-Tipps zur Bewältigung künftiger Herausforderungen

Inzwischen darf ich auf mehr als 30 Jahre Beratungstätigkeit in der Finanzbranche zurückblicken. Mit 16 Jahren habe ich im Jahr 1991 meine Ausbildung zum Bankkaufmann begonnen. Auf dieser Erfahrungsgrundlage will ich dir gerne nachfolgend ein paar Tipps an die Hand geben, wie du künftige Herausforderungen meistern kannst.

Du hast dich bereits für eine Tätigkeit als Finanzvermittler entschieden. Gratulation! Du bist in einer Zukunftsbranche tätig. Die andere Seite der Medaille ist aber auch, dass wohl keine andere Branche in der Bevölkerung in der Vergangenheit mehr Vertrauen verspielt hat als unsere. Wir alle können das gemeinsam wieder hinbekommen, wenn wir ein paar einfache Punkte beachten.

Der wichtigste Punkt ist sicherlich: Wir müssen diesem ehrbaren Beruf mit einer großen Ehrlichkeit nachgehen. Das sehe ich als Grundvoraussetzung an. Wer auf dieser Basis dann noch ein paar wenige Punkte beachtet, der wird mittel- und langfristig von einer starken Veränderungsphase in unserer Branche profitieren. Gerne gebe ich dir dafür im Folgenden meine TOP 5 Vermittler-Tipps an die Hand.

Tipp 1: Qualifikation

Moderne Kunden werden immer anspruchsvoller in Bezug auf die Erwartung an die Kompetenz der von ihnen ausgewählten Dienstleister. In Zeiten von *research-online – purchase offline* suchen sie sich ihre potenziellen Finanzberater ganz bewusst und gezielt aus. Nur mit fundiertem Know-how kannst du eine hoch qualifizierte Dienstleistung anbieten und damit begeisterte Kunden gewinnen.

Tipp 2: Sichtbarkeit

Im Rahmen deiner Qualifizierung wirst du Themenfelder oder Kundengruppen finden, bei denen du dich spürbar wohler fühlst als bei anderen. Du merkst, dass deine Art und Weise und auch deine Argumente hier besonders gut ankommen. Das ist dann deine Zielgruppe! Sorge jetzt dafür, dass deine Zielgruppe dich online zu diesen Themen findet. Gib immer wieder Einblicke in deine Arbeit, vor allem aber unterstreiche deine Fachkompetenz. Da soziale Medien hauptsächlich von emotionalen Eindrücken leben, achte darauf, dass du dich auch immer wieder als Mensch zeigst. Was zeichnet dich aus? Was machst du gerne? Wofür interessierst du dich neben dem Job? Was sagen deine Kunden über dich?

Tipp 3: Erwartungshaltung managen

Speziell wenn es um Sichtbarkeit geht, solltest du immer auf deine persönliche Erwartungshaltung achten. Zu hohe Erwartungen an Online-Aktivitäten führen schnell zu Frustration. Es ist meiner Erfahrung nach einfach ein Märchen, dass Online-Aktivitäten zu schnellen Ergebnissen führen. Keineswegs gewinnst du damit quasi im Handumdrehen »neue Kunden am Fließband«! Nein, das ist nicht so – das ist aber auch nicht schlimm! Die besten Erfahrungen habe ich in allen Ausbildungen junger Finanzberater gemacht, wenn diese zunächst nur die Erwartung hatten, mit allen Aktivitäten zunächst ihren suchenden Interessenten Input zu liefern.

Special-Tipp: Sobald du dich online positionierst, wirst du natürlich plötzlich selbst zur Zielgruppe! Gefühlt wird plötzlich eine ganze Armee von meist selbst ernannten Onlinemarketing-Profis genau deine Ängste und deine Schwachpunkte gezielt ansprechen und dir kurzfristige Lösungen anbieten. Auch hier gilt: Manage deine Erwartungshaltung! Du kannst Grundprinzipien dieser Welt nicht aushebeln, durch die Investition von schnellem Geld und ein gehöriges Maß positiver Gedanken. Vertrauen muss wachsen und das wird es. Aber das braucht Zeit und regelmäßige Erfolge.

Tipp 4: Networking statt Inselleben

Du musst heute nicht mehr alles selbst können! Gemäß meiner Beobachtung wirkt es heute sogar eher merkwürdig, wenn ein Finanzberater von der Kfz-Police bis zur hochkomplexen Finanzierungsstrategie einer Kapitalanlage-Immobilie alle Themen in seiner Beratung selbst abdecken will. Eine glaubwürdigere Lösung liegt aus meiner Sicht in der Kooperation mit anderen Know-how-Trägern, die dein Dienstleistungsportfolio sinnvoll und hoch qualifiziert ergänzen können. Deine Kunden werden das in aller Regel sehr positiv anerkennen und du wirst damit eher einen Vertrauensgewinn erzielen, anstatt einen Verlust zu erleiden.

Versuche dir sukzessive ein Netzwerk aus Spezialisten aufzubauen, die wichtige Fragestellungen deiner Zielgruppe vergleichbar qualifiziert beachten können wie du. Nutze dazu bestehende Netzwerke wie Fachgruppen auf Facebook, um dich in deinem Umfeld zu orientieren. Such online gezielt nach möglichen Kooperationspartnern und sprich sie direkt an, um bei einem persönlichen Kennenlernen festzustellen, ob eine Zusammenarbeit ein Match für beide Seiten sein könnte.

Tipp 5: Denk immer an morgen

Im Rahmen einer Dienstleistungskarriere gibt es keine normalen Zeiten. Hochs und Tiefs wechseln sich in den ersten zehn Jahren deiner Tätigkeit immer wieder ab. Egal wie dein Tag war, ob erfolgreich oder eher von Misserfolgen geprägt, denke daran, dass es immer ein »Morgen« gibt. Das Leben geht weiter und es findet immer einen Weg. Was sich zunächst nur philosophisch anhört, hat spätestens dann einen starken Bezug zur Realität, wenn es um Geld geht. Denke hier immer an das Morgen, was in diesem Fall zum Beispiel fällige Steuern mit sich bringen kann, mögliche Stornos, Kosten für deinen Geschäftsbetrieb oder deine eigene Vorsorge. Bevor du HEUTE über deinen Verhältnissen lebst, ordne zunächst deine Finanzen, etwa mit einem Zwei-Konten-Modell, und sorge von Beginn an für saubere finanzielle Verhältnisse in deinem Leben. Für deinen langfristigen Erfolg in Finanzberatung stellen die genannten fünf Tipps eine sehr wichtige Basis dar. Schenkt man den zahlreich abrufbaren Zukunftsprognosen über unsere Branche Glauben, dann liegen tolle Jahre vor uns: Die Gesamtzahl aller tätigen Finanzberaterinnen und Finanzberater wird sich weiter reduzieren, die Gesamtzahl aller potenziellen Kunden verteilt sich demnach auf weniger Finanzexperten. Hier liegt die große Chance und gleichzeitig der besondere Auftrag an alle Marktteilnehmer, dass keine Herausforderung in der Zukunft zu groß sein darf, um davon profitieren zu können.

01.3 PACK-ANS FÜR MEGATRENDS

In diesem Kapitel geht's um konkrete Pack-ans, die du unmittelbar im Alltag anwenden kannst.

Normative Unternehmensführung

Bei der normativen Unternehmensführung handelt es sich um übergeordnete Entscheidungen. Sie haben den Charakter einer Norm und beruhen auf den Wertvorstellungen der Unternehmensleitung, also deinen. Normative Unternehmensführung beantwortet die Frage nach dem »Warum«.

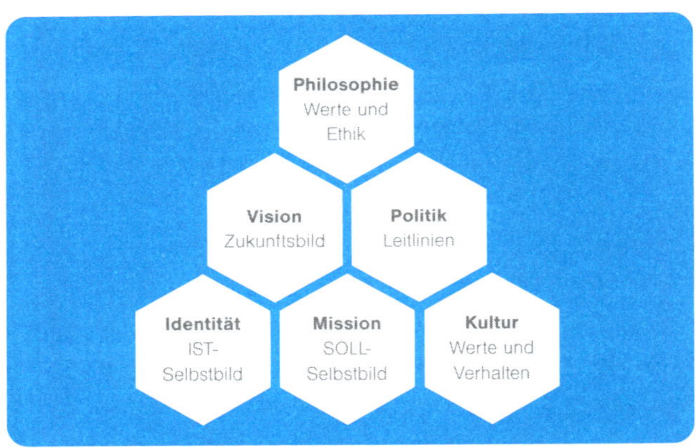

Abbildung 7: Aspekte normativer Unternehmensführung

Die normative Unternehmensführung besteht aus verschiedenen Aspekten. Bei Einzel- oder Kleinunternehmen sind diese selten schriftlich festgehalten, sondern sie leben gewissermaßen durch den Chef oder die Chefin. Aber auch für Kleinunternehmen lohnt es sich, sie aufzuschreiben und am besten zu visualisieren. So gelingen die Weiterentwicklung und der Ausbau des Unternehmens. Fragen, mit denen du direkt in die Arbeit an deiner normativen Unternehmensführung starten kannst, sind:

- Was sind die moralischen Maßstäbe des Unternehmens?
- Was ist das große, übergeordnete Ziel, das du anstrebst?
- Worin besteht der Zweck des Unternehmens?
- Welche Position willst du einnehmen, zum Beispiel in der Branche?
- Welche Wirkungen entwickeln deine Ergebnisse?

Hol dir für den Prozess am besten externe Unterstützung.

Geschäftsmodellentwicklung

In Kürze werden wir noch intensiv über die Bedeutung des Geschäftsmodells sprechen. Ohne ein konkretes Geschäftsmodell wird es zukünftig schwer bis unmöglich. Geschäftsmodellentwicklung ist ein Prozess. Das bedeutet, wenn du einmal ein tragfähiges Geschäftsmodell erstellt hast, wirst du dennoch immer wieder daran arbeiten (müssen). Das liegt daran, dass sich deine Kunden und deine Konkurrenten wie auch du selbst im Laufe der Zeit ändern. Für die Geschäftsmodellentwicklung bieten sich viele etablierte Methoden wie Design Thinking und das Business Model Canvas an. Du musst die Methoden nicht selbst in Perfektion beherrschen. Hol dir dazu einfach externe Unterstützung und nutze die zahlreichen Angebote von Maklerpools, Versicherern und Dienstleistern. Für einen ersten Wurf solltest du an folgenden Themen arbeiten:

1. Selbstverständnis
2. Markt und Zielgruppe(n)
3. Dienstleistung(en)
4. Werbung und Vertrieb
5. Mitarbeiter und Organisation
6. Chancen und Risiken
7. Realisierung

Du siehst, dass die normative Unternehmensführung der Ausgangspunkt für die Geschäftsmodellentwicklung ist. Mehr zur Geschäftsmodellentwicklung findest du weiter hinten in diesem Buch.

Golden Circle

Der Golden Circle ist ein spannender Kommunikationsansatz vom Unternehmensberater Simon Sinek.* Er hat festgestellt, dass erfolgreiche Unternehmen anders kommunizieren als weniger erfolgreiche. Die erfolgreichen stellen das »Warum« an den Anfang ihrer Kommunikation. Erst anschließend erläutern sie das »Wie«, um zum Schluss das »Was« zu erklären.

* Quelle: https://www.ted.com/talks/simon_sinek_how_great_leaders_inspire_action/c

So sieht das allgemein aus:

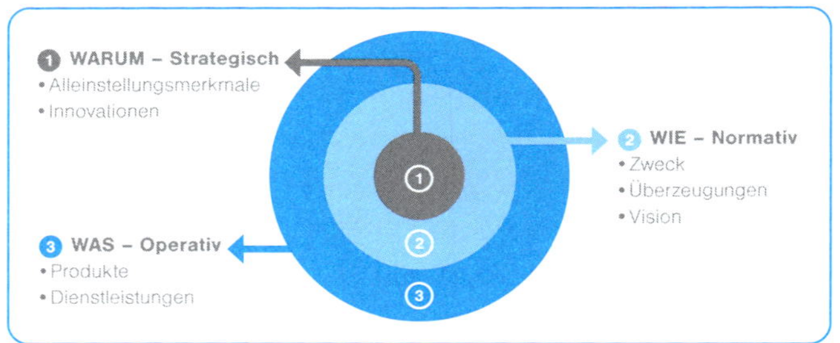

Abbildung 8: Golden Circle

Die weniger erfolgreichen erklären ihren potenziellen Kunden stattdessen das »Was«. In Zeiten ähnlicher Produkte, ähnlicher Anbieter mit ähnlichen Mitarbeitern treffen Verbraucher ihre Konsumentscheidungen zunehmend anhand von weichen Faktoren. Über das »Warum« kannst du dich von deinen Konkurrenten abheben. Das »Warum« spricht unsere älteren Gehirnareale und Emotionen an. Sie entscheiden schneller und fundamentaler als rationale Überlegungen, die wir mit dem »Was« ansprechen.

Klassische Kommunikation und Werbung in der Versicherungsvermittlung sieht so aus:

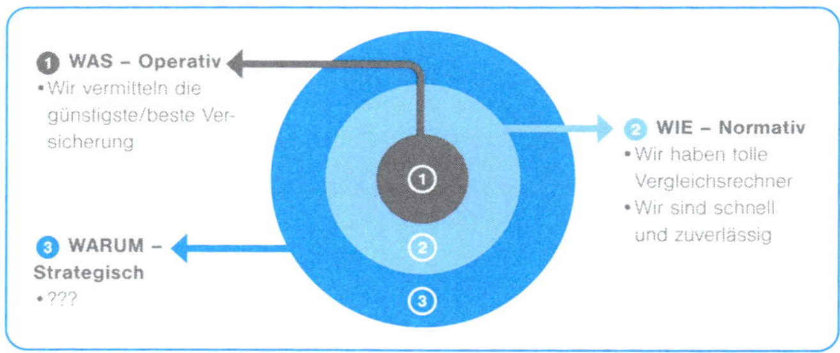

Abbildung 9: Klassische Werbung an einem Beispiel

Unser Golden Circle sieht beispielsweise so aus:

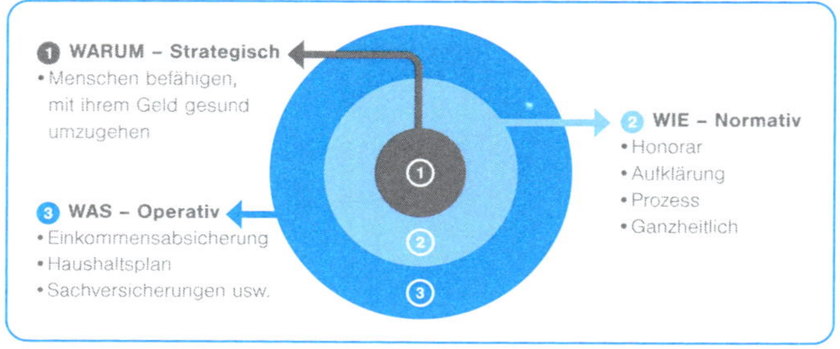

Abbildung 10: Golden Circle PROGRESS

Stell deine Kommunikation um und erreiche deine Kunden dort, wo es kein Konkurrent tut. Die Grundlage dafür sind deine normative Unternehmensführung und dein Geschäftsmodell.

Content Marketing

Mit Content Marketing kannst du dein kommunikatives Arsenal erweitern und modernisieren. Mit Content Marketing gibst du deinen Interessenten und Kunden kostenfreie Zusatzinformationen an die Hand. Damit kannst du deinen Expertenstatus herausarbeiten. Dafür musst du deine Zielgruppen und ihre Bedürfnisse natürlich gut kennen. Es geht weniger um plakative Werbebotschaften als vielmehr um echten Nutzen für die Konsumenten. Für erfolgreiches Content Marketing benötigst du einen funktionierenden Prozess. Er könnte so aussehen:

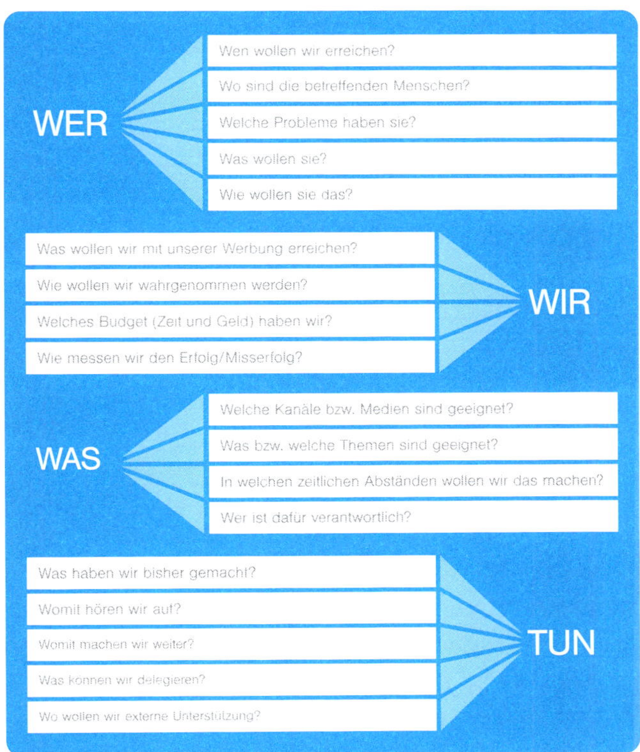

Abbildung 11: Ablauf und Fragestellungen zum Content-Marketing

Wichtig: Content Marketing ist keine einmalige Aktion, sondern ein dauerhafter Prozess. Auch hier kann dir externe Unterstützung helfen.

Grünes Büro

Ein grünes Büro ist ein erster, einfacher Schritt in Richtung Nachhaltigkeit. Folgende Maßnahmen bieten sich an:

- Energieberatung wahrnehmen
- Strom-/Gasanbieter wechseln
- Jobticket/Betriebsfahrrad statt Dienstwagen anbieten
- Videoberatung statt Kundenbesuche
- Papierloses Büro etablieren
- Doppelseitigen Druck und Graustufen als Voreinstellung beim Drucken einrichten
- Reinigung prüfen
- Bio-/Fairtrade-Produkte anbieten
- Müll trennen
- Hafer-, Mandel-, Soja-Milch bereitstellen
- Betriebliches Gesundheitsmanagement einrichten
- Vereinbarkeit von Familie und Beruf gewährleisten

Das Gute am grünen Büro: Viele Maßnahmen sparen langfristig bares Geld und lassen sich sehr gut kommunizieren.

Kundenlabor

Ein Kundenlabor ist ein einfaches und wirksames Instrument, um neue Angebote und Dienstleistungen gemeinsam mit Kunden zu entwickeln. Mit einem Kundenlabor nutzt du den bereits beschriebenen Co-Creation-Ansatz. Lade eine kleine Gruppe potenzieller Kunden der zu entwickelnden Dienstleistung in dein Büro ein. Biete Snacks und Getränke an. Stell dein Vorhaben oder am besten einen Prototypen vor und hol konkretes Feedback ein. Setze für dein Kundenlabor eine Dauer von zwei bis drei Stunden an. Im Rahmen des Kundenlabors kannst du deine Kunden auch noch untereinander vernetzen. Das ist vor allem im Gewerbebereich sinnvoll und gewinnbringend.

Durch ein Kundenlabor involvierst du deine Kunden, die sich auf diese Weise voraussichtlich deutlich mehr mit deinem Unternehmen identifizieren werden. Außerdem bieten sich die Teilnehmer als erste Käufer an.

Gleichgültig wie und womit du in Richtung Zukunft startest: Mach es einfach! Denke dabei immer an unseren Lieblings-Schweizer Kurt Marti: Wo kämen wir hin, wenn alle sagten, wo kämen wir hin, und niemand ginge, um einmal zu schauen, wohin man käme, wenn man ginge?

01.4 GESCHÄFTSMODELLENTWICKLUNG VOR DEM HINTERGRUND DER AKTUELLEN MEGATRENDS

In diesem Kapitel beschäftigen wir uns näher mit den einzelnen Aspekten der Geschäftsmodellentwicklung im Zusammenhang mit den Megatrends.

Warum Geschäftsmodellentwicklung?

Die Gründe, sich mit der eigenen Geschäftsmodellentwicklung zu beschäftigen, sind vielfältig und vielschichtig. Grob gesagt gibt es zwei gegenläufige Tendenzen. Auf der einen Seite steigen Regulierungsdruck, Dokumentationsaufwand, die allgemeinen Anforderungen, Kosten und teilweise gibt es auch mehr Konkurrenz. Auf der anderen Seite sinken die Erträge, die Zahl der Kunden, die der Mitarbeiter und teilweise nimmt auch der Konkurrenzdruck ab.

Das sorgt dafür, dass sich der Markt seit Jahren massiv verschiebt und weiter verschieben wird. Der Mittelbau, in dem sich die allermeisten Kollegen tummeln dürften, wird kleiner. Die Ränder – also der Premium- und der Economy-Bereich – nehmen zu. Der klassische »Bauchladenmakler« stirbt aus. Übrig bleiben Unternehmen, die besonders kostengünstig (Economy) arbeiten oder besondere, teure Services (Premium) anbieten. Um in diesem Umfeld zu überleben und ertragreich zu wachsen, ist ein klares Geschäftsmodell unbedingt nötig.

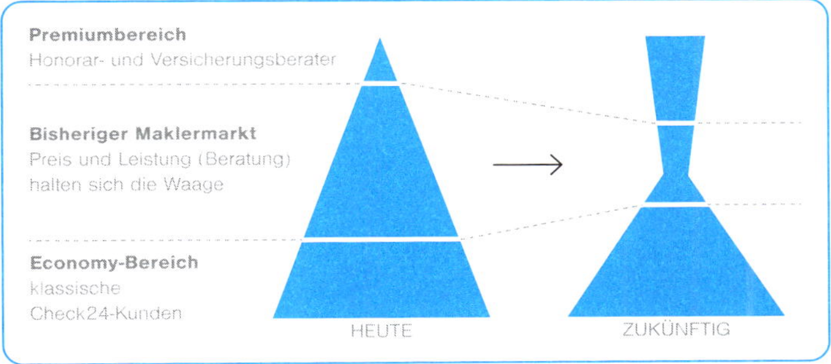

Abbildung 12: Veränderung des Vermittlermarktes

Was ist Geschäftsmodellentwicklung?

Die meisten Einzelkämpfer und Inhaber von Kleinbetrieben arbeiten zumeist im Unternehmen. Sie akquirieren, beraten und vermitteln. Geschäftsmodellentwicklung dagegen ist, einfach gesprochen, die Arbeit am Unternehmen. Die wesentlichen Elemente sind:

- klare Zielgruppe und Fokussierung
- klare Alleinstellungsmerkmale
- klare Prozesse und Standards

Wir glauben, dass mittel- und langfristig die Beratung und nicht mehr die Versicherung das eigentliche Produkt des Maklers sein wird. Viele werden sich vom Verkäufer zum Berater, Coach, Trainer und Planer entwickeln. Aus der Geschäftsmodellentwicklung lässt sich final ein Businessplan erstellen. Das ist jedoch nur nötig, wenn es um externe Finanzierungen gehen sollte. Dennoch empfehlen wir, ein wie auch immer geartetes schriftliches Dokument anzufertigen.

Wie funktioniert Geschäftsmodellentwicklung?

Dieser Prozess verläuft jedoch niemals linear, sondern über Umwege, Extrarunden und Fehlschläge. Mit einem klaren Prozess jedoch gelingt es, das Ziel im Blick zu behalten.

Wir empfehlen einen Dreiklang des Ablaufs:
normativ – strategisch – operativ.

Das eigene Geschäftsmodell sollte kunden- und nutzenorientiert sein. Der Kunde sollte nicht nur auf dem Papier im Mittelpunkt stehen, sondern das Bekenntnis zum Kunden sollte exakt so gelebt werden. Das Geschäftsmodell (für Investoren oder Finanzierungspartner der Businessplan) besteht aus folgenden Bausteinen:

1. Selbstverständnis
2. Markt und Zielgruppe(n)
3. Dienstleistung(en)
4. Werbung und Vertrieb
5. Mitarbeiter und Organisation
6. Chancen und Risiken
7. Realisierung

Für die Geschäftsmodellentwicklung haben sich zwei Methoden beziehungsweise Werkzeuge etabliert: Design Thinking und Business Model Canvas. Diese stellen wir im Folgenden knapp vor.

Normative Unternehmensführung

Ausgangspunkt für jedes Geschäftsmodell sollte die normative Ebene sein. Das sind übergeordnete Entscheidungen mit dem Charakter einer Norm. Sie sind das Wertefundament und beruhen auf den Wertvorstellungen der Unternehmensleitung. Gerade in Kleinunternehmen wird vieles davon ungeschrieben gelebt. Es ist jedoch ein großer Unterschied, ob es »im Kopf« des Chefs niedergeschrieben ist. Die Elemente der normativen Unternehmensführung haben wir bereits im Kapitel »Pack-ans für Megatrends« kurz angesprochen. Hier noch mal zur Erinnerung, welche das sind:

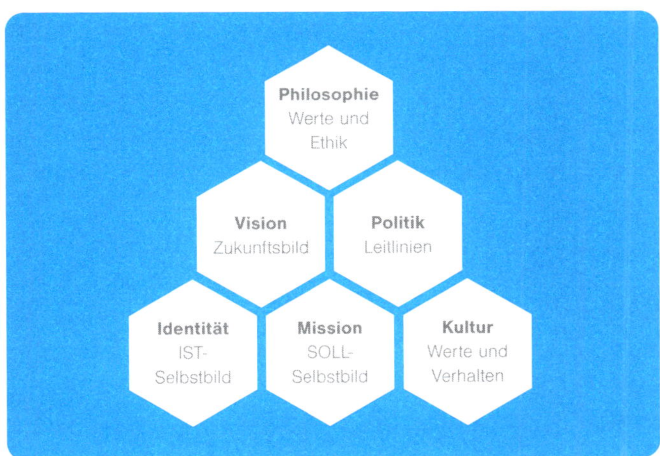

Abbildung 13: Aspekte normativer Unternehmensführung

Um sich dem Thema zu nähern, empfehlen wir, folgende Fragen zu beantworten:

- Was sind die moralischen Maßstäbe der Firma?
- Was ist das große, übergeordnete Ziel?
- Was ist der Zweck des Unternehmens?
- Welche Wirkungen entwickeln die Ergebnisse?

Manch einer mag das als »Gedöns« abtun. Doch Vorsicht! Gerade kleine Betriebe sind bei den Gehältern gegenüber den Großen der Branche kaum konkurrenzfähig wenn es um die Anwerbung der besten Köpfe geht. Sie müssen andere Qualitäten finden und kommunizieren. Genau hierbei hilft die normative Unternehmensführung. Sie unterstützt also dabei, gute Mitarbeiter zu finden und zu binden. Hier gilt der Grundsatz:

Sinn schlägt Status. Oder wie es der bekannte Unternehmensvordenker Simon Sinek formulierte:

> »Geld beantwortet die Frage, wofür wir arbeiten. Sinn beantwortet die Frage, warum wir arbeiten.«

Fokussierung/Spezialisierung

Der Bauchladen ist tot, es lebe die Spezialisierung! So oder so ähnlich lautet die Erkenntnis der Stunde. Viele schrecken zurück und sorgen sich vor Klumpenrisiken oder davor, bestehende Kunden zu vergraulen. Die meisten denken bei Spezialisierung an einen Zielgruppenfokus wie Ärzte, Apotheker, Beamte usw. Doch es ist gleichwohl möglich, sich auf ein oder mehrere Produkte zu fokussieren. Am Ende geht es darum, aus dem Meer der Durchschnittlichkeit und der ähnlichen Angebote aufzutauchen und sich einen Expertenstatus zu erarbeiten.

Nötig sind dafür entweder Breitenwissen (Zielgruppenfokus) oder Tiefenwissen (Produktfokus). Wer seine Zielgruppe kennt, kennt auch ihre Wünsche, Sorgen, Nöte und Hoffnungen und kann sie gezielt ansprechen. Wer die Stolperfallen und Kniffe zu bestimmten Produkten kennt, ist seiner Konkurrenz voraus. In jedem Fall erwarten die Kunden Know-how, das andere nicht haben.

Hilfreich ist in beiden Fällen ein Netzwerk. Entweder Kollegen, an die du verweisen kannst, wenn Spezialwissen zu bestimmten Produkten gefragt ist (Zielgruppenfokus), oder aber Kollegen, die dir Kunden mit speziellen Fragen zutragen (Produktfokus).

Am Ende – und das ist am wichtigsten – bieten wir Hilfe für echte Menschen an, gleichgültig ob wir uns auf bestimmte Zielgruppen spezialisiert haben oder ein bestimmtes Produkt in den Fokus stellen.

Design Thinking

Design Thinking ist ein Ansatz zur Entwicklung von Ideen und Lösungen. Es ist kein Wundermittel, sondern ein Werkzeug, dessen zielgerichteter Einsatz hilfreich bei der Geschäftsmodellentwicklung ist. Design Thinking ist anwender- oder nutzerzentriert und problemorientiert. Ausgangspunkt sind reale, konkrete Probleme echter Menschen. Alle Lösungen richten sich an deren Bedürfnissen aus. Design Thinking ist interdisziplinär und bringt so verschiedene Perspektiven zusammen. Der Prozess des Design Thinkings lässt sich folgendermaßen skizzieren:

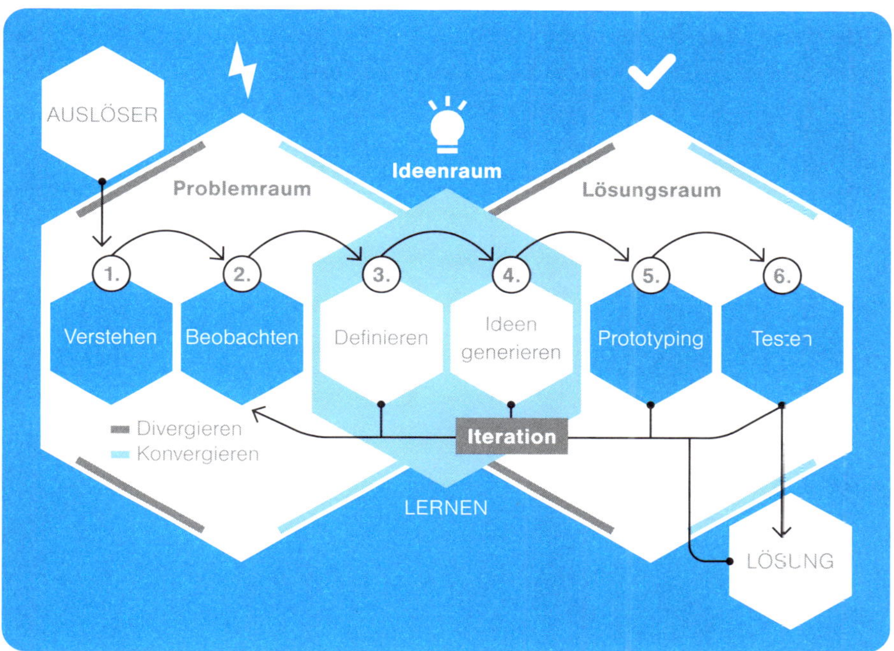

Abbildung 14: Prozess beim Design Thinking

Zentrale Elemente beim Design Thinking sind:

- Teamarbeit,
- Problemverständnis,
- Kunden-/Anwenderverständnis,
- Verwendung von Personas,
- Nutzung von Kreativtechniken,
- Feedbackschleifen und Iteration.

Die wichtigsten Prinzipien für die erfolgreiche Arbeit mit Design Thinking sind:

- visuell arbeiten,
- nutzerzentriert denken,
- verrückte Ideen vorrangig betrachten,
- Kernfunktion erkennen,
- Kritik zurückstellen,
- früh und oft scheitern.

Kundenverständnis

Zentrales Element für erfolgreiche Geschäftsmodelle und Produkte ist das Kundenverständnis. Doch gerade in der Finanzvermittlung kommt es immer wieder zu widerstreitenden Interessen der Parteien:

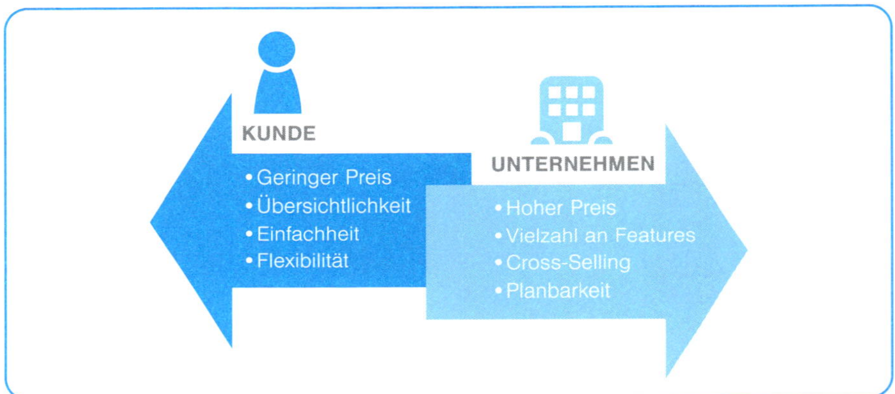

Abbildung 15: Interessenkonflikte

So denkt sich die Produktabteilung einer Versicherung etwas aus und stellt es an die »Rampe«. Der Vertrieb muss/soll es dann absetzen. An dieser Stelle sollten wir uns einmal die Frage stellen, für wen wir eigentlich Dienstleistungen und Produkte entwickeln. Design Thinking ist anders. Hier stehen der Kunde und seine Bedürfnisse im Mittelpunkt. Werden sie erfüllt, gewinnt auch das Unternehmen. Hierfür gibt es zahlreiche, lange erprobte Instrumente:

- Stakeholder Map
- Extreme User Map
- Interviews
- Shadowing
- Immersion
- Persona

Die Persona ist gewissermaßen das Destillat und die Visualisierung aus den Erkenntnissen. Sie entspricht realen Personen und ist Stellvertreterin einer Zielgruppe. Das Ziel ist die vereinfachte Darstellung eines Nutzers mit Bedürfnissen. So könnte eine Persona aussehen:

Beispiel für eine Persona

»Ich brauche jemanden, der mir den Rücken freihält und sich um meine Finanzen kümmert. Gerade bei der Absicherung meines Ladens blicke ich nicht durch!«

Name (Alter)
Michele Muster (32)

Beruf
Ladeninhaber für nachhaltige Mode

Lebensumfeld
Akademiker, ein Kind, kein Vermögen, Kredit, geringes Einkommen, Miete

Interessen
Business voranbringen, berufliche Netzwerke knüpfen, Gleichgesinnte treffen, sich austauschen, reisen

Persönlichkeit
neugierig, offen, leidenschaftlich, selbstbewusst, ungewöhnlich, kommunikativ, flexibel, unsicher, Macher, Querdenker, Innovator, mehr wollen als können, Bio und nachhaltig

Bedürfnisse/Erwartungen/Wünsche/Ziele
Unternehmen aufbauen; Absicherung aus einer Hand; Kümmerer; jemanden, der sich mitentwickelt; Wunsch nach Verständlichkeit; Planbarkeit; Flexibilität; möglichst wenig ausgeben; hohes Einkommen generieren; sich beweisen und entwickeln; Familie; reisen; Schulden abbauen

Abbildung 16: Beispiel für eine Persona

Ideation

Der Wirtschaftsjournalist Karl Pilsl hat einmal gesagt: »Wir haben zu viel von ähnlichen Firmen, die ähnliche Mitarbeiter beschäftigen mit einer ähnlichen Ausbildung, die ähnliche Arbeiten durchführen. Sie haben ähnliche Ideen und produzieren ähnliche Dinge zu ähnlichen Preisen in ähnlicher Qualität. Wenn du dazugehörst, wirst du es künftig schwer haben.«

Warum ist das so? Nun, wahrscheinlich weil wir Kreativität am Schreibtisch erzwingen wollen. Nur leider ist das die denkbar schlechteste Umgebung, die für Inspiration geeignet wäre. Echte Kreativität ist ein offener – und vor allem ergebnisoffener (!) – Prozess.

Es geht darum, existierende Ideen zu verknüpfen und kombinatorisch zu denken. Verknüpfende Fragen helfen, wie zum Beispiel: »Wie lösen andere Branchen das Problem?« Im Design Thinking soll zunächst ohne Grenzen und Beschränkungen fantasiert werden.

Die gute Nachricht ist: Kreativität ist erlern- und aktivierbar! Voraussetzungen dafür sind:

- logischen Geist ruhigstellen;
- auf breites Allgemeinwissen zurückgreifen;
- sich entspannen;
- zwischen konzentrierter Aufmerksamkeit und Unaufmerksamkeit wechseln;
- Phasen leichter Ablenkung nutzen, etwa im Museum, in einer Galerie, beim Spaziergang, beim Zähneputzen;
- sich bewegen (das Gehirn arbeitet dann besser);
- inspirierende Umgebungen aufsuchen;
- sich gerade NICHT an den Schreibtisch ins Meeting setzen.

Damit kreative Ideen sprudeln, empfehlen sich verschiedene Methoden wie die 6-3-5-Methode, Brainwriting, Analogie, Reizwort/-bild, modifiziertes Brainstorming (Teufelsküche, heiße Kartoffel). Wenn du diese Begriffe googlest, findest du schnell eine Anleitung dazu, wie du sie nutzen kannst.

Kundenlabore

Design Thinking lebt vom direkten und unmittelbaren Feedback der potenziellen Kunden. Es ist besser, Feedback so früh wie möglich einzuholen, als ewig lang an Lösungen herumzubasteln und dann erst beim Markteintritt festzustellen, dass die Lösung die Probleme der Zielgruppe nicht löst. Als denkbar einfaches, aber wirkmächtiges Instrument hat sich das Kundenlabor herausgestellt. Hier entwickelst du gemeinsam mit einem ausgewählten Kreis potenzieller Nutzer eine Lösung. Das Ganze kann online oder offline im schönen Büro stattfinden. Der zeitliche und finanzielle Aufwand ist denkbar gering, der Nutzen dafür umso größer. Einerseits erhältst du das wertvolle Feedback in einem frühen Stadium und andererseits fühlen sich die Kunden ganz anders wertgeschätzt als bisher.

Business Model Canvas

Wenn nun das oder die Angebote beziehungsweise Lösungen stehen, gilt es, ein ertragreiches Geschäftsmodell zu entwickeln. Hierbei hilft das Business Model Canvas (»Can-

vas« ist das englische Wort für »Leinwand«). Es handelt sich um eine Vorlage zur Erstellung neuer oder zur Visualisierung bestehender Geschäftsmodelle. Dieser Ansatz gibt eine Struktur vor, um Schritt für Schritt die schwierigen Fragen einer Unternehmensgründung oder -weiterentwicklung zu durchdenken. Wichtig: Das Business Model Canvas ist KEIN Businessplan. Dieser ist viel ausführlicher und richtet sich eher an Geldgeber oder Investoren. Gleichwohl kann das Business Model Canvas bei der Erstellung eines Businessplans helfen.
Das Business Model Canvas besteht aus folgenden Bereichen/Feldern:

- Kundennutzen/Wertangebot (Welches Problem löse ich und wie?)
- Zielgruppe(n) (Wem biete ich meine Lösung an?)
- Kundenbeziehung (Wie helfe ich meinen Kunden)
- Vertriebskanäle (Wie erreiche ich meine Kunden?)
- Schlüsselaktivitäten (Welche Handlungen sind nötig, um das Kundenproblem zu lösen?)
- Schlüsselressourcen (Welche Quellen sind nötig, um das Kundenproblem zu lösen?)
- Schlüsselpartnerschaften (Was kann ich auslagern?)
- Erlöse (Wie verdiene ich Geld?)
- Kosten (Welche Kosten entstehen im Geschäftsmodell?)

Damit sind alle relevanten Punkte eines Geschäftsmodells abgedeckt.

Umsetzung in die Praxis

Damit die Umsetzung aus der Theorie in die Praxis gelingt, sollten einige Punkte berücksichtigt werden. Die Geschäftsmodellentwicklung solltest du als Prozess verstehen, der nie abgeschlossen ist.

Der Grund: Die Kunden ändern sich. Der Markt ändert sich. Du änderst dich! Geschäftsmodellentwicklung ist also ein Marathon, kein Sprint. Lerne deine Zielgruppe(n) immer wieder neu kennen. So bemerkst du veränderte Bedürfnisse, Wünsche, Erwartungen und Probleme. Löse echte Kundenprobleme. Versicherungsvermittlung ist nur das Mittel zum Zweck. Sie löst zunächst kein Problem, sondern schafft ein gravierendes neues: Jeden Monat hat der Haushalt weniger Geld zur Verfügung. Biete einen Mehrwert beziehungsweise Nutzen abseits von der Produktvermittlung. Hierin werden wir uns als Maklerzunft zukünftig vom Economy-Bereich abheben können. Plane feste strategische Zeiten ein und arbeite gemeinsam mit anderen daran.

01.5 DIGITALISIERUNG RICHTIG NUTZEN

Die einen sehen in der Digitalisierung eine Naturgewalt, die über sie hereinbricht, die anderen behaupten, damit (fast) alle Probleme von Versicherungsmaklern lösen zu können. Es wird also Zeit, sich damit aus den verschiedensten Blickwinkeln zu befassen. Wir erläutern, wie du die Digitalisierung richtig nutzt, um in der jungen Zielgruppe erfolgreich zu sein.

Auf welche Erfindung willst du eher verzichten: auf die Toilette zu gehen oder Facebook zu nutzen? Darüber lohnt es sich, kurz nachzudenken, bevor du weiterliest. Diese Frage stellte Robert J. Gordon, Makro-Ökonom von der Northwestern University.* Sie zielt darauf ab, kritisch zu hinterfragen, ob Facebook – stellvertretend für alle Social Media von Instagram bis Tiktok – tatsächlich die Bedeutung hat, die wir und viele andere diesem Kommunikationskanal zuschreiben. Die Frage soll uns und dich leiten, wenn wir über Digitalisierung sprechen und nachdenken.

Bruch oder Prozess?

Gemeinhin erleben wir die Digitalisierung als Bruch oder – wie oben beschrieben – als Naturgewalt. Wir sprechen auch von digitaler Revolution. Doch ist sie das tatsächlich? Wir und zahlreiche Forscher sehen das anders. Hier hilft ein kurzer Blick in die Geschichte, um die Digitalisierung besser einzuordnen.

In der Zeit der zweiten Industriellen Revolution (also circa 1870 bis 1940) hat sich das Leben der Menschen (in der westlichen Welt) fundamental gewandelt. Eine der Ursachen waren folgende Erfindungen und Errungenschaften: Telefon, Strom, fließend Wasser, Radio, Fernsehen, Automobil, Flugzeug, Penicillin usw. Die Welt war danach eine gänzlich andere als zuvor. Der gesellschaftliche, gesundheitliche, soziale, wirtschaftliche und politische Wandel ging wesentlich tiefer als das, was wir derzeit als Folge der Digitalisierung erleben.

Der historische Umgang mit solchen Veränderungen ist ein Dreiklang: Angst – Abwehr – Adaption. Die Menschen hatten Angst, von der Lok im Kinofilm überfahren zu werden. Danach kamen Tugendwächter und prangerten den Sittenverfall an. Schließlich nach einigen Jahren oder Jahrzehnten wird die Veränderung adaptiert und die Nutzung der neuen Errungenschaften wird alltäglich. Genau das erleben wir derzeit auch mit der Digitalisierung.

* Quelle: brand eins 05/2017

Grundsätzlich ist die Digitalisierung ein Prozess, der vor 100 Jahren begonnen hat. Er begann mit dem Lochkartensystem in Amerika zur Bevölkerungsanalyse und -zählung um 1890. So konnten erstmals große Mengen an Daten in strukturierter Form erfasst, verarbeitet und gespeichert werden. Der größte Teil dessen, was wir heute als digitale Revolution begreifen, war in den 90er-Jahren des 20. Jahrhunderts abgeschlossen: Schaltkreise, Computerchips, Internet, E-Mail, GPS-Tracking, MP3, Digitalfotografie, Software, Betriebssysteme, grafische Benutzeroberflächen, Touchdisplays usw. Die meisten dieser Erfindungen kamen übrigens aus staatlichen Laboren und nicht etwa aus den privaten Überfliegern von heute wie Apple.

Selbstverständlich werden die Systeme kleiner, schneller, günstiger und sind dadurch weiter verbreitet. Aber alle wesentlichen Bausteine für die Digitalisierung liegen seit fast 30 Jahren vor. Revolution sieht anders aus.

An dieser Stelle wollen wir einen weiteren Mythos ausräumen. Viele glauben und behaupten, dass wir durch die Digitalisierung besonders viele junge Firmen haben, die alles mit ihren disruptiven Erfindungen und Geschäftsmodellen umstürzen. Der Anteil junger Firmen in den USA lag 1978 bei etwa 15 Prozent. 2011 ist diese Quote auf 8 Prozent gesunken. Wo sind sie also, die jungen, wilden Firmen? Es gibt sie nicht in so großer Menge. Dieser Eindruck rührt von den wenigen, sehr großen, scheinbar jungen Firmen wie Amazon, Google und Meta. Amazon ist aber schon fast 30 Jahre, Google 25 Jahre und Meta (Facebook) fast 20 Jahre alt. Diese Unternehmen kaufen einfach die jungen Firmen auf, bevor sie ihnen gefährlich werden können.

Zwei Bereiche haben sich jedoch stark entwickelt: Unterhaltung und Konsum. Hier hat die Digitalisierung wirklich Spuren hinterlassen. Dadurch, dass wir damit jeden Tag in Berührung kommen, haben wir diese Wahrnehmungsverzerrung. Als Beispiele für diese Veränderung seien genannt: Meta (ehemals Facebook, Social Media), Netflix (Filme), Amazon (Handel), Spotify (Musik).

Status quo

Wie ist eigentlich der Stand der Digitalisierung in der Versicherungsvermittlung? Bevor wir uns einige erhellende Statistiken anschauen, möchten wir auf zwei Paradoxa hinweisen. Sie zu kennen ist wichtig, um einige Grundprobleme und falsche Erwartungen zu verstehen, die gemeinhin mit der Digitalisierung verknüpft sind.

Gerade die Hersteller von Software werben mit einem hohen Nutzen ihrer Angebote bei gleichzeitig geringem Aufwand (finanziell, organisatorisch usw.). Dadurch entsteht bei den meisten die nachvollziehbare Erwartung, dass die Software Probleme löst und keine neuen erschafft. Die Realität – das zeigen zahlreiche Fachforen – sieht dann aber häufig ganz anders aus: geringer(er) Nutzen bei deutlichem höheren Aufwand. Das Ergebnis: Die Anwender sind frustriert und wenden die Software nicht (mehr) oder nur eingeschränkt ein. Manch einer wünscht sich dann vielleicht die gute alte Zeit der Tarifbücher und des Hausbesuchs zurück.

Die Ursachen sind (unter anderem) das Solow'sche Produktivitätsparadoxon und das Jevons-Paradoxon (Rebound-Effekt). Solow sagte einmal treffend zu seinem Produktivitätsparadox: *»Sie können das Computerzeitalter überall sehen, außer in der Produktivitätsstatistik.«* Was er damit meinte: Eigentlich müsste die Produktivität überall da, wo flächendeckend digitalisiert wird, deutlicher steigen. Nur gibt es bis heute keinen statistischen Beleg dafür, und die Wirtschaftswissenschaft tut sich schwer damit, die erhoffte Produktivitätssteigerung *als Folge* der Digitalisierung dingfest zu machen. Der Grund: Es sind ja nicht nur die reinen Anschaffungskosten, die Hard- und Software teuer machen, sondern auch Administratoren, Schulungen der Mitarbeiter und Wartung. Nur lassen sich diese nicht so einfach erfassen. Das nervige Windows-Update kurz vor Feierabend lässt grüßen.

Der Rebound-Effekt besagt, dass Effizienzsteigerung durch technischen Fortschritt die Nutzung von Ressourcen erhöht, anstatt sie zu senken. Dazu zwei Beispiele: Die Effizienz von Leuchtmitteln durch LED-Birnen ist gegenüber klassischen Glühbirnen gigantisch. Normalerweise sollte man erwarten, dass deswegen der Stromverbrauch sinkt. Tut er aber nicht. Statt einer Glühbirne hängen sich die Leute eben 20 LED-Lampen ins Wohnzimmer. Der Stromverbrauch bleibt gleich oder steigt sogar. Zweites Beispiel: Der Otto-Motor ist in den letzten Jahrzehnten immer effizienter geworden und vermutlich nicht mehr großartig zu verbessern. Eigentlich sollte der durchschnittliche Kraftstoffverbrauch der Flotte sinken. Tut er aber nicht. Denn zeitgleich mit den effizienteren Motoren sind die Autos größer und schwerer geworden. Aus diesem Grund liegt der Kraftstoffverbrauch heute höher als früher.

Du suchst den Rebound-Effekt in unserem Metier? Hundert E-Mails am Tag statt von zehn Briefen früher oder zwölf Berufsgruppen in der Berunfsunfähigkeitsversicherung (BU) anstatt von zwei Berufsgruppen früher. Natürlich ist eine E-Mail schneller und günstiger als ein Brief. Aber verbringst du (oder deine Assistenz) heute weniger oder mehr Zeit mit der Korrespondenz? Natürlich ist eine Beratung zur BU mit einem Vergleichsrechner schneller als früher mit zig Tabellen. Aber verbringst du deswegen mehr oder weniger Zeit in der Beratung zur BU?

Schauen wir uns nun einige wenige Statistiken zur Digitalisierung an:

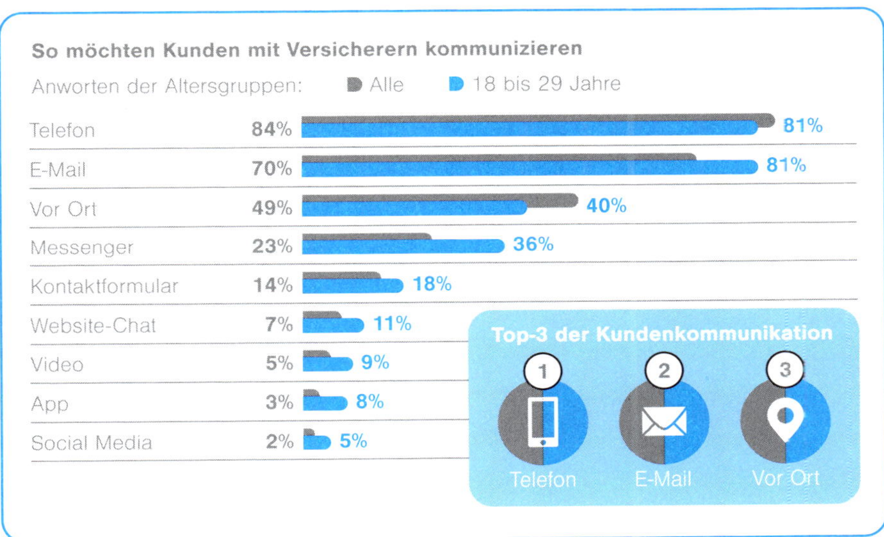

Abbildung 17: Kundenkommunikation. Quelle: Bitkom Research 2020

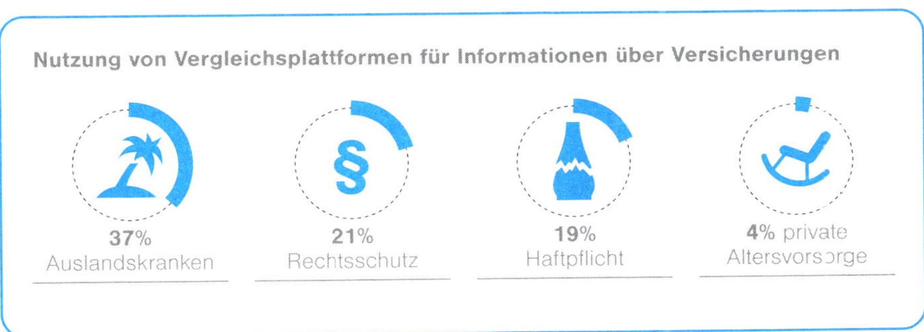

Abbildung 18: Vergleichsplattformen. Quelle: *VersicherungsJournal*, 24.02.2020

Werden Verbraucher Versicherungen zukünftig online abschließen?
Wahrscheinlich
Wahrscheinlich nicht
Unsicher/Vielleicht
Alter18 bis 29
Alter 30 bis 39
Alter 40 bis 59
Alter 50 bis 65
35%
32%
33%
51%
14%
35%
55%
18%
27%
48%
22%
30%

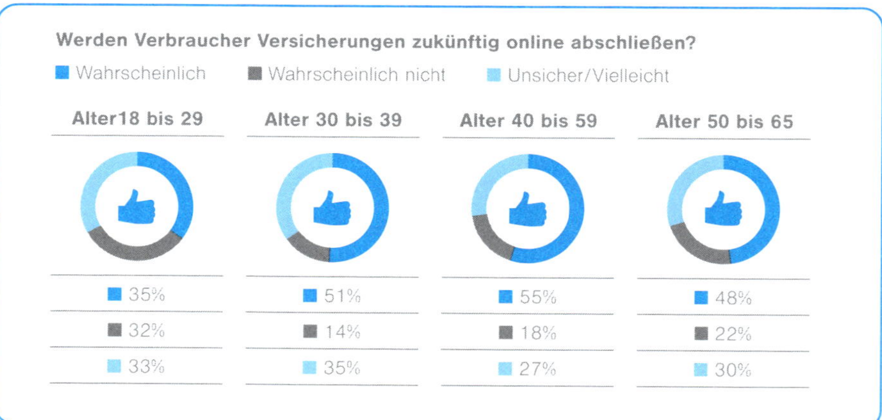

Abbildung 19: Zuküftiger Versicherungsabschluss Online. Quelle: YouGov Marktforschung zum Online-Kaufverhalten Versicherung im Auftrag der BCG, 2019

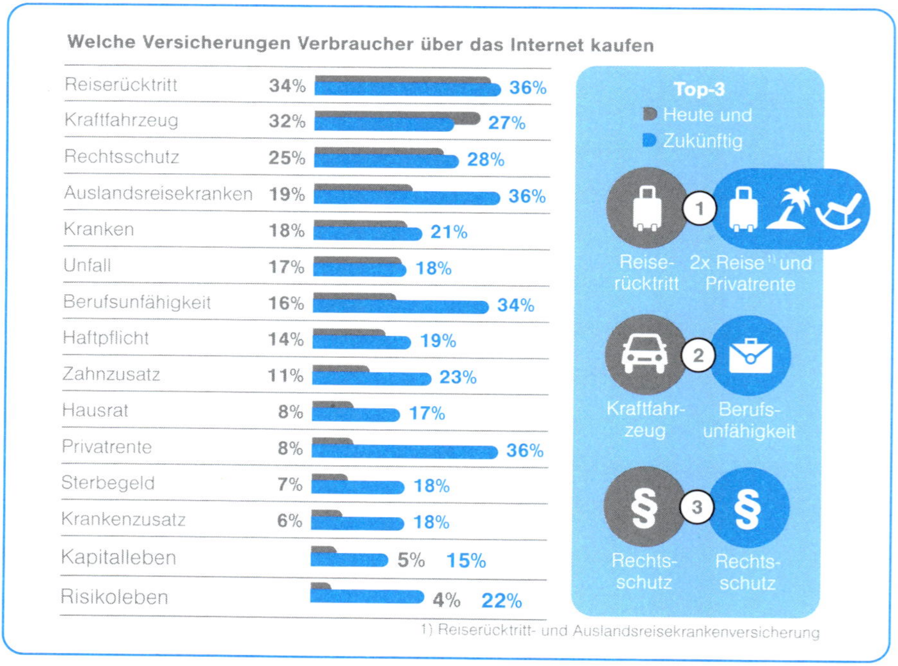

Welche Versicherungen Verbraucher über das Internet kaufen
Reiserücktritt 34% 36%
Kraftfahrzeug 32% 27%
Rechtsschutz 25% 28%
Auslandsreisekranken 19% 36%
Kranken 18% 21%
Unfall 17% 18%
Berufsunfähigkeit 16% 34%
Haftpflicht 14% 19%
Zahnzusatz 11% 23%
Hausrat 8% 17%
Privatrente 8% 36%
Sterbegeld 7% 18%
Krankenzusatz 6% 18%
Kapitalleben 5% 15%
Risikoleben 4% 22%
Top-3
Heute und
Zukünftig
1
Reise-rücktritt
2x Reise[1] und Privatrente
2
Kraftfahr-zeug
Berufs-unfähigkeit
3
Rechts-schutz
Rechts-schutz
1) Reiserücktritt- und Auslandsreisekrankenversicherung

Abbildung 20: Versicherungen übers Internet kaufen. Quelle: *VersicherungsJournal*, 18.06.2020

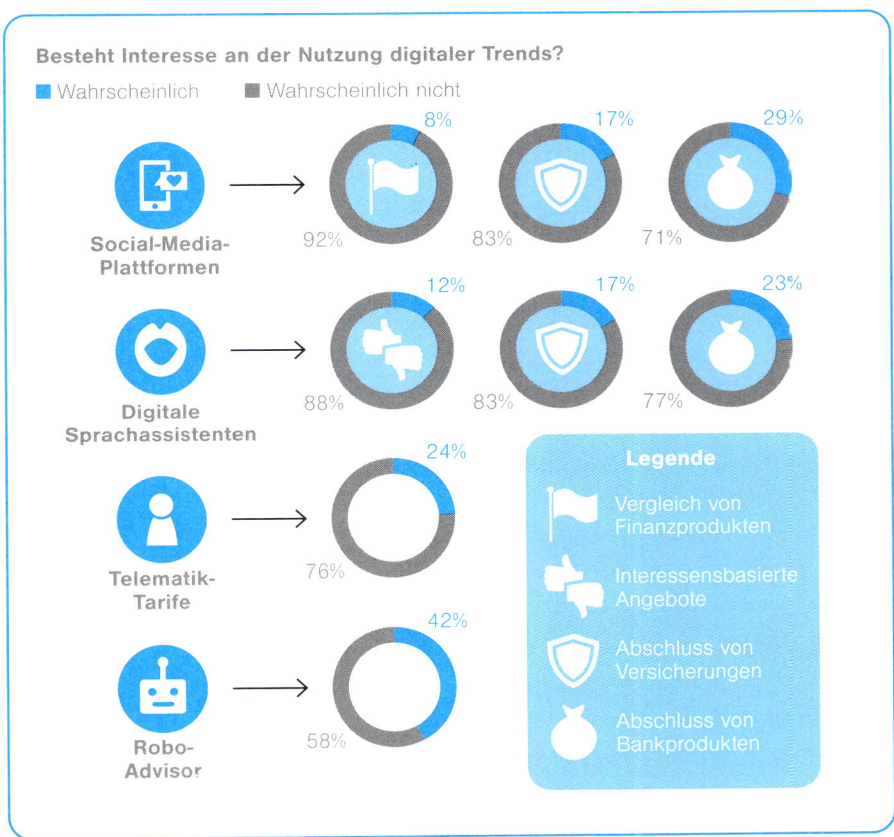

Abbildung 21: Nutzung digitaler Trends. Quelle: *AssCompact*, 24.06.2019

Erwartungshaltung

Um zu erschließen, wie wir die Digitalisierung erfolgreich und gewinnbringend einsetzen, ist es nötig, die allgemeinen Erwartungen von Kunden und Maklern zu kennen. Beginnen wir mit unseren eigenen **Erwartungen als Makler**:

- **Wertschätzung:** Wir alle wollen für unsere Arbeit und Leistung wertgeschätzt werden. Das kann das positive Feedback eines Kunden oder das Lob eines Kollegen sein.
- **Faire Vergütung**: Wir wünschen uns eine angemessene und faire Vergütung.

- **Loyale Kunden**: Niemand will Kunden, die wegen einer Ersparnis von drei Euro im Jahr wechseln. Wir alle wünschen uns Kunden, die wir ein Leben lang begleiten dürfen und die uns weiterempfehlen.
- **Unabhängig sein**: Wir wollen möglichst unabhängig agieren, um das Beste für unsere Kunden herauszuholen. Dazu möchten wir unabhängig bleiben von Versicherern, Pools und Softwareanbietern.
- **Beraten statt verkaufen**: Die allermeisten Makler sehen sich weniger als Verkäufer, sondern eher als Berater, zumal uns der Bundesgerichtshof mit seinem Sachwalterurteil sehr in den Bereich der beratenden Berufe gerückt hat. Dennoch verdienen wir mit der Courtage nur im Erfolgs- also Verkaufsfall Geld.
- **Ertrag**: Am Ende des Tages soll sich unsere Arbeit natürlich auch betriebswirtschaftlich lohnen und Ertrag abwerfen. Aufgrund sinkender Courtageerlöse auf der einen Seite und steigendem Aufwand auf der anderen Seite sinken die Erträge jedoch für das Gros der Makler.
- **Zur Verfügung stehende Werkzeuge:** Wir wünschen uns Werkzeuge, die uns nutzen, und keine Werkzeuge, denen wir nutzen.

Was will der Kunde?

- **Fragen stellen dürfen, um zu verstehen:** Die Zeiten, in denen Kunden blindlings ein Angebot unterschrieben haben, sind weitestgehend und Gottseidank vorbei. Die meisten wollen wirklich verstehen, was sie da unterschreiben und warum.
- **Aufklärung, um Entscheidungen treffen zu können**: Die Kunden wollen sicher keine Ausbildung zum Versicherungsfachmann. Aber sie wollen durchaus eine plausible Begründung dazu, was für oder gegen ein Produkt spricht. Sie wollen dessen Vor- und Nachteile kennen, um eine gute und richtige Entscheidung treffen zu können.
- **Langfristige Partnerschaft auf Augenhöhe**: Anhauen – umhauen – abhauen. Wer kennt das nicht? Niemand, wirklich niemand will das. Schon gar nicht beim Thema Finanzen. Am liebsten wäre den Kunden ein Partner, der sie lebenslang begleitet.
- **Sicherheit:** Das ist der Klassiker. Wobei jeder etwas anderes darunter versteht. Für den einen sind viele Versicherungen der Garant für Sicherheit, für den anderen die Gewissheit, einen Partner an der Seite zu haben, der jederzeit erreichbar ist.

- **Ruhe und Entlastung**: Ein Grund, warum ein Kunde zu dir kommt. Die wenigstens wollen sich mit dem nervigen und komplizierten Thema Versicherungen auseinandersetzen.
- **Mensch sein**: Das klingt im ersten Moment vielleicht ein wenig seltsam. Was wir damit meinen: sich nicht verstellen müssen oder den Eindruck gewinnen, dass das Gegenüber sich verstellt. Gerade in der Finanzwelt begegnen uns Personen, die wenig authentisch wirken. Vertrauen kann so nur schwer entstehen.
- **Einfachheit:** Ein Mobilfunkanbieter brachte es mal genau auf den Punkt: »Weil einfach einfach einfach ist.« Gute Beratung ist die Kunst, komplizierte Sachverhalte einfach und verständlich rüberzubringen.
- **Dass es funktioniert**: Klar, wer will schon eine Versicherung, die im Schadensfall nicht leistet, oder ein Konzept, das nicht aufgeht? Wie du zur Lösung kommst, ist dem Kunden herzlich egal.

Was will der Kunde (genauer gesagt: der Kunde eines Versicherungsmaklers) **nicht?**

- **Niedrigster Preis**: Wer das will, geht zu Check24 und nicht zu dir.
- Beste Leistung: Spätestens wenn du den Preis des »allerbesten« Produkts für das Problem des Kunden aufzeigst, rudert er oder sie zurück.
- **Maximale Rendite**: Das sind Kunden (zu 99 Prozent Männer), die ihr Geld selbst in kongolesischen Goldminen oder in Kryptowährungen versenken.
- **Niedrigster Zins**: Das sind die gleichen Sparfüchse wie oben. Vielleicht kontaktieren die dich, weil sie noch ein Vergleichsangebot wollen. Abschließen werden sie dennoch nicht bei dir.
- **Schnellster Abschluss**: Wenn du deine Kunden fragst, ob sie eine schnelle Lösung oder eine korrekte/gute Lösung wollen, antworten 99 Prozent mit der guten und korrekten Lösung. Eben weil Finanzen und Versicherungen kompliziert sind, dauert es manchmal länger. Das verstehen die allermeisten.
- **Nervenkrise und Zeitverlust**: Gemeint ist das Gegenteil von »Ruhe und Entlastung«. Die Kunden, die eine Beratung suchen, nennen mehrheitlich als Grund dafür, dass sie sich wünschen, dass ihnen jemand die anstrengende Arbeit abnimmt. Alle anderen bemühen das Portal Check24.

Es ist unerlässlich, sich die Punkte oben einmal zu vergegenwärtigen, um zu erkennen, *wo* genau wir die Digitalisierung einsetzen sollten und wo besser nicht. Vielleicht stimmst du nicht mit allen Punkten überein oder hast andere Erfahrungen gemacht. Dann ist deine Zielgruppe womöglich anders und die Einsatzgebiete von Digitalisierung sind andere. Denn eines sollte klar sein: Digitalisierung ist nicht das Allheilmittel für Probleme.

Digitalisierung: Lösung oder Werkzeug?

Wozu kaufst du eine Bohrmaschine?

a. Aufgrund des schönen Designs? Weil sie eine besonders hohe Umdrehungszahl hat?
b. Willst du Löcher in die Wand bohren?
c. Oder willst du ein Bild an der Wand aufhängen?

Übertragen wir das Bild einmal auf die Digitalisierung. Wozu nutzen wir Digitalisierung?

a. Weil es alle machen?
b. Um schneller zu sein?
c. Um Probleme zu lösen?

Nur wenn du weißt, welche Probleme du lösen möchtest/musst, kann Digitalisierung für dich ein Werkzeug sein. Am Beispiel von Social Media können wir das Bild noch deutlicher zeichnen: Social Media ist nicht die Lösung (Bild an der Wand), sondern ein Werkzeug (Bohrmaschine), um dich als Experten für das Thema Einkommensabsicherung zu positionieren (Ziel).

Alles andere sind *Cargo-Kulte*! Sie begegnen uns leider sehr oft. Cargo-Kulte kommen in Melanesien, einer Inselgruppe im Pazifik, vor. Im Zweiten Weltkrieg haben die Amerikaner provisorische Militärflughäfen auf den Inseln eingerichtet, um Japan besser angreifen zu können. Immer wenn die Flugzeuge gelandet waren, fielen Fertigkleidung, Konservennahrung, Zelte, Waffen und andere Waren für die Einheimischen ab. Als die Amerikaner abzogen, imitierten die Einheimischen die Handlungen der Militärs, indem sie sich in die Tower setzten oder an der Landebahn mit Fahnen winkten. Sie hofften damit, die Flugzeuge wieder »anzulocken«. Sie verwechselten die Ursache mit der Wirkung.

Was uns einigermaßen amüsant erscheint, machen wir jeden Tag. Wir sehen einen erfolgreichen Maklerkollegen bei Facebook oder Instagram. Wir glauben, er oder sie sei erfolgreich, weil er oder sie bei Facebook oder Instagram unterwegs ist. Deswegen versuchen wir, das nachzumachen. Dass Facebook und Instagram nur ein Teil des Erfolgs sind, erkennen wir nicht.

Was kann Digitalisierung (nicht)?

Sammeln wir einmal alle Punkte, die die Digitalisierung (unserer Meinung nach) kann beziehungsweise nicht kann:

Digitalisierung kann ...	Digitalisierung kann nicht ...
informieren	beraten
positionieren	verkaufen
vereinfachen	mitfühlen
reduzieren	improvisieren
beschleunigen	zuhören
kommunizieren	mitdenken
	akquirieren

Tabelle 4: Was Digitalisierung (nicht) kann

Was auffällt: In allen Bereichen, die mit der eigentlichen Beratungsleistung zu tun haben, hilft uns die Digitalisierung nicht wirklich weiter. Du kannst informieren (Blog). Über eine gute Homepage und Social Media kannst du dich als Experte für XYZ positionieren. Digitalisierung macht vieles einfacher und schneller (Vergleichsrechner). Digitalisierung ermöglicht die Kommunikation mit digitalen Tools (per E-Mail, Video, Messengerdienst). Aber bei allem, was Vertrauen schafft und was dich als Mensch und Berater auszeichnet, dich also von der grauen Masse abhebt, benötigst du die Digitalisierung schlichtweg nicht.

Beim Thema Akquise ist das Bild ambivalent. Wenn du einfach nur ein Moped-Kennzeichen verkaufen willst, kannst du das sicher gut über spezielle Google-Ads-Kampagnen oder bei Instagram. Wobei du da in enorme Konkurrenz zu den Versicherern trittst, die über wesentlich mehr Know-how und Geld verfügen. Willst du dich aber als Berater mit einem ganzheitlichen Konzept in Position bringen, geht das schon nicht so einfach. Weil du deinen Mehrwert und deine Leistung nicht in 140 Zeichen oder ein lustiges Bild packen kannst. Dafür kann die Digitalisierung (Homepage, Termin-Tool, Social-Media-Auftritt) bestenfalls unterstützend wirken.

Die Voraussetzung, dass die Digitalisierung dir bei den oben genannten Punkten (Informieren, Vereinfachen, Beschleunigen usw.) wirklich helfen kann, lässt sich als klarer Prozess darstellen. Er sieht unserer Meinung nach wie folgt aus: Problem kennen, Zielstellung formulieren, Prozesse definieren.

Digitalisierung mit System

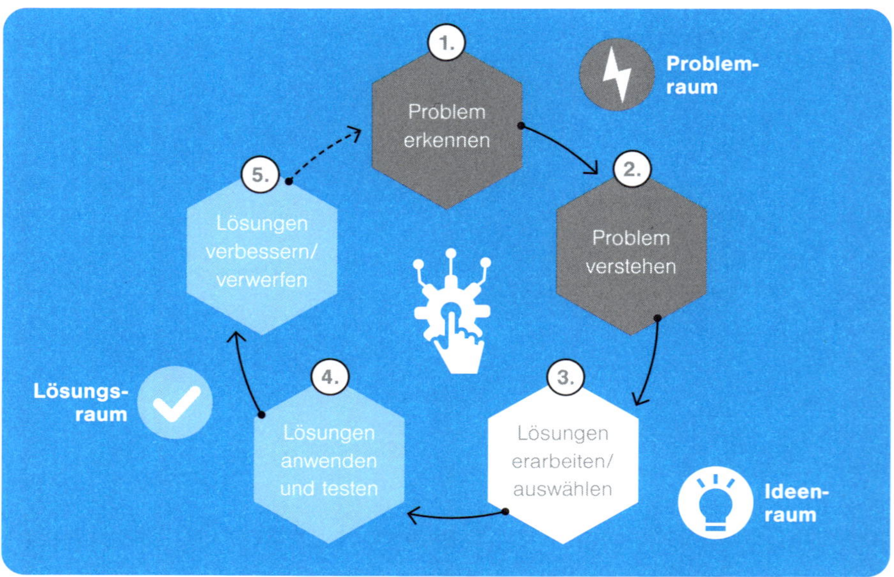

Abbildung 22: System erfolgreicher Digitalisierung

Dieser Prozess ist angelehnt an das sogenannte Design Thinking.

Zunächst gilt es, ein Problem oder einen Mangel überhaupt zu *erkennen*. Im Alltag mit seinen tausend kleinteiligen operativen Aufgaben geht das erschreckend häufig unter. Hier hilft Hinhören. Das ist mehr als nur zuhören. Höre hin, wenn Mitarbeiter oder Kunden Kritik äußern oder Probleme benennen. Oftmals sind solche Äußerungen auch diffus und der wahre Inhalt kommt nur zwischen den Zeilen zum Ausdruck. Am besten etablierst du ein System, indem du regelmäßig konstruktives Feedback einsammelst. Viele begreifen unzufriedene Äußerungen oder Hinweise auf Probleme als Kritik an der eigenen Person und gehen in Abwehrhaltung. Vermeide das und begreife sie eher als Chance zur Weiterentwicklung. Sei dankbar für jeden kritischen Mitarbeiter und Kunden!

Anschließend ist es wichtig, dass du das Problem *verstehst*. Hier tendieren wir häufig dazu, Probleme zu personalisieren und die Schuldfrage zu stellen: Wer ist schuld daran, dass die Daten falsch/nicht aktuell sind? Der Kunde ist einfach zu doof, unser Rechen-Tool zu bedienen. Das ist bequem, bringt dich aber nicht weiter. Abstrahiere auftretende Probleme, trenne sie von der Person. Hierfür gibt es verschiedene Methoden. Wichtig ist es auch, die Perspektive zu ändern. Du machst den ganzen Tag nichts anderes, als mit Zahlen und Versicherungen zu hantieren. Deine Anwender tun das in der Regel nicht. Du wirst betriebsblind. Betrachte das Problem mit Abstand. Stell (dir) denkbar einfache Fragen. Bitte andere, Fragen zu dem Problem zu stellen. Nimm verschiedene Perspektiven ein.

Suche anschließend *Lösungen* oder Tools, die das Problem beheben (können). Frag Kollegen, wie die das Problem angehen. Suche in Fachforen nach Antworten. Wenn du gar nichts findest, musst du vielleicht selbst die Lösung entwickeln. So entstehen übrigens viele Tools. Vielleicht entwickelst du besonderen Eifer darin. Haben zahlreiche Kollegen das gleiche Problem wie du, hast du unter Umständen sogar ein neues Geschäftsfeld aufgetan?

Warte nicht, bis du das perfekte Tool oder DIE Lösung hast. *Teste* sie lieber schnell und in kleinem Umfang. Erweist sich das betreffende Instrument als tauglich? Weite den Einsatz aus oder *verbessere* die Lösung weiter. Bringt sie dich nicht weiter? Dann *verwirf* sie und verschwende nicht zu viel Zeit, Energie und Geld damit. Bei Software-Lösungen ist der Zeitraum ja ohnehin begrenzt, indem du sie kostenfrei testen kannst. Oder du begnügst dich eben mit der kostenfreien Basisversion.

Das Ganze ist ein nicht endender Prozess. Dafür gibt es drei Gründe: Die Umstände (z.B. Regulierung) ändern sich. Die Anwender beziehungsweise Kunden ändern sich. Und du änderst dich. Etabliere also ein System, in dem du diesen Kreislauf wie auf Autopilot laufen lassen kannst.

Digitale Tools im Einsatz

Da wir immer gefragt werden, was für digitale Tools wir eigentlich verwenden, stellen wir sie in der folgenden Tabelle kurz vor:

Was	Wofür
Facebook, Instagram, Xing, LinkedIn	Werbung, Positionierung
Wordpress	Homepage, Blog, Termin-Tool
Messenger	Kommunikation
Zoom	Videoberatung
AMS Assfinet	Kunden- und Vertragsverwaltung
Franke & Bornberg, Softfair, covomo	Vergleiche
Easy login	Extranet
SkenData	Gebäudewertermittlung
Adobe pro	Fragebögen, Bearbeitung von Dokumenten
Mailchimp	Newsletters
Google	Feedback
Typeform	Umfragen
Trello	Projektorganisation
Microsoft	Office, E-Mail
Keepass	Passwortverwaltung
PISA	Buchhaltung
InSign	Digitale Unterschrift

Tabelle 5: Nutzung digitaler Tools bei PROGRESS

Prüfe diese Tools ruhig einmal. Aber übernimm sie erst, nachdem du den oben skizzierten Prozess durchlaufen hast.

Digitalisierung richtig nutzen

Biegen wir langsam auf die Zielgerade ein und befassen wir uns damit, wie du die Digitalisierung richtig nutzen kannst. Dafür rekapitulieren wir das oben Beschriebene.

Die Basis für gute Digitalisierung sind klare Prozesse und Standards. Digitalisierst du einen miserablen Prozess, hast du einen miserablen digitalen Prozess. Investiere also vorab Zeit in deine internen Prozesse und erstelle fachliche Arbeitsrichtlinien oder ein Handbuch.

Der Ausgangspunkt für Digitalisierung sollten immer reale, wesentliche Probleme beziehungsweise Hürden sein.

Denk daran, dass Digitalisierung nicht das Ziel, sondern maximal ein Instrument beziehungsweise Werkzeug sein kann. Das Ziel (Problem lösen) musst du kennen und klar beschreiben können.

Da Digitalisierung (bestimmte) Dinge schneller, genauer und einfacher machen kann, solltest du vor allem redundante und repetitive Aufgaben digitalisieren. So gewinnst du tatsächlich Zeit. Erinnere dich an die beiden weiter vorn im Buch beschriebenen Paradoxa.

Gute Digitalisierung zeichnet sich dadurch aus, dass du die richtigen Tools (Effektivität) richtig einsetzt (Effizienz) und dafür die richtigen Daten (Effektivität) sammelst und verwendest (Effizienz).

Gute Digitalisierung erkennst du als Makler somit daran, dass du mehr Zeit für das Wesentliche – also die Beratung – gewinnst.

Ergebnis Digitalisierung

Spielen wir zum Schluss ein bisschen »Wünsch-dir-was« und stellen wir uns die perfekte digitalisierte Welt vor.

Deine repetitiven, redundanten und administrativen Aufgaben sind ganz weggefallen oder haben sich zumindest erheblich reduziert. Die Digitalisierung hat dich also deutlich *effizienter* gemacht. Was machst du nun mit der gewonnenen Zeit? Die Frage nach der Effektivität (mache ich das Richtige?) wird also wichtiger. Du kannst entweder weniger arbeiten und das Gleiche erlösen. Oder du kannst gleich viel arbeiten und mehr erlösen.
Am Ende musst du dir vor allem zwei Fragen stellen:

- **Was ist der Kern deiner Dienstleistung?**
- **Wirst du zukünftig noch hauptsächlich Verträge vermitteln und Daten in irgendein Formular eintragen oder eher beraten, planen, coachen, trainieren?**

01.6 WARUM BERATUNG UND VERTRIEB WEIBLICHER WERDEN (MÜSSEN)

Frauen werden schlechter bezahlt und haben geringere Renten. Frauen sind unterrepräsentiert in Führung und Vertrieb. Das wird sich zukünftig ändern. Was das für den Vermittlerbetrieb bedeutet, erklären wir in diesem Kapitel.

Zum Einstieg ein kleines Rätsel: Ein Vater und sein Sohn haben einen Autounfall. Der Vater wird dabei getötet, das Kind schwer verletzt. Als das Kind in den Operationssaal gebracht wird, sagt einer der Chirurgen: »Ich kann diese Operation nicht durchführen, dieser Junge ist mein Sohn.« Wie ist das möglich?

Gerade einmal 15 Prozent der befragten Studenten konnte die richtige Antwort liefern[2]: Der Chirurg ist die Mutter. Dieses kleine Rätsel zeigt, dass Sprache stark beeinflusst, wie wir denken und handeln. Und es zeigt auf vielen Ebenen, dass wir auch in der Beratung und im Vertrieb noch einen langen Weg bis zur Gleichberechtigung vor uns haben.

Status quo

Doch schauen wir uns zunächst mal ein paar Zahlen an. Frauen sind zu knapp 77 Prozent erwerbstätig, Männer zu 85 Prozent.[3] Frauen stellen 30 Prozent der Führungskräfte über alle Branchen hinweg, Männer zu 70 Prozent.[4] 26 Prozent der Frauen haben eine hohe berufliche Qualifikation gegenüber 29 Prozent bei den Männern.[5] Der Versicherungsvertrieb besteht zu 10 bis 20 Prozent aus Frauen, aber zu 80 bis 90 Prozent aus Männern.[6] Frauen verdienen im Schnitt 21 Prozent weniger als ihre männlichen Kollegen.[7] Frauen haben im Schnitt 47 Prozent geringere Rentenansprüche als Männer.[8] Das ist ein erschreckender Befund für ein Land, das sich die Gleichberechtigung der Geschlechter auf die Fahnen geschrieben hat.

Grund zur Hoffnung

Schauen wir uns jedoch die Entwicklung im zeitlichen Verlauf an, besteht Hoffnung auf einen fundamentalen Wandel. Die Erwerbstätigenquote der Frauen ist seit 1960 um 63 Prozent gestiegen, die der Männer um 6 Prozent gesunken.[9] 35 Prozent der 30- bis 34-jährigen Frauen sind hoch qualifiziert, aber nur 31 Prozent der Männer.[10] Die Entwicklung in nahezu allen Bereichen der Beschäftigung und Vergütung ist ähnlich. Außerdem wandelt sich das traditionelle Rollen- und Familienmodell. Männer, die zeitweise aus dem Beruf aussteigen, um Care-Arbeit zu übernehmen, werden häufiger. Daraus ergeben sich einige Veränderungen und Herausforderungen für den Versicherungsvertrieb und die Beratung. Wir fassen diese zu folgenden Thesen zusammen:

1. Frauen werden zu Führungskräften.
2. Gender-Pay- und Gender-Pension-Gap sinken.
3. Frauen werden unabhängiger.
4. Frauen werden zu Entscheiderinnen über die Finanzen in den Haushalten.
5. Frauen werden eine wichtige und bedeutsame Zielgruppe mit besonderen Bedürfnissen.
6. Frauen werden als Mitarbeiterinnen und Beraterinnen wichtiger.

Was sich ändern muss – Kommunikation

Zunächst müssen sich Wahrnehmung und Kommunikation ändern. Dem nach wie vor männlich dominierten Vertrieb muss klar werden, dass Frauen nicht per se nur die Partnerinnen – quasi Anhängsel – ihrer Männer sind. Werbung und Gespräche richten sich nach wie vor hauptsächlich eben an Männer. Wir haben den Eindruck, dass Werbung und Kommunikation noch zu sehr auf Status und Vermögen abzielen. Das sind Werte, die zukünftig vermutlich eine geringere Rolle spielen werden. Entscheidender werden Empathie, Einfühlung und Emotionen. Ein erster kleiner und wichtiger Schritt wäre, die weibliche Sichtweise mehr in die Sprache einfließen zu lassen – ob du nun eine gegenderte Sprache verwenden willst oder nicht. Und wer sagt, dass sei ihm oder ihr zu anstrengend, den erinnern wir daran, dass wir alle wie selbstverständlich jeden Brief und jede E-Mail mit »Sehr geehrte Damen und Herren« beginnen.

Was sich ändern muss – Absicherung

Der Vertrieb muss bei der Erstellung von Absicherungskonzepten die sich ändernden Rollen berücksichtigen. War es »früher« üblich (und bereits falsch), allein den Hauptverdiener und Ernährer abzusichern, benötigen beide Partner beziehungsweise Eltern eine adäquate Absicherung. Das bedeutet auch, die wahrscheinlich vermehrt auftretenden Brüche in den Erwerbsbiografien zu berücksichtigen. Beide Partner treten zukünftig zeitweise aus dem Berufsleben aus, um Care-Arbeit zu übernehmen. Das verlangt auch den Produktabteilungen mehr Kreativität ab, um flexiblere Absicherungskonzepte zu entwerfen.

Was sich ändern muss – Betriebe

Die aus unserer Sicht größte Veränderung betrifft den Vertrieb selbst. Allgemein bringen Frauen natürlich ein größeres Verständnis und einen besseren Zugang zu anderen Frauen mit als Männer. Was läge also näher, den Vertrieb femininer werden zu lassen? Doch auch hier stehen die klassischen Strukturen im Weg. Der Vertrieb ist vielfach nach wie vor zahlen-, umsatz- und geldgetrieben. Auch hier ging und geht es vor allem um Status und Vermögen. das sind Werte, die Frauen meist weniger attraktiv finden. Aus diesem Grund sind eben auch nur 10 bis 20 Prozent der Vermittler in Deutschland weiblich.

Betriebe, die weiblicher werden möchten, brauchen also andere Qualitäten, um Frauen für den Vertrieb zu begeistern. Das könnten sein: flexiblere Arbeitszeiten; Homeoffice; Vereinbarkeit von Beruf und Familie; Übernahme bestimmter familienbezogener Kosten; Beteiligung an den Kosten für die Care-Arbeit; ein vertrauensvolles Betriebsklima; unkomplizierte Möglicheiten, in Teilzeit zu arbeiten; flache Hierarchien; Beratung statt Verkauf; gesellschaftliches und soziales Engagement; Nachhaltigkeit; *purpose*. Ach ja, an oberster Stelle steht natürlich die gerechte und vor allem gleiche Bezahlung für gleiche Arbeit. Jede einzelne Maßnahme hilft dabei, den Betrieb für Frauen (und nicht nur für sie!) attraktiver zu machen. Je mehr Frauen im Vertrieb und der Beratung tätig sind, desto besser wird es gelingen, die Bedürfnisse weiblicher Kundinnen zu adressieren und deren Probleme zu lösen.

GASTBEITRAG NGA LE

Nga Le hat nach einem Konzernleben bei einem großen Rückversicherer ihr eigenes Unternehmen gegründet und leitet seit fünf Jahren das Start-up EDUBAO. Ihre große Vision ist es, Versicherungen grenzenlos und für alle zugänglich zu machen. Daher ist für sie das Thema »Embedded Insurance« mit internationalem Bezug das spannendste in der Branche.

Warum Beratung und Vertrieb weiblicher werden (müssen)

Eine diversifizierte Belegschaft, die Frauen und Männer gleichermaßen einbezieht, führt zu einer besseren Entscheidungsfindung, einer größeren Kreativität und einer höheren Zufriedenheit bei Kunden und Mitarbeitern.

Dieser Aspekt ist mehrfach wissenschaftlich belegt – ungeachtet dessen, welches Business man betreibt.

Meine Realität der diversifizierten Belegschaft in der Versicherungsbranche und somit bei der Versicherungsvermittlung ist eine andere.

Frauen sind meist in größerer Zahl nur am Schalter bei Banken anzufinden. In der Versicherungsvermittlung sind sie unterrepräsentiert beziehungsweise kaum präsent.

Als ehemalige Underwriterin bei der Munich Re und später in meiner freiberuflichen Arbeit in der Versicherungsindustrie war ich häufig eine Exotin in mehrfacher Hinsicht.

Mich bitten ständig Freundinnen, ich solle ihnen bei ihren »Versicherungen« doch helfen. Die Nachfrage nach weiblicher Beratungskompetenz ist vorhanden. Vereinzelt gibt es Angebote von Freelancerinnen, die sich gezielt an Frauen richten. Bemerkenswert ist, dass es bewusst Angebote sind, die losgelöst von allen gängigen Versicherungsvermittlern, sprich »Markenhäusern«, stattfinden.

Um mit der Zeit zu gehen, sollten Versicherer, Vermittlergemeinschaften und Maklerpools als »No-Brainer« mehr Frauen in der Versicherungsvermittlung einsetzen.

Warum ist das so schwer?

Die wenigsten Frauen trauen sich zurzeit diesen Job zu oder wollen ihn sich nicht zumuten. Das hat meines Erachtens mehrere Gründe.

Vertriebsstrukturen, die den Kundennutzen nicht in den Vordergrund stellen, sondern rein monetär incentiviert sind, entsprechen meist nicht den Interessen weiblicher Verkäuferinnen, die in viel stärkerem Ausmaß ein kundenorientiertes Denken anstreben.

Der Vermittler ist ständig für seine Kunden in Rufbereitschaft, gerade bei großen Schadensfällen oder im Gewerbegeschäft.

Der Versicherungsvertrieb ist mit einem schlechten Image verbunden. Schon während meiner Studienzeit schallten mir, wenn ich erwähnte, dass ich mich auf das Versicherungswesen spezialisiere, die Vorurteile entgegen.

Um die Anzahl der Frauen in Beratung und Vertrieb zu erhöhen, müssten in der Versicherung gezielt Frauen in Führungspositionen befördert werden, damit die Branche sichtbare Role Models hat. Durch Mentoring und Förderprogramme müssten Frauen aufgebaut und Barrieren abgebaut werden, die Frauen davon abhalten, in Beratung und Vertrieb zu arbeiten, zum Beispiel Angebote für Kinderbetreuung oder die Anpassung der Arbeitszeiten und -bedingungen an Elternbedürfnisse. Gerade der Vertrieb ließe Flexibilität zu, weil die Kundenbetreuung sich auch *remote* bewerkstelligen lässt.

Eine Änderung der Bilder und Stereotypen von Beratung und Vertrieb kann helfen, diese Karrierewege für Frauen attraktiver zu machen.

Meine wichtigste Anregung dazu, wie sich die Anzahl der Frauen in Beratung und Vertrieb erhöhen lässt, besteht darin sicherzustellen, dass die Beratung auf die Lebenswirklichkeit von Frauen abgestimmt sein sollte. Dies bedeutet, dass Themen wie der Gender-Pay-Gap, die weibliche Altersarmut und die finanzielle Freiheit in einem geschützten Raum angesprochen werden können. Hier ist wichtig, dass die Beratung von Frauen durch Frauen durchgeführt wird, die verstehen, welche Herausforderungen speziell Frauen in Bezug auf Finanzen und Karriereentwicklung haben. Dies kann dazu beitragen, das Vertrauen der Frauen in die Beratung zu stärken und sicherzustellen, dass die Beratung auf ihre Bedürfnisse abgestimmt ist – ohne Angst vor Diskriminierung oder Stigmatisierung zu haben. Dies kann durch die Schaffung von Women-only-Beratungsgruppen oder -Workshops erreicht werden.

Dadurch würde das Vertrauen der Frauen in die Beratung gestärkt. Frauen sind ein großer Teil der potenziellen Kundschaft, sie sollten auch ernster genommen werden im Hinblick auf ihre Bedürfnisse diesseits und jenseits des Beratungstisches.

GASTBEITRAG MARIE CHRISTINA SCHRÖDERS

Marie Christina Schröders hat Steuerrecht, Versicherungswissenschaften und Marketing studiert. Heute ist sie Versicherungsmaklerin und Geschäftsführerin der Finanz- und Versicherungsmaklerfirma SaFiVe GmbH & Co. KG sowie der LGBTQ+-Finanzberatung Adviris GmbH & Co. KG.

Warum der Vertrieb mehr Diversität braucht

Die eigentlich an mich gerichtete Frage war: Warum muss der Vertrieb weiblicher werden?

Da du dazu bestimmt fast schon so oft etwas gelesen hast, wie mir als Vertrieblerin diese Frage gestellt wurde, habe ich mich bewusst für die Umformulierung dieser Frage in der Überschrift entschieden. Denn Worte formen unser Denken!

Dass es im Vertrieb sehr wenig Diversität gibt, ist ein immenser wirtschaftlicher Nachteil für die Finanzdienstleistungsbranche. Denn aktuell ist kaum eine andere Branche noch so auf den Verkauf von Mensch zu Mensch angewiesen. Jedoch hat man heute bereits den Eindruck, die elektronischen Beratungs-Tools, die Emotionen durch Algorithmen ersetzen, schaffen es, mehr diverse Zielgruppen zu erreichen, als es die Finanzbranche je geschafft hat.

Die Vertriebler da draußen (vielleicht auch du) lassen nämlich eine wirtschaftlich erhebliche Zahl an Kunden dadurch links liegen. All dies geschieht, weil die Finanzbranche immer noch eine sehr homogene Auswahl von Menschen im Vertrieb beschäftigt, die von gewissen Zielgruppen nicht wahrgenommen wird oder für diese sogar eine Fehlbesetzung sind. Ihr erreicht die Menschen nicht, welche soziale Vielfalt als eine Chance auf ein (finanziell) freies Leben betrachten. Diese Menschen schöpfen Vertrauen, wie es beispielsweise in einer Finanzberatung nun mal notwendig ist, nicht, weil die beratende Person einen Anzug trägt, sondern weil sie ein echtes Interesse dieser Person an ihrer Lebensweise wahrnehmen.

Du willst erfolgreich als Vertrieblerin sein? Dann sei dir dessen bewusst, dass Fähigkeiten und Eigenschaften wie Empathie, Liberalität und Offenheit, die über reine Rhetorik hinausgehen, für die originäre Tätigkeit einer Vertrieblerin auf der gleichen Ebene zu betrachten sind wie Wissen und Ausbildung.

Mangelt es an Diversität im Vertrieb, wird Erfolg immer nur mit einer bestimmten Zielgruppe erzielt, und Fortschritt und Entwicklung vollziehen sich zu einseitig. Immer noch beschäftigen wir uns in der Finanzbranche mit Themen wie »Beratung von Frau zu Frau« und beabsichtigen, damit eine neue Zielgruppe zu erschließen. Dass hier wieder einmal Stereotypen bedient und damit verfestigt werden, welche versuchen, die althergebrachten Begriffsmonopole der Weiblichkeit und Männlichkeit festerzuzurren, wird nicht erkannt.

Wenn wir bei den Neologismen des »Greenwashing« oder »Pinkwashing« bleiben, muss ich an dieser Stelle fragen: Betreibt die Branche an der Stelle nicht »Socialwashing«? Indem sie eine Femininität nach außen vorgibt, welche sie nach innen selten erfüllt, anstatt wirklich den Kern des Problems zu lösen. Eigentlich sollten die Zutrittsbarrieren für Diversität im Vertrieb fallen. Eigentlich nötig wären stärkere Anreize. Dann wäre das viel beschworene Ziel der Vielfalt an Vertrieblerinnen und somit der Diversität glaubwürdig. Ich habe aber oft das Gefühl, am oberen Ende der Entscheiderkette werden doch wieder die Ideen von alten weißen Männern vertreten. Der Wandel vollzieht sich zu langsam, so wird die künstliche Intelligenz schneller emotional und divers werden als der menschliche Vertrieb. Damit macht sich der Versicherungsvertrieb überflüssig. Durch mangelnde Diversität schaffen wir uns als Vertrieb selber ab! Die wenigen bunten Leuchttürme des Vertriebes werden das nicht rausreißen können.

In meinen Early Years in der Branche wurde ich gebeten, meine Piercings herauszunehmen, es gab gut gemeinte Hinweise, meine Tattoos doch bei Geschäftsterminen doch bitte zu bedecken – für mehr Seriosität, die angeblich eher zum Erfolg führen sollte. Das halte ich für sehr fragwürdig – bis heute glaube ich, dass die Verbindung zwischen Menschen und das Wissen des Beraters zum Beratungserfolg führen. Das Frausein und mein offenes Bekenntnis zu einer lesbischen Lebensweise hat zu Beginn meines beruflichen Werdeganges oft dazu geführt, dass ich eine Tür zweimal öffnen musste. Der Austausch über meine sexuelle Orientierung und mein Aussehen beschäftigten die Entscheider wohl mehr als mein Wissen und der Inhalt meiner Äußerungen.

Vielfalt und Veränderung tun niemandem weh, und so wäre es auch in der Finanzbrache wunderbar, wenn alle Geschlechter, Altersgruppen, Charaktertypen, einfach jeder Mensch, sich im Vertrieb wohlfühlen dürfte. Eins kann ich dazu nur sagen: Für eine Frau ist (war) das nicht immer selbstverständlich!

In der Gesellschaft setzt sich diese Trendwende seit Langem schon mit dem Begriff »new normal« durch. Was ursprünglich eher eine Randbewegung war, ist in die Mitte der Gesellschaft gerückt, gilt als »normal«, verliert seine Stigmatisierung und ist sogar angesagt. Aus denjenigen, die die Bewegungen vor Jahren angestoßen haben, sind heute Entscheider geworden, welche bald Unternehmen führen und die gesellschaftliche Entwicklung bestimmen.

Oft erkennt die Finanzbranche Trends zu spät und läuft hinterher.

Wie wäre es, wenn wir die Zielgruppe »Beratung von Mensch zu Mensch« eröffnen? Ich bin mir ganz sicher, hier ließe sich immenses vertriebliches Potenzial heben, das bislang gänzlich unerkannt war.

01.7 GENERATION Y ALS MITARBEITER

Um in der Generation Y erfolgreich zu sein, liegt es nahe, entsprechende Vertreter als Mitarbeiter zu gewinnen. Doch viele ausgebildete Fachkräfte scheinen für kleinere Maklerunternehmen entweder unbezahlbar oder unerreichbar. Hierfür gibt es zwei Lösungen: selbst ausbilden oder andere Motivatoren anbieten.

Sinn statt Geld

Es ist ein alter Hut, doch immer noch aktuell: Geld ist nicht alles. Ja, ein vernünftiges Gehalt ist ein Hygienefaktor, mehr aber auch nicht. Die aktuellste XING-Gehaltsstudie* offenbart interessante Einblicke in die Prioritäten potenzieller Mitarbeiter. Einem Drittel der Generation Y ist der Sinn der Arbeit wichtiger als ein dicker Gehaltsscheck. Für Berufe, die erfüllend sind und glücklich machen, würde etwa jeder Zehnte seinen derzeitigen Job wechseln.

Hand aufs Herz: Es gibt wenige Berufe, die sinnstiftender sind als der des Versicherungsprofis. Hier geht es immerhin um die Absicherung von existenziellen Risiken der Kunden. Es geht um das finanzielle Fundament für den Lebensabend der Mandanten. Es geht ums Dasein und Sich-Kümmern, wenn es buchstäblich brennt. Daran ändert auch das miese Image der Branche nichts. Das gilt es zu kommunizieren und zu demonstrieren!

Mehr als nur Sahnehäubchen

Mitarbeiter lassen sich nicht nur durch hohe Grundgehälter oder durch die Aussicht auf üppige Provisionen locken. Die Zeitschrift *Capital*, das Beratungsunternehmen Kienbaum und die Arbeitgeber-Bewertungsplattform Kununu haben kürzlich untersucht, welche Rolle Extras beziehungsweise Lohnnebenleistungen spielen. Eine wichtige Erkenntnis vorab: Die Generation Y würde für die »richtigen« Benefits auf immerhin 13 Prozent ihres Gehalts verzichten (mehr als alle anderen). Es lohnt sich also, mit den (potenziellen) Mitarbeitern ins Gespräch zu kommen! Und das Beste ist: Nicht alle Extras kosten Geld.

Auf Platz 1 der Top-Benefits liegen flexible Arbeitszeiten. Gerade junge Mütter oder Väter wünschen sich diese Möglichkeit, um Familie und Beruf in Einklang zu bringen. Auch die Arbeit im Homeoffice gehört in diese Kategorie. Zuschüsse für den Arbeitnehmer sind sogar in gewissen Grenzen steuerfrei.

---

* von 2019, Quelle: https://www.new-work.se/NWSE/Presse/2019_Gehaltsstudie/XING-Gehaltsstudie-2019-DE.pdf

Weitere Top-Extras sind: Gesundheitsmaßnahmen, die betriebliche Altersvorsorge, individuelle Coachings, Park- und Stellplätze, Diensthandy oder Firmenevents. Gerade beim Thema Gesundheitsmaßnahmen (inklusive betriebliche Krankenversicherung) und betriebliche Altersvorsorge sollten Maklerunternehmen als Experten punkten können. Aufgrund der sehr unterschiedlichen steuerlichen und sozialversicherungsrechtlichen Bestimmungen sollten Interessierte mit ihrem Steuerberater zusammenarbeiten.

Selbst ausbilden

Statt fertig ausgebildete, teure Fachkräfte einzukaufen, könnte ein Maklerbetrieb auch selbst ausbilden. Junge Berater gibt es nur in homöopathischen Dosen am Markt. Gerade Frauen sind nach wie vor eine Ausnahmeerscheinung, was sicher zahlreiche Ursachen hat. Vor diesem Hintergrund erscheint es uns besonders sinnvoll, selbst in die Ausbildung junger Fachkräfte einzusteigen. Neben der Ausbildung spielt das duale Studium zunehmend eine Rolle. Die Studenten sind für die Hälfte der Zeit in der Hochschule, um die theoretischen Grundlagen zu erlernen, und für die andere Hälfte der Zeit im Betrieb, um sich die praktischen Fähigkeiten anzueignen. So sind die angehenden Fachkräfte optimal auf den immer anspruchsvoller werdenden Beruf vorbereitet. Außerdem erfolgt in der Regel ein für beide Seiten vorteilhafter Transfer von der Theorie in die Praxis.

Was nötig ist

Durch junge Auszubildende oder Studenten an einer dualen Hochschule hast du die Möglichkeit, neue Techniken, Vertriebskanäle, Methoden und Produkte kennenzulernen. Die Voraussetzung dafür ist, die Nachwuchskräfte nicht als billige »Verkaufsmaschinen« anzusehen oder ihnen nur die D-Kunden zu überlassen. Damit wäre ein Scheitern vorprogrammiert. Übertrage ihnen ruhig frühzeitig Verantwortungsbereiche, in denen sie sich beweisen können. Biete ihnen die Möglichkeit, sich weiterzuentwickeln, und zeig ihnen echte Wertschätzung. Lass Experimente mit ungewissem Ausgang zu. Eröffne die Möglichkeit, die bestehende Ordnung und den viel gehörten Satz »Das haben wir schon immer so gemacht« zu hinterfragen. Sieh es als Chance zur Weiterentwicklung deines Maklerbetriebs an. Engagierte und motivierte Mitarbeiter der Generation Y werden automatisch Interessenten und Kunden der Generation Y anziehen.

GASTBEITRAG HANS STEUP

Hans Steup ist Versicherungskaufmann und war lange Jahre Vertriebsunterstützer bei der Allianz. Heute betreibt Steup den Spezial-Stellenmarkt »Versicherungskarrieren« und berät Finanzdienstleister zum Employer Branding und Social Recruiting.

Mitglieder der Generationen Y und Z sind faul, labil und nervig. Echt?

Reden wir Klartext: Deutschland verliert Arbeitskräfte. Es gibt immer mehr unbesetzte Stellen. Und immer mehr Arbeitgeber, die keine Leute finden. Auch in der Versicherungs- und Finanzbranche. Bis 2035 gehen sieben Millionen Menschen in Deutschland in Rente. Wenn du nicht lernst, wie die Generation Y und Z tickt, findest du keine Mitarbeiter mehr.

So unterscheiden sich die jungen Erwachsenen auf dem Arbeitsmarkt von früheren Generationen (und von deinen jetzigen Mitarbeitern, die kurz vor der Rente stehen):

Technologie-Affinität: Geboren zwischen 1995 und 2010 ist die Generation Z mit ständigem Zugang zu digitalen Technologien aufgewachsen. Auch die Generation Y, die in den 80er-Jahren zur Welt gekommen ist, ist seit ihrer Jugend mit Handy und Internet aufgewachsen. Beide Generationen kennen sich aus mit den neuesten Tools und Trends und erwarten, diese auch im Beruf zu nutzen. Junge Leute können sich nicht vorstellen, dass Menschen je ohne Handy und Internet gelebt haben. Der Verlust des Smartphones oder ein defekter Internet-Zugang bereitet ihnen körperliche Schmerzen. Verbessere deine digitale Präsenz und steigere die Nutzung von künstlicher Intelligenz und maschinellem Lernen in deinen Prozessen, um die Anforderungen der Generation Y und Z zu erfüllen.

Nachhaltigkeit und Sinnhaftigkeit: Die Generation Y und Z hat in ihrem Alltag und in der Schule viel über Nachhaltigkeit und Umweltverantwortung gelernt. Sie legt großen Wert darauf, dass ihre Arbeit sinnvoll und bedeutsam ist. Sie interessiert sich für die ethischen und ökologischen Aspekte eines Unternehmens und erwartet, dass diese aktiv gelebt werden und nicht nur grünes Blabla sind. Überprüfe die Nachhaltigkeitsstrategie deines Unternehmens und unterstütze gezielt Projekte und Initiativen, die einen positiven Beitrag zur Gesellschaft leisten.

Flexibilität und Arbeitgebervorteile: Die Generation Y und Z legt großen Wert auf die Work-Life-Balance und Flexibilität im Beruf. Sie erwartet, von überall aus arbeiten und ihre Zeit selbst einteilen zu können. Sie nimmt den alten Spruch »Ich arbeite, um zu leben. Ich lebe nicht, um zu arbeiten« wirklich wörtlich. Unbezahlte Überstunden? Papierkram? Häh? Um diesen Ansprüchen gerecht zu werden, biete als Arbeitgeber flexible Arbeitszeiten und die Möglichkeit von Homeoffice an, auch deutschlandweit, und unterstütze die Mitarbeiter proaktiv bei der Aus- und Weiterbildung und bei der Prozess-Optimierung.

Wertschätzung und Feedback: Die Generation Y und Z hat einen hohen Anspruch an die persönliche Entwicklung und erwartet, dass Unternehmen ihr Feedback und ihre Ideen aktiv einbeziehen und sie für ihre Arbeit wertschätzen. Sie will, dass ihre Meinung gehört wird, und verlangt die Möglichkeit, sich ständig weiterzuentwickeln. Sie möchte sich nicht nur als Mitarbeiter, sondern als Teammitglied fühlen und ihre Fähigkeiten und Talente einbringen. Hole daher regelmäßiges Feedback ein, vor allem auch Kritik an Vorgesetzten. Bekämpfe Mobbing und belohne Mitarbeiter für ihre Arbeit, wenn du sie nicht an deinen Mitbewerber verlieren willst.

Vergütung: Die Vergütung hat für die Generation Y und Z einen wichtigen Stellenwert im Beruf. Allerdings unterscheidet sich ihre Sichtweise auf Vergütung von vorherigen Generationen. Insbesondere die Generation Z legt mehr Wert auf eine ausgewogene Work-Life-Balance als auf ein hohes Einkommen allein. Sie ist bereit, für eine Arbeit, die sie als sinnvoll und erfüllend empfindet, weniger Geld in Kauf zu nehmen. Wichtig sind Transparenz und Fairness der Vergütung. Beide Generationen erwarten von dir eine klare Kommunikation und Transparenz über das Vergütungssystem und dass es fair und gerecht ist. Überprüfe regelmäßig die Vergütungsmodelle und sorge dafür, dass sie den Ansprüchen der Generation Y und Z entsprechen.

Wie du siehst, hat die Generation Y und Z andere Erwartungen und Wünsche an ihren Arbeitsplatz. Es ist deine Aufgabe als Arbeitgeber, diese zu verstehen und zu erfüllen. Indem du die Anforderungen der jungen Leute erfüllst, bietest du ihnen eine Arbeitsumgebung, in der sie sich wohlfühlen und in der sie ihr Potenzial entfalten können. Nur so kannst du qualifizierte und motivierte Mitarbeiter für dein Unternehmen finden und binden, was in einer Zeit schwindender Arbeitskräfte der alles entscheidende Vorteil ist. Also: Leg los!

01.8 WIE DU MIT KLAR DEFINIERTEN ZIELGRUPPEN MEHR ERFOLG HAST

Die Spezialisierung auf bestimmte Zielgruppen ist ein Mittel zum Erfolg. Wieso das so ist und wie du das für dich nutzen kannst, erläutern wir in diesem Kapitel.

Warum sollte ich Zielgruppen definieren?

Es gibt circa 500 Versicherungsunternehmen in Deutschland. Jedes hat mehrere Hundert oder gar Tausend Tarife, Klauseln und Zusätze. Privatkunden können vom 18-jährigen Berufseinsteiger bis zum 75-jährigen Millionär alle sein. Firmenkunden können der selbstständige Unternehmensberater oder das Großunternehmen mit 500 Angestellten sein. Zu behaupten, in all diesen Bereichen Experte zu sein, ist schlichtweg Blödsinn. Junge Kunden wissen das zunehmend und stellen die »allwissenden« Kollegen infrage.

War es früher üblich, »alles und jeden« im Umkreis des Kirchturms zu versichern, weil sich Kunden nicht anderweitig informieren konnten, ist es heute üblich, dass sich die junge Zielgruppe vorab ein Bild macht. Durch digitale Werkzeuge ist es außerdem nicht mehr nötig, vor Ort zu sein.

Es ist also unumgänglich, sich auf bestimmte Zielgruppen oder Produkte beziehungsweise auf bestimmte Sparten zu fokussieren.

Expertenstatus

Es geht darum, Experte und Ansprechpartner Nr. 1 für eine Zielgruppe oder ein Produkt zu werden. Für Zielgruppen ist dabei eher Breitenwissen nötig. Bei einer Produktfokussierung geht es häufig um Tiefenwissen. Mit Breitenwissen ist dabei gemeint, Know-how neben den Finanz- und Versicherungsfragen aufzubauen. Also: Was beschäftigt die Zielgruppe? Beim Produktfokus, beispielsweise der Einkommensabsicherung, geht es um produktspezifisches Know-how, das der Nullachtfünfzehn-Kollege da draußen nicht hat. Das können auch schnelle, günstige oder besonders lösungsorientierte Prozesse sein. Du willst und sollst als Problemlöser wahr- und ernst genommen werden.

Netzwerk

Um in einer Zielgruppe zu reüssieren, ist darüber hinaus ein starkes und für die Zielgruppe relevantes Netzwerk nötig. Die junge Zielgruppe braucht vielleicht Hilfe bei der Wohnungs- beziehungsweise Immobiliensuche. Du musst das nicht übernehmen, aber du solltest die richtigen Leute dafür kennen und die Kontakte herstellen. Bei vielen geht es auch um die Selbstverwirklichung. Hierbei helfen unter Umständen Trainer und Coaches. Kontakte zu Tagesmüttern und -vätern können ebenso Gold wert sein. Andere Zielgruppe? Dann gibt es andere Bedürfnisse und andere Kontakte sind nötig!

Das Persönliche

Egal ob Zielgruppen- oder Produktfokus: Am Ende geht es um die Beratung von Menschen. Dabei kommt es auf die harten Fakten genauso an wie auf die Softfacts. Wer sich auf eine Zielgruppe konzentriert, spricht eher die Sprache der Menschen als jemand, der alle berät. Das ist ein klarer Vorteil. Viele Probleme in einer Zielgruppe ähneln sich. Wer hierfür Lösungen findet, wird schneller innerhalb der Zielgruppe weiterempfohlen. Außerdem sind besagte Lösungen durch ihre häufige Anwendung aufgrund der Skaleneffekte günstiger. Du kannst also mehr Kunden aus der Zielgruppe helfen. Des Weiteren kannst du die Zielgruppe mit einer Charakterisierung ihrer spezifischen Probleme und der passenden Lösungen viel besser und klarer ansprechen. Das Marketing und die Akquise vereinfachen sich somit.

GASTBEITRAG DR. KLAUS MÖLLER

Dr. Klaus Möller ist seit 1990 Gestalter der Finanzbranche. Aktuell ist er Obmann im DIN-Ausschuss »Finanzdienstleistungen für den Privathaushalt«, Mitglied im Beirat des Normenausschusses Dienstleistungen und Vorstand des Defino-Instituts für Finanznorm.

Controlling im Maklerbetrieb

Struktur und Strategie sind die Grundlage für Controlling – und das wiederum ist der Schlüssel zum Erfolg. Wer keine Strategie hat, kann nicht planen, und wer keinen Plan hat, hat auch nichts zu controllen.

Ziele zu setzen ist schwer, wenn du nur reaktiv arbeitest, das heißt darauf wartest, dass jemand auf dich zukommt und dir Geschäft aufdrängt. Du musst vielmehr selbst aktiv sein, und dafür brauchst du eine Strategie.

Der beste Start, um eine Strategie zu entwickeln, ist die Festlegung einer Zielgruppe, für die du tätig sein willst und die im besten Falle Lebenserfahrung, Ausbildung, Hobby oder Ähnliches mit dir teilt. Eine Zielgruppe zu haben hat den enormen Vorteil, dass du nach einiger Zeit absoluter Experte für die Lebenssituationen und Lebenswege der Menschen bist, mit denen du zu tun hast, und ihnen perfekten Rat – bis hin zur Produktauswahl – geben kannst. Man kann nur eine definierte Zielgruppe ganzheitlich beraten. Jedes Finanzthema für jedermann perfekt draufzuhaben ist unmöglich. Wer sich das zutraut, wird ein Leben lang dilettieren.

Eine Zielgruppe hat auch den Vorzug, dass sie quantifizierbar ist. Als ich vor über 30 Jahren Berater bei MLP startete, hatte dort jeder junge Vertriebler einen oder mehrere verwandte Fachbereiche einer Hochschule als seine Zielgruppe. Bei mir waren das die etwa 400 Absolventen pro Jahr des Fachbereichs Wirtschaftsingenieurwesen an der TH in Darmstadt. Als ich 15 Jahre später für Ergo in Istanbul tätig war, haben wir Eltern von kleinen Kindern als Zielgruppe definiert. In der Türkei war damals das Bildungssystem so schlecht, dass alle Eltern versuchten, ihre Kinder auf Privatschulen zu schicken. Das kostete viel Geld, das frühzeitig anzusparen ein echtes Grundbedürfnis der Menschen war. Es war kein Problem, den gängigen Statistiken zu entnehmen, wie viele Kinder jährlich zum Beispiel in Istanbul geboren wurden, wie oft also im jeweiligen Agenturgebiet der identifizierte Bedarf anfiel.

Wenn du weißt, welche Menschen du als Kunden gewinnen willst, ist es auch nicht schwer, einen Plan für die Zugangswege zu machen: Wo triffst du die betreffenden Menschen an und wie willst du sie ansprechen? Bei den Absolventen war das der öffentliche Raum der Hochschule, bei den jungen Eltern ging das in der Türkei über Kinderärzte, Schwangerenkurse in Fitnessstudios oder über Infostände vor Kinderbekleidungsgeschäften in Einkaufszentren.

Für jede Zielgruppe gibt es zur jeweiligen Lebenssituation passende Einstiegsthemen: bei den jungen Eltern die Ausbildungsversicherung, bei den Hochschulabsolventen die Grundversorgung zum Berufseinstieg. Von diesen Einstiegsthemen und den zugehörigen Produkten ausgehend kannst du eine ganzheitliche Betreuung entwickeln und deine Kunden idealtypisch ein Leben lang begleiten.

Es ist nicht schwer, sich auszumalen, dass du aus einer solchen Strategie auch Jahrespläne und Controlling ableiten kannst. Beispiel: Wenn du von den 400 Absolventen pro Jahr 200 per Brief, persönlicher Ansprache oder über Seminare erreichst, wenn dann 100 zu dir in die persönliche Beratung kommen und davon wiederum 80 Kunden werden und davon hinwiederum soundsoviele Produktkategorie A und soundsoviele Produktkategorie B kaufen, dann wirst du am Ende des Jahres soundsoviel Erlös erzielt haben ...

Diese Strategie lässt sich, wie das Beispiel der jungen Familien in Istanbul zeigt, wie aber auch etliche der Preisträger beim Jungmakler-Award bewiesen, bei genauer Überlegung auf ganz viele andere Gruppen übertragen: Taucher, Landwirte, Expatriates ...

Also los: Finde auch du deine Zielgruppe und dann ist dir dein Erfolg sicher.

01.9 CONTROLLING IST DER SCHLÜSSEL ZUM ERFOLG

Controlling klingt nach Großunternehmen und Bürokratie. Dabei ist Controlling – richtig angewandt – der Schlüssel zu einem erfolgreichen Unternehmen nach den Vorstellungen des Inhabers oder der Inhaberin. Gerade wer sich auf eine Zielgruppe wie die Generation Y spezialisiert, sollte diesen Werkzeugkoffer unbedingt einsetzen. In diesem Beitrag zeigen wir, wie wir Controlling effektiv und effizient einsetzen.

Warum controllen?

Vergleiche dein Unternehmen einmal mit einer Flugreise: Das Ziel deiner Reise ist ein bestimmter Flughafen. Um dort anzukommen, sind die richtige Maschine und die richtige Technik erforderlich. Du brauchst Treibstoff. Deine Route und die Reisehöhe müssen im Vorfeld klar sein. Während des Fluges musst du ständig Flughöhe, Richtung, Wind und den Kerosinverbrauch messen und, wenn nötig, gegensteuern, um auf Kurs zu bleiben.

Auf dein Unternehmen übertragen bedeutet es, deinen Unternehmenszweck beziehungsweise das Ziel zu kennen. Du brauchst eine Strategie und ein Geschäftsmodell. Während deiner »Reise« benötigst du ein Controlling und, wenn nötig, Maßnahmen im operativen Geschäft, um auf Kurs zu bleiben.

Viele kennen noch ihr Reiseziel (Unternehmenszweck). Einige haben die richtige Maschine, das Kerosin, die Technik, die Route, die Flughöhe (Strategie und Geschäftsmodell). Aber kaum einer misst während des Fluges die Flughöhe, die Richtung, das Kerosin, den Wind usw. (Controlling) und ergreift nötige Gegenmaßnahmen (operatives Geschäft), um auf Kurs zu bleiben.

Das Ergebnis des Blindflugs: Unzufriedenheit, Frustration, Neid, fehlende Zeit, zu viel operatives Tagesgeschäft, zu viel Kleinklein.

Betriebswirtschaftlicher Erfolg ergibt sich aus der Effektivität, also dem richtigen Tun, und der Effizienz, also der richtigen Art und Weise, etwas zu tun. Controlling ist aus unserer Sicht unabdingbar für den betriebswirtschaftlichen Erfolg. Controlling ist damit Teil der eigenen Geschäftsmodellentwicklung. Dafür musst du dir eigene Ziele setzen und ihre Erreichung messen. Es handelt sich somit um eine Erfolgskontrolle. Nur mit dem richtigen Controlling kannst du positive wie negative Entwicklungen erkennen und nachsteuern.

Wie controllen?

Generell gilt: So wenig wie möglich, so viel wie nötig. Stell dir vorher die Frage: Was brauche ich? Denk an die oben genannte Flugreise. Miss nur, was du zur Steuerung benötigst. Institutionalisiere dein Controlling. Das heißt, mach es nicht nur dann, wenn du gerade mal Zeit und Lust dazu hast, sondern schaffe dir Routinen. Wir controllen beispielsweise – je nach Messgröße – täglich, wöchentlich, quartalsweise und jährlich. Controlling ist nur effizient, wenn du es ständig, regelmäßig und zeitnah erledigst. Da wir unser Controlling sehr routiniert durchführen und es standardisiert haben, ist der Zeitaufwand für uns mit circa zwei Stunden pro Woche denkbar gering.

Entwickle feste Formate für dich, bei denen du die neutralen Zahlen auswertest und interpretierst. Erst wenn du sie interpretierst und über die Ursachen der Entwicklung nachsinnst, kannst du die geeigneten Maßnahmen ableiten. Umsatzwachstum ist eben nicht gleich Umsatzwachstum: Stecken Einmaleffekte dahinter? Wurde das Wachstum durch einen höheren Zeiteinsatz erkauft? Sind die Kosten stärker gestiegen?

Tausche dich mit anderen aus und schaffe geschützte Räume, in denen du dich vergleichen kannst. Dabei sollte es nicht darum gehen, wer den höchsten (Umsatz) hat, sondern darum, auf Augenhöhe voneinander zu lernen. Involviere auch deine Mitarbeiter. Sie sind das wertvollste Asset, das du vermutlich hast. Außerdem sind sie oft näher dran und bieten so wertvolle Perspektiven.

Was controllen?

Zeit

Wir nutzen dafür das Online-Zeiterfassungs-Tool »toggl«. Es lässt sich intuitiv bedienen, ist in der Basisversion kostenfrei und funktioniert einwandfrei. Wir haben unterschiedliche Zeitkategorien eingerichtet: Strategisches, Weiterbildung, Marketing/Werbung, Post/E-Mails, Beratung, Terminvor- und -nachbereitung sowie Bestandskunden. Wir loggen uns zu Beginn des Arbeitstages ein und erfassen unmittelbar für jede Tätigkeit die Kategorie. Sollte das mal nicht möglich sein, weil wir zum Beispiel unterwegs sind und keinen Internetzugang haben, lässt sich die Zeit auch nachtragen. Das sollte jedoch die Ausnahme sein. Das Ziel besteht darin, die fakturierbare Zeit zu ermitteln. So erhält man die Information, wie viel Zeit man fiktiv oder, wie bei uns, tatsächlich als Honorar in Rechnung stellt. Außerdem lassen sich dadurch Zeitfresser erkennen. Wer bestimmte Prozesse ändert, kann so nach einiger Zeit eruieren, ob die gewünschte Zeitersparnis eingetreten ist oder nicht.

Betriebswirtschaftliches

Mittels eigens geschriebener Excel-Listen erfassen wir verschiedene betriebswirtschaftliche Kennziffern und stellen sie in Beziehung zueinander. So erfassen wir Einnahmen, Ausgaben, Liquidität, fixe und variable Kosten sowie die Verteilung von (Abschluss-/Bestands-)Courtagen und Honoraren. Das erledigen wir einmal in der Woche beziehungsweise monatlich. Damit erkennen wir frühzeitig problematische Entwicklungen und sichern die Liquidität. Die betriebswirtschaftliche Auswertung der Steuerberatung kommt dafür manchmal zu spät oder ist zu ungenau.

Feedback

Mit Google-Forms holen wir online (anonym) Feedback ein. Google Forms ist einfach, intuitiv und bietet eine gute Auswertungsfunktion. Anlässe, um uns Feedback einzuholen, sind: Abschluss der Erstberatung, Abschluss einer Bestandsberatung und ein regulierter oder abgelehnter Schadensfall. Wir lassen einzelne von uns vorgegebene Aspekte, wie zum Beispiel den Außenauftritt, die Beratungsgespräche oder die Kommunikation, bewerten und bieten die Möglichkeit, uns konkrete Verbesserungsvorschläge zu machen. Da wir die Feedbacks seit Jahren strukturiert und immer in ähnlicher Form einsammeln, können wir den Zeitreihenverlauf per Excel analysieren. Das Ziel dabei besteht einerseits darin, Verbesserungspotenzial zu erkennen, um so besser zu werden, und andererseits die Kunden zu aktivieren und über die Beratung zu reflektieren.

Akquise

In einer eigens geschriebenen Excel-Liste in Verbindung mit der Zeiterfassung können wir unseren Akquiseerfolg analysieren. Wir stellen die Zeit für die Akquise (allgemeines Marketing und Gespräche) in Beziehung zur Zahl der Erstgespräche, der Neukunden und der Höhe der Erträge. Das Ziel ist es, die Effizienz der Akquise (»Mache ich die Akquise richtig?«) und Effektivität der Akquise (»Mache ich die richtige Akquise?«) zu ermitteln und im Zeitreihenverlauf zu vergleichen. Das geschieht bei uns einmal jährlich. So haben wir herausgefunden, dass wir 2015 für jede Stunde Einsatz in Marketing und Akquise 64 Euro an Erträgen erwirtschaftet haben. Bis 2022 konnten wir das auf 979 Euro steigern.

Neu- und Bestandskunden

In weiteren Excel-Tabellen erfassen wir unsere Neu- und Bestandskunden und werten diese Daten aus. Dafür erfassen wir die Zeit für jeden Prozess-/Beratungsschritt in der Erst- und Bestandsberatung nach Jahren. Ist eine Beratung abgeschlossen, übertragen wir die Daten. Damit können wir ermitteln, inwieweit sich Änderungen des Beratungsprozesses auf die Dauer und damit die Kosten für unsere Mandanten auswirken. Das stellen wir den Umsätzen der Kunden nach Jahren aufgeschlüsselt gegenüber. Das Ziel besteht darin, immer genauere Kostenvoranschläge für die Honorarberatung zu erstellen. Wer lediglich auf Courtage-Basis arbeitet, erkennt so, welchen Stundensatz er oder sie tatsächlich erzielt beziehungsweise verlangen müsste.

Kunden allgemein

In der betreffenden Excel-Tabelle und mit dem Maklerverwaltungsprogramm erfassen wir die Zahl und Art/Sparten der Verträge je Kunde und die Courtagen je Kunde. Die Daten übertragen wir nach jedem Abschluss eines Beratungsprozesses. Das Ziel besteht darin, die Vertragsdichte, die Durchdringungsquote, zum Beispiel in der Einkommensabsicherung, zu ermitteln und auf diese Weise Schwerpunkte zu erkennen. Wenn man neue Sparten erobern möchte, lässt sich so nach einiger Zeit der Erfolg oder Misserfolg anzeigen.

Aktivität

Die letzte Excel-Tabelle in Verbindung mit der Zeiterfassung dient der Erfassung und Bewertung unserer Aktivitäten. Dort erfassen wir die Zahl der Akquisegespräche, Beratungstermine mit Neu- und Bestandskunden sowie die Zahl der Neukunden. Diese stellen wir wieder in Beziehung und können damit verschiedene Quoten ermitteln: Akquisegespräche mit Neukunden, Empfehlungsquote oder Stornoquote. Wir konnten beispielsweise unsere Quote von Akquisegesprächen mit Neukunden von unter 50 Prozent 2013 auf 80 Prozent im Jahr 2021 steigern. Das heißt, aus Gesprächen mit zehn Interessenten werden acht der Gesprächspartner zu Kunden.

Das Ziel ist es einerseits, die Produktivität und Effektivität zu messen, und andererseits ungewollte Spitzen, zum Beispiel das berühmt-berüchtigte Jahresendgeschäft, zu vermeiden oder zumindest abzumildern. So gewährleisten wir auch, nicht zu viele Neukunden aufzunehmen, deren Anliegen wir dann nicht ordentlich abarbeiten könnten. Auf dieser Grundlage lässt sich eine gute Jahresplanung aufstellen.

KAPITEL 02
Generation Y detailliert erklärt

02 GENERATION Y DETAILLIERT ERKLÄRT

Im zweiten Teil stellen wir die Generation Y detailliert vor.
Du erfährst, was diese Zielgruppe auszeichnet und worauf sie Wert legt.

02.1 GENERATION Y, MILLENNIALS – WER ODER WAS IST DAS?

In diesem Kapitel stellen wir die Generation Y kompakt vor.

Wer zwischen 1981 und 1998 zur Welt kam, zählt zur Generation Y. Die Generation entspricht circa 22 Prozent der Gesamtbevölkerung und ist somit eine relevante Zielgruppe. Der Begriff »Generation Y« bezieht sich auf das Englische »Why« und beschreibt die Neigung dieser Generation zum Hinterfragen. Ihre Mitglieder zählen auch zu den sogenannten Millennials. Also zu jenen, die um die Jahrtausendwende aufgewachsen sind. Diese jungen Leute sind als Digital Natives mit digitalen Medien und dem Internet groß geworden, kennen häufig jedoch noch die »offline«-Welt.

Verschiedene Studien versuchen, Gemeinsamkeiten dieser heterogenen Gruppe auszumachen. Da ist zunächst der Umgang mit Krisen: 11. September, die Finanzkrise und Fukushima haben die Welt und damit auch diese Generation geprägt. Die Millennials schwanken zwischen Improvisation und Lebensplanung. Einerseits steigt seit Jahren die Zahl der Hochzeiten und ebenso steigt der Wunsch nach den eigenen vier Wänden. Gleichzeitig wollen sie sich alle Optionen offenhalten. Ihre Bildung ist die Grundlage einer großen beruflichen Unabhängigkeit. Mehr junge Menschen als je zuvor machen Abitur und studieren anschließend. Die Akademikerquote bewegt sich Richtung 50 Prozent. Was früher den Eliten vorbehalten war, wird zum Alltag einer breiten Schicht. Die berufliche Unabhängigkeit und die Bereitschaft zur regelmäßigen Veränderung sind für Versicherungsmakler eine große Herausforderung. Familie und Gleichberechtigung sind ebenfalls wichtige Themen. Tradierte Gesellschaftsmodelle werden hinterfragt und über Bord geworfen. Die Freizeitgestaltung hat sich durch die Nutzung neuer, digitaler Medien stark gewandelt.

In unseren Interviews mit der Zielgruppe fragen wir ab, bei was wir als Finanzplaner helfen sollen. Folgende Antworten sind beispielhaft:

- »Was brauche ich? Was brauche ich nicht?«
- »Was ist wichtig, was ist unwichtig, was fehlt, was ist zu viel?«
- »Mit dem Thema Geld und Risiken entspannter und bewusster umzugehen.«
- »Meine finanzielle Situation zu strukturieren und greifbar zu machen.«
- »Bestehende Verträge kritisch zu prüfen.«

- »BU-Antrag zu überprüfen, weil die Gesundheitsfragen damals komisch behandelt wurden.«
- »Meine Rentenversicherung zu bewerten und vielleicht aufzulösen.«

Die Antworten bestätigen die Neigung zum Hinterfragen. Es geht ums Verstehen und Begreifen. Es geht nicht darum, eine möglichst günstige Haftpflicht zu bekommen.

Das Versicherungsjournal untersuchte 2015 die Durchdringungsquote von Versicherungen bei der Generation Y. Die Kfz- und die Privathaftpflichtversicherung stehen wenig überraschend ganz oben. Allerdings dürfte sich vor allem das Thema Kfz-Versicherung als Türöffner mittel- und langfristig deutlich abschwächen.

Die Unfallversicherung (44 Prozent) und die Berufsunfähigkeitsversicherung (25 Prozent) spielen eine untergeordnete Rolle. Gleichwohl weiß die Generation Y um die Wichtigkeit der Arbeitskraft- und Einkommenssicherung. Das ist eine große Chance für gut positionierte Versicherungsmakler.

Zahlreiche Untersuchungen widerlegen das Vorurteil, dass sich junge Menschen mit dem Thema Finanzen und Versicherung nicht auseinandersetzen möchten. Das Problem liegt vielmehr in der Unsicherheit und dem mangelnden Verständnis der angebotenen Produkte. Der Versicherungsmakler kann sich hier als »Übersetzer« positionieren. Fast alle wollen nach wie vor einen menschlichen Berater. Aber eben einen, der einen klaren Nutzen und Mehrwert bietet.

02.2 WARUM DU HENRY UNBEDINGT KENNENLERNEN SOLLTEST

HENRY ist ein besonderer Vertreter der Generation. Wer das genau ist und warum er so spannend für die Beratung ist, erläutern wir in diesem Kapitel.

Wer ist HENRY?

HENRY ist ein junger Amerikaner von vielleicht 30 Jahren, der in der Tech-Branche arbeitet, in Los Angeles wohnt, gut 150.000 US-$ im Jahr verdient, gern Kaffee bei Starbucks trinkt, aber kein Geld auf der hohen Kante hat.

HENRYs sind Millennials, die zwar viel verdienen, aber damit bislang kein nennenswertes Vermögen aufgebaut haben. HENRY steht für »high earners not rich yet« (auf Deutsch übersetzt: »Großverdiener, die noch nicht reich sind«). Der Begriff ist 20 Jahre alt, stammt aus den USA und wurde von Shawn Tully in einem Artikel für die Zeitschrift *Fortune* geprägt.

In den USA sind HENRYs Personen der Generation Y mit einem Jahreseinkommen von 100.000 $ bis 250.000 $ (circa 90.000 bis 225.000 Euro). HENRYs verdienen zwar weit überdurchschnittlch, haben aber aufgrund hoher Lebenshaltungskosten, ihres verschwenderischen Lebensstils und der hohen Studienkredite kein Vermögen aufbauen können.

Wer sind die HENRYs in Deutschland?

Zwar stammt der Begriff aus den USA, doch auch hier bei uns in Deutschland gibt es HENRYs. Das monatliche Medianeinkommen (50 Prozent verdienen weniger, 50 Prozent verdienen mehr) lag 2017 in Deutschland bei 2.000 Euro für eine Person.

Von der Mittelschicht sprechen wir in Deutschland – je nach Definition – von Haushalten, die 60 bis 200 Prozent oder 70 bis 150 Prozent des mittleren Einkommens haben. Für einen Zwei-Personen-Haushalt bedeutet also ein Haushaltsnettoeinkommen von 2.000 bis 4.000 Euro die Zugehörigkeit zur Mittelschicht.

Ein Zwei-Personen-Haushalt, der zusammen über 4.000 Euro im Monat zur Verfügung hat, darf sich also bereits als »reich« bezeichnen. Ein Zwei-Personen-Haushalt, der über 6.000 Euro netto verfügt, zählt gar bereits zu den obersten 10 Prozent in Deutschland.

Wir zählen einen Großteil unserer Mandanten zu diesem Kreis. Unserer Erfahrung nach sind das vor allem Ingenieure, Beamte, Lehrer, Informatiker, selbstständige Berater, Steuerberater, Anwälte, Ärzte, leitende Angestellte, Geschäftsführer. Meist haben sie (noch) keine Kinder. Sie sind überwiegend Akademiker, leben in den größeren Städten, sind progressiv und mobil.

Wir schätzen, es handelt sich nicht um eine seltene Spezies, sondern diesen Menschen begegnet man viel häufiger, als zunächst angenommen. Die mangelnde Wahrnehmung resultiert häufig daher, dass die genauen Einkommens- und Vermögensverhältnisse vielen Kollegen nicht bekannt sind.

Warum haben HENRYs ein hohes Einkommen, aber kein Vermögen?

HENRYS leisten sich einen Lebensstil, der zwar zu ihrem Einkommen passt, aber nicht unbedingt zu ihrem finanziellen Background. Es sind keine klassischen »Reichen« mit vermögender, traditionsreicher Familie. Sobald die hiesigen HENRYs aufhören würden zu arbeiten, könnten sie sich ihren Lebensstil nicht mehr leisten. Hinzu kommen Verpflichtungen aus laufenden Krediten wie zum Beispiel Studien- oder Ratenkrediten. Vor allem in den USA sind sehr hohe Fixkosten, insbesondere in den urbanen Zentren, eine Tatsache.

Da in Deutschland sowohl die Lebenshaltungskosten als auch die Studienkosten geringer sind, ist das Phänomen nicht ganz so verbreitet. Dennoch zeichnet sich vor allem in den großen Ballungszentren aufgrund der steigenden Miet- und Wohnkosten eine ähnliche Entwicklung ab.

Hinzu kommen eine eher schwach ausgeprägte Finanzkompetenz und die fehlende Notwendigkeit, sorgsam mit dem Geld umzugehen. Denn: Das hohe Gehalt kommt ja jeden Monat und ermöglicht den verschwenderischen Lebensstil. Nur leider bleibt deswegen nichts übrig. Aus diesem Grund sparen die HENRYs weder, noch investieren sie Überschüsse.

Warum solltest du HENRYS beraten?

Zunächst haben HENRYs natürlich einen sehr hohen Absicherungsbedarf. Wer 4.000 Euro im Monat verdient und ausgibt, braucht eine BU-Rente von 4.000 Euro und ein Krankentagegeld von 50 Euro. Zum objektiven Bedarf gesellt sich ein subjektives Bedürfnis. Denn ohne Einkommen lässt sich dieser Lebensstil nicht aufrechterhalten.

Gelingt es, für Überschüsse zu sorgen, sind die Beiträge für Altersvorsorge und Kapitalaufbau ebenso immens. Auch hier kommen Bedarf und Bedürfnis zusammen. Es geht dann nicht um einen 50-Euro-Sparplan oder die 10-Euro-Riester-Rente.

HENRYs sind eine anspruchsvolle Zielgruppe. Bedarf und Bedürfnis müssen exakt angesprochen werden. Aber eben weil sie so anspruchsvoll sind, musst du keine oder kaum Konkurrenz fürchten. Es traut sich eh fast niemand ran.

Geld ist für HENRYs Mittel zum Zweck und ausreichend vorhanden. Insofern sind sie prädestiniert für die Honorarberatung.

Wie berätst du HENRYS am besten?

Du musst klare Prioritäten setzen. Du musst zunächst für Überschüsse sorgen und die existenziellen Risiken absichern. Danach kannst du dich an die großen Brocken Altersvorsorge und Kapitalaufbau wagen. Ein wichtiges Ziel ist der Aufbau von Finanzkompetenz.

Eine detaillierte Einnahmen-Ausgaben-Übersicht und die Vermögensbilanz ist Grundlage der Beratung. Schon hier hilfst du den HENRYs, sich die Ausgaben bewusst zu machen. Mit einem Haushaltsbuch per App gelingt es, die Geldfresser zu identifizieren und das eigene Ausgabeverhalten zu reflektieren. Entwickle gemeinsam mit der betreffenden Person Verständnis dafür, warum bestimmte Ausgaben in der jeweiligen Höhe anfallen. Erkenntnis ist der erste Schritt zur Besserung. Dabei muss es nicht darum gehen, alles zu streichen, sondern nur, bewusster damit umzugehen.

Hilf dabei, Konten zu strukturieren, und schaffe auf diese Weise mittelfristig Liquidität. Vor allem der Abbau von Verbindlichkeiten sollte oberste Priorität haben. So kommen pro Monat mehrere Hundert Euro zusammen, die dem Aufbau des Notgroschens dienen können. Bestehende Verträge mit Guthaben gehören ebenso auf den Prüfstand.

Parallel ist eine adäquate Existenzabsicherung angezeigt. Immerhin ist hier der Lebensstandard klar in Gefahr. Habe keine Angst vor hohen Renten.

Ist das geschafft, gilt es, gemeinsam Perspektiven für die Altersvorsorge und den Kapitalaufbau zu entwickeln.

Ebenso wichtig es aber auch, Wege aus der hedonistischen Tretmühle aufzuzeigen. Also Strategien und Instrumente zu vermitteln, um weniger auszugeben, als einzunehmen. Zudem muss der HENRY oder die HENRIETTA ja sein beziehungsweise ihr Leben lang dieses Einkommen erzielen. Jeder Euro mehr wird sonst unmittelbar ausgegeben. Das Gefühl, dass das Geld nie reicht, bleibt ein Leben lang. Wenn du das schaffst, sorgst du für Ruhe und Entspannung bei einer der spannendsten Zielgruppen der Generation Y. Die Loyalität und die Bereitschaft der HENRYs, dich weiterzuempfehlen, ist dir dann sicher.

02.3 SINN SCHLÄGT STATUS

Um in der Generation Y erfolgreich zu sein, solltest du dich mehr mit Sinn als mit Status beschäftigen. Warum das so ist und was das für die Kommunikation bedeutet, erklären wir in diesem Kapitel.

Wer kennt sie noch? Die Werbung der Sparkasse, die eine ganze Generation beschrieb: »Mein Haus, mein Auto, mein Boot!« Der Schober und der Schröder stehen für einen Typus, dem es vor allem um Status ging beziehungsweise geht. Die konnte man gut mit Renditeversprechen erreichen und ihnen dazu noch die passenden Versicherungen verkaufen.

Die Zeiten sind (zum Glück) vorbei, wenn wir den Großteil der Generation Y in den Blick nehmen!

Der Wirtschaftsprofessor und Unternehmensgründer Günter Faltin hat ein Buch geschrieben: *Kopf schlägt Kapital.* Er beschreibt darin eine andere Art, Unternehmen zu gründen. Für die Beratung der Generation Y heute könnten wir sagen: Sinn schlägt Status.

Heute würden Schober und Schröder eher mit ihrem Sabbatical, ihrer 25-Stunden-Woche oder ihrem Ehrenamt »angeben«. Dahinter steckt die vermehrte Sinnsuche in einer nahezu vollständig saturierten Welt, in der die Generation Y aufgewachsen ist. Die Millennials hinterfragen den Status quo und wollen ihn ändern. Handlungsfelder gibt es genug: Klimawandel, wachsende soziale Unterschiede, leer gefischte Meere usw.

Das gilt auch und vor allem für das Thema Finanzen. Andere Themen und Konzepte als Rendite und Sicherheit rücken in den Fokus: etwa Nachhaltigkeit, *sharing economy*, positiver Beitrag, Flexibilität. Das verlangt vielfach nach anderen Lösungen, als die Makler bisher klassisch anbieten: Versicherungen oder ewig laufende Sparverträge. Hinzu kommt, dass die junge Zielgruppe generell wenig Vertrauen in Finanzberater hat.

Werde Finanzen-Coach oder Trainer für Millennials, statt bloßer Versicherungsvermittler zu sein. Die reine Versicherungsvermittlung erfolgt zunehmend online und digital. Hier, glauben wir, wird zukünftig kaum noch etwas zu holen sein. Entscheidend sind die Hilfestellung und Beratung vorab. Diese wird gesucht und honoriert. Mach dich so unabhängiger von Provisionsdeckel und Co. Hilf deiner jungen Zielgruppe, mit ihrem Geld »Gutes« und »Sinnstiftendes« zu tun. Das ist am Ende des Tages häufig genug kein klassisches Finanzprodukt, für das es Courtage gibt. Das Erlebnis und der Kundenservice werden wichtiger als der reine Verkauf von Policen.

Verändere deine Kommunikation und die Art und Weise, wie du von außen wahrgenommen wirst! Verabschiede dich vom Werbeansatz der Angst (»Jeder Vierte wird berufsunfähig!« oder »Jede X-te ist von Altersarmut bedroht!«) und Gier (»6 Prozent-Rendite, MINDESTENS!« oder »Hunderte Euro Beiträge sparen!«). Begrüße Mut, Selbstbestimmung und Genügsamkeit. Wer weniger konsumiert, braucht weniger Einkünfte, muss weniger arbeiten und hat mehr immaterielle Bedürfnisse. Auf das veränderte Verhalten solltest du dich einstellen. Stelle Fragen! Finde Antworten!

GASTBEITRAG LENA KRONENBÜRGER

Lena Kronenbürger, Jahrgang 1992, ist freie Journalistin und Moderatorin mit Fokus auf Interviews. Sie leitet das soziopolitische Printmagazin fortytwomagazine *und moderiert den wöchentlichen Finanzpodcast für Anfänger:innen »How I met my money«.*

Was ist uns Millennials wichtig?

Ich bin süchtig. Ich hetze von Deadline zu Deadline und fühle mich verboten gut, mehrmals am Tag Aufgaben von meiner 1A-strukturierten To-do-Liste in den virtuellen Papierkorb zu werfen, als wären sie kleine Trophäen, die man sich ins Regal stellen kann. Ich bin süchtig nach Dringlichkeit; *urgency addiction* könnte die Diagnose lauten. Dabei weiß ich doch, dass Ganz-viele-Dinge-ganz-schnell-erledigen noch lange kein Ersatz dafür ist, die richtigen Dinge zu tun. Und schon sind wir bei der Sinnsuche.

Denn was sind »die richtigen Dinge«? Was ist, für ein ganzes Leben betrachtet, wirklich wichtig? Ich gebe zu, dass es dann doch leichter fällt, im Urgency-Modus zu bleiben; immer in Alarmbereitschaft, stets gewillt, die nächste Aufgabe abzuhaken. Es ist nicht nur einfacher, sondern im Grunde das, was früher mal der rote Porsche war: unter Druck zu stehen und sich beeilen zu müssen ist ein Statussymbol.

Wenn man nicht busy ist, dann muss man wohl faul sein, so die gängige Annahme. Wer wie ich zumindest tief im Inneren weiß, dass das Leben im Urgency-Modus kein erstrebenswertes Lebensmodell ist, kann mit folgenden zwei Fragen versuchen, dem unattraktivsten Statussymbol aller Zeiten ein Schnippchen zu schlagen:

- Wenn du ohne Ende Zeit und Geld hättest – was würdest du gerne tun?
- Warum tust du es nicht schon jetzt?

Bevor nun ein Regen von Ausreden herunterprasselt, eine kurze Reise zu den Anfängen der industriellen Revolution. Mit der Arbeit in der Fabrik gelang nämlich vor fast 200 Jahren auch ein Versprechen in die Köpfe der Menschen. Das Versprechen, Wohlstand zu erlangen. Dafür musste geschuftet und malocht werden. Klar, um Geld zu verdienen, muss man arbeiten, das ist auch heute noch nicht anders. Doch viele arbeiten vor allem deshalb, um irgendwann das zu tun, was sie wirklich tun möchten. Oder um die Statussymbole zu bekommen, die sie sich schon immer erträumt haben. Die Vintage-Chanel-Handtasche oder die Rolex. Oder das krasse Gegenteil, das Millennials am liebsten zur Schau stellen, nämlich nichts. Keine Shopping-Exzesse, kein fettes Auto. Dafür eine kleine Wohnung, die minimalistisch eingerichtet ist, und schöne Abendessen mit Freunden. Die Konzentration auf das Wesentliche ist nicht nur nachhaltig, sondern auch sinnstiftend. Richtig gelesen: nicht nur Besitztum, sondern auch das »Nicht-haben« gibt uns Bedeutung. Und vielleicht ist das der Umbruch, den viele Menschen spüren und den Millennials manchmal sogar umsetzen: dem leeren Abarbeiten von Dingen abschwören, der Urgency-Sucht den Rücken kehren und sich zu Menschen entwickeln, die kreativ und empathisch sind und sich frei fühlen, das zu tun, was sie tun wollen.

02.4 ALLES DIGITAL FÜR DIE GENERATION Y?

Weil die Generation Y auch als Digital Natives bezeichnet wird, glauben viele, dass bei diesen Menschen alles digital sein muss. Wir glauben: Das stimmt nicht. Warum wir das glauben und was das für die Beratung bedeutet, erklären wir in diesem Kapitel.

Generation Y: Alles digital?

Bevor wir ins Detail gehen: Nein! Die persönliche Beratung spielt nach wie vor eine große Rolle. Viele Kollegen sind überzeugt, dass das Allheilmittel für alle möglichen Probleme in der Digitalisierung liegt und vor allem junge Kunden das fordern: digitale Kommunikation, digitale Beratung, digitaler Vertragsordner, digitaler Abschluss. Unsere Erfahrung ist eine andere. Kaum einer unserer – hauptsächlich jungen – Kunden wünscht sich beispielsweise einen digitalen Versicherungsordner. Niemand schaut sich abends auf dem Sofa seine »schöne« Hausratversicherung an.

Ebenso spielt es aus unserer Sicht kaum die Rolle, ob der Kunde digital unterschreibt oder auf einem Blatt Papier. Entscheidend ist doch, dass es funktioniert. Und dort hapert es im digitalen Raum häufig genug noch. Meist geht es eher um eine Arbeitserleichterung für den Vermittler. Es ist selbstverständlich schön, wenn ich die Hausrat-, Haftpflicht- und Unfallversicherung online ohne weitere Unterschriften einreichen kann. Nur bringt es weder mir noch meinem Kunden etwas, wenn dann beispielsweise die Internetverbindung hängt. Digitalisierung ist für uns ein Mittel zum Zweck. Ich muss das Ziel kennen, ansonsten nutze ich das falsche Werkzeug.

Beratung und Aufklärung

Kollege und Co-Autor Marko Petersohn bringt es auf den Punkt: »[Die jungen Kunden] möchten einen kompetenten Berater, der das komplizierte Thema verständlich erklärt, ihr Wohl im Auge hat, Versicherungen empfiehlt, die man wirklich braucht, und der sich bei Problemen kümmert.«[11]

Ob ich das digital oder analog leiste, spielt überhaupt keine Rolle. Im Gegenteil: Durch die Fixierung auf digitale Werkzeuge, die häufig genug keinen Mehrwert stiften, verliere ich den persönlichen Bezug zur Person. Ich richte mich und meine Beratung an dem vorgegebenen Weg der Software aus. Rückfragen oder Umwege sind dadurch eher Störfaktoren. Obwohl hier der Berater ja gerade Expertise zeigen kann. Für uns ist beispielsweise das erste persönliche Kennenlernen des Mandanten zentral. Das findet, soweit es möglich ist, immer bei uns vor Ort im Büro statt. Dadurch nehme ich den Kunden mit viel mehr Sinnen wahr, als wenn ich eine Videoberatung führen würde. Das gilt natürlich ebenso umgekehrt. Der Kunde macht sich ein viel umfassenderes Bild von uns als Beratern.

Gerade einmal 16 Prozent der Millennials haben großes Interesse daran, Robo Advisors zu nutzen. Fast zwei Drittel möchten vor allem bei komplexen Finanzthemen mit einem echten Menschen zusammenarbeiten.[12] Die digitale Dauerbeschallung hat wenig überraschend Nebenwirkungen. So fühlen sich 36 Prozent der 14- bis 34-Jährigen durch digitale Medien unter Druck gesetzt.[13] Digitale Angebote und Leistungen sind also ein zweischneidiges Schwert und keinesfalls die Lösung aller Probleme.

Digitalisierung clever nutzen

In zwei Bereichen halten wir digitale Angebote mit einem klaren Ziel jedoch für absolut gewinnbringend. Erstens erleichtern sie die Kommunikation. Einerseits vereinfachen sie die Kommunikation mit der einzelnen Person vor und nach einem Beratungsgespräch und andererseits die mit der Zielgruppe insgesamt. Niemand möchte mehr Briefe verschicken, um mitzuteilen, dass dieses oder jenes Formular beziehungsweise dieser oder jener Fragebogen noch fehlt. Per E-Mail und Messenger geht das schneller, einfacher und günstiger. Wer regelmäßig »mit vertrauensbildenden Inhalten im Newsfeed seiner Kunden auftaucht, positioniert sich konstant als Experte und gehört zu den ersten Ansprechpartnern, wenn es um Veränderungen geht«, meint Kollege Marko Petersohn. Das bedeutet, die Aufklärung über relevante Themen funktioniert mit Online-Angeboten wie Blogs und sozialen Medien wunderbar.

Zweitens können digitale Lösungen uns – an den richtigen Stellen eingesetzt – viel Arbeit abnehmen. Bestandsbetreuung ohne digitale Vertragsverwaltung und die entsprechenden Programme im Hintergrund ist heute nicht mehr möglich. Änderungen bei Kunden sind über Maklerextranets schneller und vor allem zunehmend fehlerfrei umsetzbar. Software und Schnittstellen helfen uns bei der Vor- und Nachbereitung, wie zum Beispiel Bedingungsvergleiche oder die tatsächliche Beantragung. Die Voraussetzungen sind jedoch, dass ich funktionierende (analoge) Prozesse habe und die Software zu mir passt. Ansonsten kämpfe ich mich daran ab. Dann muss ich die vermeintlich eingesparte Zeit dafür verwenden, die Software zu kapieren und anwenden zu können.

GASTBEITRAG FELIX KUGELMANN

Felix Kugelmann ist im Vorstand der iS2 Intelligent Solution Services AG und immer auf der Suche nach innovativen und modernen Lösungen für den digitalen und persönlichen Versicherungsvertrieb.

Maximierte Vertriebserfolge durch hybride Erlebnisse

Digitalisierung. Nicht nur in der Versicherungsbranche ist das Thema in aller Munde.

Man muss digital werden, wenn man die Loyalität der Generation Y gewinnen und wettbewerbsfähig bleiben will. Die Kunden von heute bevorzugen digitale gegenüber physischen Interaktionen, habe ich recht? Nicht ganz.

Halte dir vor Augen, dass Kunden bessere Erlebnisse suchen. Das müssen nicht zwingend digitale Erlebnisse sein. Kunden wünschen sich Optionen. Sie möchten die Flexibilität haben, abhängig von den Umständen eine Kombination aus persönlichen und digitalen Kanälen zu nutzen. Auch wenn die Online-Recherche und das digitale Abschließen und Verwalten von Verträgen für einige Zwecke fantastisch sein mögen, sollten Versicherungsnehmer dennoch immer die Möglichkeit haben, einen persönlichen Ansprechpartner zu erreichen – sei es in der Filiale oder über ihre mobile App.

Ein Großteil der jungen Verbraucher bevorzugt Multi-Access-Strategien, die Online- und Offline-Medien kombinieren. Außerdem wünschen sie sich einen nahtlosen Übergang zwischen den einzelnen Berührungspunkten der Customer Journey.

Angesichts dieses anspruchsvollen Umfelds und der vielfältigen Erwartungen der Kunden müssen Versicherungsunternehmen sicherstellen, dass sie den Kunden in den Mittelpunkt ihrer Strategie stellen. Lerne, deinen Kunden zuzuhören. Wenn du wichtige Faktoren identifiziert und ausreichend Daten aus verschiedenen Interaktionen gesammelt hast, kannst du diese Informationen nutzen, um die Customer Journey stärker am Kunden auszurichten und digitale Tools sinnvoll zu integrieren. Implementiere intelligente Workflows und tritt mit deinen Kunden zur richtigen Zeit auf den richtigen Kanälen mit personalisierten Inhalten in Kontakt.

So könnte ein Kundenbetreuer beispielsweise darüber informiert werden, dass sein Telefongesprächspartner ein Angebot über die Website angefordert hat. Während der Kunde eine individuelle Live-Beratung erhält, kann der Mitarbeiter das Angebot dem Kunden per SMS oder E-Mail mit personalisierten Optionen zurückschicken, damit er es auf seinem Mobilgerät abschließen kann.

Weitere interessante Beispiele könnten ein KI-basierter Chatbot sein, der den menschlichen Live-Kontakt ergänzt, oder Co-Browsing-Sitzungen, in denen komplexere Bereiche entlang der Customer Journey verwaltet werden, zum Beispiel die Antragsstellung oder die Erneuerung einer Police. Hierbei kann der Experte gemeinsam mit dem Kunden Dokumente oder das Internet durchsuchen, um einen vollständig personalisierten, an die Kundenbedürfnisse angepassten Service anzubieten.

Da Generation-Y-Kunden häufig die Website eines Unternehmens als Informationsquelle nutzen, lässt sich hier besonders viel Potenzial ausschöpfen. Die Generierung neuer Kundenkontakte sehen viele Vermittler als eine ihrer größten Schwierigkeiten. Nun, wie wäre es, wenn du interaktive Online-Rechner auf deiner Website integrierst und es so den Nutzern ermöglichst, sich auf spielerische Art und Weise mit Finanz- beziehungsweise Versicherungsthemen auseinanderzusetzen und zum Beispiel Szenarien für die Altersvorsorge durchzurechnen? Fragst du entlang der Reise die E-Mail-Adresse des Nutzers ab, hast du direkt einen vorqualifizierten Lead und damit einen potenziellen Kunden, der deutlich offener für eine Beratung ist.

Fazit

Nutze digitale Kanäle nicht einfach nur um ihrer selbst willen. Gehe strategisch vor und investiere in neue Technologien und Tools, die hybride Erfahrungen fördern. Richte deine Strategie aber nicht an Kanälen, sondern an der Customer Journey aus. Passe dich an sich verändernde Kundenerwartungen an und werde dem wachsenden Bedürfnis nach Individualisierung gerecht. Wenn du digitale und neue Technologien sinnvoll in eine Omni-Channel-Strategie integrierst, wirst du auch langfristig die Kundenbeziehungen stärken und deine Wettbewerbsfähigkeit erhalten.

KAPITEL 03
Akquise

03 AKQUISE

Im dritten Teil geht es um die Akquise der Generation Y.
Du erfährst, wie und mit welchen Themen du diese Zielgruppe erreichst.

03.1 TÜRÖFFNER FÜR DIE GENERATION Y

Die Kfz-Versicherung war gestern. Erfahre, mit welchen Themen und Produkten du bei der Generation Y landest.

Türöffner früher: Kfz-Versicherung

Früher kamen junge Leute durch die Agenturtür und wollten eine Kfz-Versicherung für ihr erstes Auto. Da schwang Stolz und Unabhängigkeit mit: Endlich das erste Auto! Ich kümmere mich selbst um meine Finanzen! Das Auto und damit die Kfz-Versicherung haben nicht mehr die höchste Priorität für die Generation Y. So zeigte eine Umfrage der Markenberatung Prophet zum Thema »Welche Rolle spielt das Auto in Ihrem Leben?« aus dem Jahr 2015, dass das Interesse am eigenen Auto schwindet. 37 Prozent gaben damals an, dass ihnen »qualitativ hochwertige Computer, Laptops und Smartphones wichtiger [sind] als ein eigenes Auto«. 31 Prozent können sich gar ein Leben ganz ohne eigenes Kfz oder ohne Führerschein vorstellen. Zugleich werden Carsharing und andere Mobilitätskonzepte immer beliebter. Sicherlich gibt da ein Stadt-Land-Gefälle. Aber der allgemeine Trend ist deutlich. Wenn also die Kfz-Versicherung als Türöffner immer mehr an Bedeutung verliert, was tun?

Türöffner heute: Nachhaltigkeit

Ob jüngste Waldbrandsaison, verheerende Überschwemmungen, sommerliche Dürren oder viel zu warme Winter: Das Thema Nachhaltigkeit ist medial fast andauernd präsent. Es ist auch nicht davon auszugehen, dass sich dies so schnell ändern wird. Wenn man den Klimamodellen vertraut, dürfte es vielmehr der Normalzustand in Zukunft werden. Die Generationen Y und Z plagt das Thema natürlicherweise.

Positioniere dich hier als Experte. Biete nachhaltige Versicherungs- und Finanzprodukte an. Mach deinen Maklerbetrieb nachhaltig. Berichte über nachhaltige Versicherungslösungen auf deinen Kanälen. Engagiere dich bei den Entrepreneurs for Future. Unterstütze lokale Nachhaltigkeitsinitiativen. Wir haben zu diesem Thema ein Spezialkapitel (»Bonusmaterial B: Nachhaltigkeit«) an den Schluss dieses Buches gestellt, mit dessen Hilfe du einen thematischen Einstieg findest.

Türöffner heute: Content Marketing

Junge Menschen beschäftigen sich mit ihren Finanzen, wenn sie es müssen. So könnte man eine aktuelle Studie des Deutschen Instituts für Altersvorsorge von 2019 zusammenfassen. Anlass sind danach konkrete Anlässe wie Steuererklärung (38 Prozent), Nebentätigkeiten (26 Prozent), Anschaffungen wie Handy oder Tablet (26 Prozent), Berufseinstieg (22 Prozent) und BAföG-Antrag (21 Prozent). Interessanterweise liegt das Thema »Interesse an Altersvorsorge« auf Platz 2 mit 27 Prozent. Auch »Neugierde« liegt mit 23 Prozent auf einem respektablen sechsten Platz. Besser könnte es gar nicht sein: allgemein interessierte Menschen und konkrete Themen. Biete hier gut aufbereitete und leicht verständliche Informationen an. Dabei spielt es keine Rolle, ob geschrieben (Blog), gesprochen (Podcast) oder als Film aufgezeichnet (Vlog/Video). Die Aufklärung sollte möglichst neutral und anbieter- sowie produktunabhängig sein, um Vertrauen aufzubauen. Zeig am Ende klare Lösungen und Handlungsmöglichkeiten auf. Mach es deinem jungen Publikum leicht, dich anschließend zu kontaktieren und ein Gespräch zu vereinbaren. Übrigens: »Werbung zu Finanzprodukten« liegt mit 7,5 Prozent abgeschlagen auf dem 22. Platz.

Türöffner heute: Altersvorsorge und Vermögensaufbau

Drei Zahlen aus der MetallRente Studie »Jugend, Vorsorge, Finanzen 2019«:

- 86 Prozent sind überzeugt, dass eigenständige Altersvorsorge notwendig ist.
- 68 Prozent fürchten, im Alter nur eine geringe Rente zu bekommen.
- 32 Prozent der Jugendlichen legen regelmäßig Geld fürs Alter zurück.

Das ist eine auf den ersten Blick erstaunliche Diskrepanz. Dafür gibt es zwei wesentliche Ursachen: wirtschaftliche Rahmenbedingungen und die Erkenntnis, über zu wenig Wissen zu verfügen. So gaben 70 Prozent der Befragten an, nicht sparen zu können, weil das ganze Geld zum Leben draufgeht. 71 Prozent der Befragten gaben an, sich nicht oder schlecht zum Thema Altersvorsorge auszukennen. 92 Prozent wünschen sich verständliche Informationen zum Thema Altersvorsorge. An beiden Punkten kannst du ansetzen. Biete (wie oben gezeigt) gut aufbereitete und leicht verständliche Informationen an. Biete die Möglichkeit, die eigenen Rentenansprüche herauszufinden. Biete womöglich einen Online-Rechner zur Ermittlung der eigenen Ansprüche an. Erläutere nachvollziehbar, ab wann Altersvorsorge überhaupt sinnvoll ist.

Hilf den jungen Menschen, ihre Ausgabensituation zu verbessern. Zeig Wege für Sparpotenziale auf und mach so Mittel frei. Sei nicht lediglich Vermittler eines Vertrags, sondern Problemlöser.

GASTBEITRAG MARKO PETERSOHN

MarKo Petersohn berät mit seinem Unternehmen »As im Ärmel« seit 2012 die Versicherungsbranche zur praxisnahen Bildung in Social Media. Er hat die Onlinemarketing Gesellschaft für Versicherungsvermittler gegründet. Gemeinsam mit Branchenexperten verleiht er seit 2018 den renommierten OMGV Award. Außerdem ist er der Host des Königsmacher-Podcasts und seit 2022 Leiter »Neue Medien« des Versicherungsboten.

Snackable Content – 5 Tipps, damit deine Zielgruppe auf Social Media anbeißt

Du möchtest auf Social Media aktiv sein und dich bei deiner Zielgruppe mit eigenen Inhalten als Experte zu Versicherungsthemen positionieren? Sehr gut! Das nennt man in der Fachsprache »Content Marketing« und es ist ein großes Feld, welches wir in der Gesamtheit an dieser Stelle nicht besprechen können. Deswegen fokussieren wir uns hier auf Snackable Content.

Zuerst einmal, was ist das? Wie der Name schon vermuten lässt, handelt es sich um kleine, kurze, leicht verdauliche Content-Happen.

Warum das Thema so wichtig ist? Weil wir in Zeiten des Content-Schocks leben. Es gibt mehr Inhalte als Aufmerksamkeit und Aufmerksamkeit für deine Inhalte ist sicherlich das, was du möchtest. Nur ist sie nicht nur schwer zu bekommen, sondern noch schwerer zu halten. Schon 2015 zeigte eine Social-Media-Studie, dass Nutzer in 1,7 Sekunden darüber entscheiden, ob sie ein Inhalt interessiert oder ob sie weiterscrollen. Heute ist die Zeitspanne mit Sicherheit deutlich geringer.

Erschwerend kommt hinzu, dass du im Newsfeed der Nutzer mit Versicherungsinhalten auftauchst. Deswegen aber geht niemand beispielsweise auf Instagram. Niemand ist dort, um sich über eine BU zu informieren, sondern junge Leute tummeln sich auf dieser Plattform, um Ablenkung und Unterhaltung zu finden. Deine Inhalte müssen somit ebenso unterhaltsam wie leicht verdaulich sein. Sie müssen »snackable« sein und natürlich auch einen Mehrwert für die Nutzer bieten. Aber das versteht sich hoffentlich von selbst.

Hier kommen meine 5 Tipps für Snackable Content:

1. Hol bei deinen Postings die Nutzer in der ersten Zeile ab. Sie ist der Haken, an dem die Nutzer hängen bleiben oder nicht. Komm direkt zum Punkt. Warum sollte ein Nutzer weiterlesen? Sehr gut funktionieren in diesem Zusammenhang immer Auflistungen oder Checklisten. Schreibe zum Beispiel: »3 Fehler, die man beim Abschluss einer Versicherung vermeiden muss« und versieh den Text mit Emojis. Denn sie lockern nicht nur auf, sondern fallen auch auf. Und du möchtest auffallen.
2. Verwende aufmerksamkeitsstarke Bilder. Idealerweise bist du selbst darauf zu sehen. Denn dich erkennt man im Newsfeed wieder und du möchtest dich auch als Experte positionieren. Versieh die Bilder mit Texten, die mit dem Inhalt des Beitrags im Zusammenhang stehen. Hier bieten sich Zahlen, Fakten oder Zitate an. Mach zum Beispiel ein Bild von dir, auf dem du alt aussiehst, schreibe darauf »Die Rente ist sicher« und erkläre in fünf Punkten, wie Altersvorsorge funktioniert.
3. Neben Bildern von dir funktionieren auch sehr gut Memes. Diese sind mittlerweile etabliert, jeder kennt sie und man kann sie ganz einfach auf Seiten generieren wie beispielsweise www.imgflip.com.
4. Neben Memes sind ebenso Infografiken der perfekte Snackable Content. Hiermit sind Grafiken gemeint, die Studien oder Sachverhalte auf die Essenz herunterbrechen und optisch ansprechend darstellen. Dazu gehören beispielsweise die Tarifmerkmale der Kfz-Versicherung in einem Bild.
5. Die Königsdisziplin von allem sind allerdings Videos. Denn sie werden nicht nur von den Algorithmen bevorzugt, sondern fallen auch auf, weil sie sich im Newsfeed bewegen. Besonders gut funktionieren dabei Kurzvideos. TikTok ist nicht zufällig so beliebt. Glaub nicht, dass es reicht, einfach nur »mal kurz zu filmen«. Mach dir vorher Gedanken über die Story,

schneide diese kurzweilig zusammen, überleg dir einen ansprechenden Titel und achte darauf, dass das Thumbnail (das Vorschaubild des Videos) ansprechend ist. Überlasse nichts dem Zufall. Orientiere dich am besten an den Videos von Bastian Kunkel (Versicherungenmitkopf) oder Tim Hunger (Mr. Finanzfakten).

03.2 ONLINE JUNGE KUNDEN GEWINNEN

Die meisten – auch junge Leute – schließen Finanzprodukte nach wie vor offline ab. Allerdings suchen sie online, bevor sie sich für einen Anbieter entscheiden. Wir zeigen an einem Beispiel, wie eine digitale Kundenreise aussehen kann.

Maria, 24 Jahre jung, seit einem Jahr im Job als Ingenieurin bei einem Mittelständler, scrollt durch ihren Newsfeed bei Instagram. Da sieht sie folgenden gesponserten Beitrag:

Abbildung 23: Beispiel für einen witzigen Post

Maria findet das lustig und klickt auf den lachenden Smiley. Sie reagiert auf unsere bezahlte Werbeanzeige. Nun können wir sie regelmäßig mit Anzeigen adressieren. Sie sieht nun regelmäßig witzige, unterhaltsame oder provokante Beiträge von uns. Mal reagiert sie, mal reagiert sie nicht. Noch ist Maria eine Unbekannte für uns.

Ein Jahr später überlegen Maria und ihre Freundin zu heiraten. Sie tritt also in eine neue Lebensphase ein. Wir wissen davon freilich (noch) nichts. Allerdings sieht sie nun regelmäßig Beiträge zum Thema Heirat und Finanzen von uns. Das sind Fragen, Tipps oder Lustiges.

Maria und ihre Freundin haben den Termin beim Standesamt. Die Sache wird also ernst. Damit geht auch eine gewisse Unsicherheit einher und der Bedarf nach Informationen rund ums Thema gemeinsame Finanzen steigt. Spätestens jetzt macht sie sich auch ganz generell Gedanken über ihre Absicherung. Da sie uns bereits mehrfach auf Facebook und Instagram gesehen hat, schaut sie sich mal auf unserer Firmenseite um.

Dabei entdeckt sie zahlreiche Beiträge, die auf unseren Blog verweisen. Sie ist nun zur Besucherin geworden.

Auf unserem Blog findet sie zahlreiche Beiträge zum Thema Finanzen und Versicherungen. Leicht und locker geschrieben, ergänzt um Illustrationen und Infografiken. Das gefällt ihr und sie abonniert sich zunächst unseren Newsletter. Sie bekommt nun einmal monatlich ein Update zum Thema Finanzen und Versicherungen und eine Auswahl an spannenden Beiträgen.

Es ist so weit, Maria und ihre Freundin geben sich das Ja-Wort. Durch die Hochzeitsvorbereitungen ist das Thema Geld zwar präsent, aber die Versicherungsthematik etwas nach hinten gerutscht. Das ist aber nicht schlimm. Sie erhält weiterhin regelmäßig unseren Newsletter und sieht uns in den sozialen Medien. Die beiden beschließen, ihre nun gemeinsamen Finanzen nach den Flitterwochen angehen zu wollen. Auch Marias Frau hat sich parallel informiert.

Beide vergleichen ihre Ergebnisse und fragen dazu noch ihre Freunde. Sie sind nun ein Lead. Sie sehen auf unserer Website und dem Blog, dass wir über 100 sehr positive Bewertungen auf ProvenExpert haben. Das ist schon mal ein gutes Indiz. Sie sehen, dass die Kontaktaufnahme denkbar einfach gestaltet ist. Entweder schreiben sie uns über das Kontaktformular, eine E-Mail oder sie buchen direkt online einen Termin. Maria entscheidet sich jedoch recht spontan auf dem Weg zur Arbeit, uns eine Instagram-Nachricht zu schreiben.

Sie bekommt eine automatische Antwort, dass wir gerade nicht am Platz sind, uns aber gleich darum kümmern. 13 Minuten später bekommt sie eine Antwort von uns. Wir erklären ihr kurz, dass wir uns über die Anfrage total freuen und der einfachste Weg zu uns über unseren Online-Terminplaner führt. Den Link schicken wir ihr auch mit. Marias Frau hat parallel an ihren Versicherungsmenschen eine E-Mail geschrieben, der schon ihre Eltern betreut.

Die beiden schauen sich noch einmal online unseren Leistungskatalog und das Honorarsystem an und stellen fest, dass es genau das ist, was sie gesucht haben. Die beiden haben ein sehr gutes Gefühl. Nach der Tagesschau setzen sie sich noch mal zusammen und buchen online ihren Wunschtermin fürs Kennenlernen per Video. Sie bekommen sofort eine Terminbestätigung und speichern sich den Termin in ihrem Outlook-Kalender ab.

Vier Tage später bekommt Marias Frau eine Antwort auf ihre E-Mail-Anfrage. Der Versicherungsmensch möchte telefonisch einen Termin mit ihr abstimmen und bittet um einen Rückruf. Sie wird ihn nie anrufen.

Einen Tag vor dem virtuellen Kennenlerntermin bekommen die beiden eine E-Mail mit den Zugangsdaten für das Videogespräch. In dem Gespräch lernen sie unser Beratungs- und Vergütungssystem kennen. Außerdem können sie schon einige Fragen loswerden. Sie entscheiden gemeinsam, dass sie die richtigen Berater für ihr Anliegen – ihre Finanzen und Versicherungen ganzheitlich zu ordnen – gefunden haben und buchen wieder online den Interview-Termin.

GASTBEITRAG BASTIAN KUNKEL

Bastian Kunkel betreibt unter der Marke »Versicherungen mit Kopf« deutschlandweit die größten unabhängigen Versicherungskanäle auf YouTube, Instagram und TikTok. Er ist Jungmakler-Award-Gewinner 2017, Bildungspreisträger 2018 und Spiegel-Bestsellerautor. Er besitzt einen Bachelor in Betriebswirtschaft und Recht (FH) und ist zudem studierter Finanzfachwirt (FH).

Wie Versicherungsmakler online junge Kunden gewinnen

»Jetzt mal unter uns, gewinnst du wirklich Kunden über Instagram und TikTok? Das kann doch nicht funktionieren!« Richtig, für die meisten Versicherungsvermittler wird es nicht funktionieren. Denn es ist durchaus nicht einfach, online junge Versicherungskunden zu gewinnen. Allerdings sind es auf der anderen Seite genau Plattformen wie Instagram, TikTok und YouTube, auf welchen die heiß begehrte junge Zielgruppe am meisten Zeit online verbringt. Und deswegen sind wir als Versicherungsmakler bereits seit 2016 auf Social Media aktiv und gewinnen nahezu ausschließlich darüber unsere Kunden. Organisch, mit eigenem Content-Marketing, sprich ohne bezahlte Werbung (das haben wir auch mal getestet, aber die organischen Kundenanfragen waren um ein Vielfaches besser).

Nach über sechs Jahren als Versicherungsmakler auf diversen Social-Media-Kanälen haben wir natürlich viel Erfahrung sammeln können. Wir wissen mittlerweile, welche Inhalte gut funktionieren, um Kunden zu gewinnen, und welche nicht. Vor allem ist es aber wichtig, eine nachhaltige und konsequente Strategie zu verfolgen. Und dafür ist vor allem eines nötig: Durchhaltevermögen.

Sehr oft werde ich gefragt, wie viele Kundenanfragen uns jetzt genau ein Video bringt. Und diese Frage ist praktisch nicht beantwortbar. Was wir aber wissen, ist, dass sich ein Kunde tendenziell nicht nach dem Anschauen eines Videos bei uns meldet, sondern nachdem er drei, vier Videos oder andere Inhalte von uns gesehen hat.

Der junge, potenzielle Kunde versucht also durch das Anschauen von Inhalten erst mal herauszufinden, ob wir auch wirklich kompetent sind. Kann er uns beim Thema Versicherungen vertrauen? Dabei kommt es nicht selten vor, dass ein Kunde erst mal ein YouTube-Video anschaut, anschließend checkt, ob wir auch auf Instagram aktiv sind und anschließend nach unseren Bewertungen schaut. Und eine Kombination aus alledem lässt ihn dann schlussendlich die Entscheidung für uns als Versicherungsexperten fällen. Daraus lässt sich dann eine entsprechende Social-Media-Strategie ableiten. Es gilt, den potenziellen Kunden aus der Generation Y und Z regelmäßig mit wertvollen Inhalten zu bespielen. Keine Verkaufs-Videos. Sondern Videos mit wirklichem Mehrwert. Dadurch baut sich eine Kompetenz in diesem Bereich gegenüber dem Zuschauer auf. Und diese – erst mal nur vermutete – Kompetenz versucht der Zuschauer dann zu verifizieren beziehungsweise er sucht andere Anlaufstellen, welche ihm bestätigen, dass hier wirklich echte Kompetenz vorhanden ist, auf welche er vertrauen kann. Das wären dann zum Beispiel die bereits erwähnten Onlinebewertungen oder auch Posts auf anderen Plattformen.

Und wenn all dies ineinandergreift, wird der potenzielle Kunde am Ende auch wirklich zum Kunden. Für junge Kunden ist es sehr wichtig, dass sie das Gefühl haben, dass sie die Entscheidung für zum Beispiel eine Versicherungsberatung bei Makler XY zu 100 Prozent selbst gefällt haben und nicht dazu gedrängt wurden.

Noch zu erwähnen ist, dass natürlich ein online, über Social Media, gewonnener Kunde vermutlich eher ungern eine Offline-Beratung wahrnehmen möchte, sondern hier auch eine entsprechende digitale Online-Beratung wünscht. Von der Kundengewinnung bis zum Abschluss findet quasi alles online statt und somit gibt es auch keinen Medienbruch, was den Kunden sonst eventuell abspringen lassen würde.

Da sich Social-Media-Plattformen und die Gewohnheiten der Menschen auf diesen Plattformen ständig ändern, müssen sich auch die Inhalte und Formate, die man veröffentlicht, entsprechend anpassen. In anderen Worten: Erfolg auf Social Media und Kundengewinnung über Social Media ist ein ständiges Testen und Ausprobieren, welches nie enden wird.

GASTBEITRAG PATRICK HAMACHER

Patrick Hamacher ist der »Versicherungsmakler mit Cap«, Versicherungsfachwirt und seit 2005 in der Finanzbranche tätig. Für seinen Podcast »Versicherungsgeflüster« wurde er 2018 mit dem Bildungspreis der Deutschen Versicherungswirtschaft ausgezeichnet. Seit 2022 ist Patrick Hamacher zudem Geschäftsführer »Neue Medien« der BIOMEX Biometrie Expertenservice GmbH.

Social Media ist der aktuelle Stand des Internets – und das Internet nutzt jeder

Nette Bildchen und lustige Sprüche findet man in Social Media zuhauf. Häufig werden diese Beiträge auch geliked, jedoch direkt wieder vergessen.

Auch wenn ich das Wort »Mehrwert« nicht allzu gerne mag, ist es genau das, womit man die Nutzer der Social Media erreicht. Niemanden interessiert dein Essen (außer du bist Food-Blogger). User erreicht man am besten mit Inhalten, die sie schlauer machen, die Emotionen hervorrufen, die Bilder im Kopf erzeugen und die sie zum Schmunzeln oder Nachdenken anregen. Wenn ein Beitrag all diese Punkte enthält, hat er ein gutes Potenzial, von vielen Personen gesehen, geliked und eventuell auch geteilt zu werden.

»What's in it for me?«

Bei all meinen Posts versuche ich mir im Vorfeld diese Frage zu beantworten – aus Sicht des (potenziellen) Followers: »Was habe ich davon, diesem Account zu folgen?«

Hierzu ein ganz einfaches Beispiel, das das Ganze verdeutlicht.

Wenn ich zum Beispiel erklären möchte, dass Feuer ein versichertes Risiko in der Hausratversicherung ist, könnte ich es genauso schreiben. Einen Mehrwert bietet diese Info auf jeden Fall. Allerdings lockt man damit vermutlich niemanden hinter dem Ofen hervor. Stattdessen könnte man auch ein Bild eines Goldfisches posten und schreiben: »Goldfische sind in der Hausratversicherung gegen Feuer versichert.«

Das durch diesen Satz erzeugte Bild bleibt im Kopf, weil es zunächst absurd erscheint, lustig klingt und zum Nachdenken beziehungsweise zum Mehr-wissen-Wollen anregt. Und, was ebenfalls sehr wichtig ist: Es hebt sich von der Flut an Beiträgen, die durch die Timeline fliegen, ab.

Das ist nämlich ein weiterer wichtiger Aspekt: Unsere Beiträge können noch so spannend und interessant sein: Wenn sie nicht neben anderen Postings auffallen, gehen sie in der Masse unter.

Ein sehr guter Freund von mir sagte einmal: »Ich habe mir angesehen, wie alle anderen in der Versicherungsbrache Social Media betreiben und dann genau das Gegenteil gemacht.« Mit Fleiß und Durchhaltevermögen ist er so zu einem der reichweitenstärksten »Köpfe« innerhalb unserer Branche geworden.

Auffallen, Wissen vermitteln, Emotionen erzeugen – wenn du das beachtest, dann klappt's auch mit dem Content-Marketing.

03.3 MIT CONTENT-MARKETING DIE GENERATION Y ERREICHEN

Content-Marketing, also das Bereitstellen von informierenden Beiträgen für eine bestimmte Zielgruppe, ist eine gute Möglichkeit, die Generation Y zu erschließen. Doch wie geht man am besten vor? Das erklären wir in diesem Kapitel.

Die Geschichte des Content-Marketings

Content-Marketing klingt jung, hip und modern. Dabei ist Content-Marketing über 120 Jahre alt. Erfunden haben es (angeblich) André und Edouard Michelin, die Gründer des großen Reifenproduzenten. Mit ihrem Michelin-Guide bewerteten sie Restaurants in ganz Frankreich. Das Ziel: Die Franzosen sollten mehr Auto fahren. Das Ergebnis: Die Franzosen fuhren mehr Auto und kauften damit mehr Reifen. Welchen Anteil daran ihr Michelin-Guide hat, lässt sich heute nur schwer beziffern. Ganz unschuldig dürften die beiden Reifenfabrikanten daran jedenfalls nicht gewesen sein.

Was Content-Marketing ist und warum es funktioniert

Die Anekdote zeigt: Content-Marketing wirkt und das bereits seit 120 Jahren. Noch besser funktioniert es heute im digitalen Zeitalter. Niemand mag Werbung, schon gar keine nervigen Banner oder Pop-ups auf Webseiten. Allerdings möchten sich Kunden heute vorab viel mehr informieren.

Content-Marketing stellt informierende Beiträge für eine bestimmte Zielgruppe zur Verfügung. Diese Beiträge müssen – wie das Beispiel Michelin Guide zeigt – nicht unbedingt etwas mit der Kerndienstleistung zu tun haben. Content-Marketing ist aber sehr gut geeignet, die eigene fachliche Expertise zur Schau zur stellen. Werbung ist das Versprechen, Content-Marketing die Gewissheit für den Kunden, an der richtigen Adresse zu sein.

Wer?

Die erste Frage, die es zu beantworten gilt, ist die Frage nach meinem Adressaten. Hierfür werden also vorher eine oder mehrere klar abgrenzbare Zielgruppen benötigt. Je besser ich meine Zielgruppe(n) kenne, desto genauer kenne ich ihre Lebenswirklichkeit, ihre Bedürfnisse, ihre Sorgen und Wünsche.

- Wen will ich erreichen?
- Wo sind die betreffenden Menschen?

- Welche Probleme haben sie?
- Was wollen sie?
- Wie wollen sie das Gewünschte?

Ich oder wir?

Die zweite Frage ist nach innen gerichtet. Hier geht es um mich, mein Unternehmen und die Ziele. Content-Marketing ist ebenfalls Werbung. Um ihren Erfolg zu messen, muss ich mir genauso überlegen, was ich damit eigentlich bezwecken will. Nur dann kann ich Erfolg von Misserfolg unterscheiden und mich weiterentwickeln.

- Was will ich / wollen wir genau mit unserer Werbung erreichen?
- Wie will ich / wollen wir wahrgenommen werden?
- Welches Budget (Zeit und Geld) habe ich / haben wir?
- Wie messe ich / messen wir den Erfolg oder Misserfolg?

Was?

Im dritten Schritt erst spielen Kanäle und konkrete Inhalte eine Rolle. Aufbauend auf den vorigen Antworten kann ich mir einen Redaktionsplan erstellen. Dabei gibt es kein pauschales »Richtig« oder »Falsch«. Entscheidend ist, dass meine Inhalte von der Zielgruppe rezipiert werden. Hier erscheint es durchaus sinnvoll, externe Unterstützung einzukaufen.

- Welche Kanäle beziehungsweise Medien sind geeignet?
- Was weckt Interesse beziehungsweise welche Themen sind geeignet?
- In welchen zeitlichen Abständen will ich / wollen wir das machen?
- Wer ist dafür verantwortlich?

Tun!

Im letzten Schritt soll die Umsetzung vorbereitet werden. Dafür lohnt zunächst wieder ein Blick zurück. Unter Umständen machen wir schon viele richtige Dinge. Diese können natürlich weiterlaufen. Gibt es Aktivitäten, die, nach Würdigung der ersten drei Schritte, nicht mehr sinnvoll sind? Dann weg damit! Nicht alles kann oder muss ich selbst machen. Gibt es Mitarbeiter, die das besser können? Oder braucht es womöglich Unterstützung durch externe Kräfte wie eine Agentur, einen Ghostwriter, Layouter, Videografen usw.?

- Was habe ich / haben wir bisher gemacht?
- Womit höre ich / hören wir auf?
- Womit mache ich / machen wir weiter?
- Was kann ich / können wir delegieren?
- Wo will ich / wollen wir externe Unterstützung?

Fazit

Wer strategisch an das Thema Content-Marketing herangeht, wird sich definitiv vom grauen Meer der 200.000 Vermittler abheben und vor allem Potenziale in der jungen Zielgruppe heben. Content-Marketing ist ein Marathon, kein Sprint. Wirklich erfolgreich werde ich damit nur auf der Langstrecke. So wie sich Sportler planvoll auf den Marathon bei Olympia vorbereiten, solltest du dich auf dein Content-Marketing vorbereiten. Unsere Fragen helfen dabei.

GASTBEITRAG SASKIA DREWICKE

Saskia Drewicke ist Honorarberaterin für Finanzanlagen, Ex-Bankerin und die Gründerin von »Sparheldin«, einem unabhängigen Beratungs- und Coachingunternehmen für Finanzplanung, Geldanlage und Altersvorsorge speziell für Frauen. Drewicke verbindet die klassische Finanzberatung mit systemischem Coaching in Finanzfragen. Seit 2020 gibt es zudem ihren »Sparheldin-Podcast – Der Finanz-Podcast für Einsteiger«.

Wie Makler mit Content-Marketing und finanzieller Aufklärung die Generation Y erreichen

Altersvorsorge ist nicht sexy – vor allem nicht für junge Menschen. Dabei ist sich die junge Generation dessen durchaus bewusst, dass die gesetzliche Rente später nicht ausreichen wird. Die Studie »Jugend, Vorsorge, Finanzen« aus dem Jahr 2022 führt neben finanziell begrenzten Möglichkeiten fehlendes Finanzwissen als weiteres Hindernis an, sich intensiver mit der Thematik zu befassen und die Altersvorsorge frühzeitig zu regeln. Ein Aspekt, an dem Versicherungsunternehmen und Vermittler ansetzen können. Denn finanzielle Bildung ist ein wichtiges und – richtig aufbereitet – für die junge Zielgruppe auch ein spannendes Thema.

Millennials über digitale Kanäle und Content-Marketing erreichen

Auf klassischen Wegen erreichst du diese Zielgruppe allerdings nur schwer. Bevor sie den persönlichen Kontakt suchen, informieren sich Millennials über das Internet und die sozialen Medien. Die Lösung für Makler: Aufbau digitaler Kanäle und Content-Marketing. Der wichtigste Grundsatz: Sei dort präsent, wo deine Kunden sind. Wenn du junge Menschen erreichen möchtest, kommst du um einen gut gepflegten, modernen Online-Auftritt nicht herum. Aber nur im Netz zu sein reicht heutzutage auch nicht mehr aus. Du musst sichtbar werden! Das gelingt dir am besten mit Content-Marketing. Denn durch finanzielle Aufklärung kannst du bei den wissbegierigen Millennials punkten.

Beim Content-Marketing wird die jeweilige Zielgruppe mit informierenden, aufklärenden, hilfreichen und unterhaltenden Inhalten angesprochen. Denn Menschen suchen im Netz nach Informationen, um ihre Probleme zu lösen – drohende Altersarmut ist eines davon.

Die richtige Lösung für das Problem des Kunden

Indem du dein Wissen in Form von leicht verständlichen Inhalten über deine digitalen Kanäle teilst, lieferst du der jungen Zielgruppe nicht nur einen Mehrwert, sondern positionierst dich zugleich als Experte. Wichtig ist, Informationen aus Kundensicht so verständlich wie möglich aufzubereiten. Wechsle also bitte einmal die Perspektive und stelle nicht Produkte, sondern Bedürfnisse, Probleme und Fragestellungen der Millennials in den Vordergrund.

Mit Content-Marketing vom Produktanbieter zum Problemlöser

Durch den Einsatz von Marketing mit informierenden Inhalten können Versicherungsvermittler insbesondere zwei Dinge erreichen:

- Positionierung als Expertenpositionierung und Aufbau von Vertrauen bei der jungen Generation
- Reduktion des Erklärungsbedarfs im persönlichen Beratungsgespräch

Erste Schritte, um als Vermittler mit Content-Marketing zu starten

Content-Marketing funktioniert mit jedem beliebigen Finanz- und Versicherungsthema. In Bezug auf die eigene Zielgruppe ist es jedoch ratsam, sich thematisch zu spezialisieren, um sich online als Experte für eine bestimmte Versicherungssparte oder Personengruppe zu positionieren.

Wer Content-Marketing für sich nutzen möchte, sollte sich daher zuallererst die Frage stellen, an welche Personen es sich richten soll, welche Bedürfnisse und Probleme die betreffende Zielgruppe hat und auf welchen Kanälen sie sich bewegt. Wenn du diese strategische Vorarbeit geleistet hast, such dir ein Content-Format aus, ob Blog-Artikel, YouTube-Videos, Instagram-Reels oder Podcast. Meine Empfehlung: Wähle das Format, das dir am ehesten liegt und mit dem du dich wohlfühlst. Und dann heißt es Content-Ideen sammeln und loslegen – die Fragen deiner Kunden in Beratungsgesprächen sollten dir genug Futter liefern.

Wie funktioniert Content-Marketing ganz konkret?

Ich möchte dir ein Praxisbeispiel anhand meiner eigenen Content-Marketing-Aktivitäten geben. Mein persönliches Lieblings-Format ist der Podcast – im Sparheldin Podcast führe ich seit 2,5 Jahren Geldgespräche mit anderen Menschen und kläre über Finanzthemen auf – vom richtigen Sparen, über das Investieren, den Vermögensaufbau und die Altersvorsorge.

In den Interviews steht der Erfahrungsaustausch im Vordergrund, um von den Fehlern und Erkenntnissen anderer beim Thema Geld zu lernen. Darüber hinaus gibt es reine Wissens-Folgen, in denen ich beispielsweise erkläre, wie man die eigene Rentenlücke richtig ermittelt, oder die Vor-/Nachteile eines ETF-Sparplans und einer fondsgebundenen Rentenversicherung gegenüberstelle.

Was nicht funktioniert: Ads ohne guten (Mehrwert)-Content

Ich habe im Bereich Onlinemarketing schon wirklich viele Strategien ausprobiert. Ein wichtiger Faktor, um mit Onlinemarketing-Aktivitäten erfolgreich zu sein, sind gute Inhalte. Einfach Ads (Werbeanzeigen) zu schalten und wildfremde Menschen aufzufordern, einen Termin bei dir zu buchen, um sich zum Thema Altersvorsorge beraten zu lassen, funktioniert erfahrungsgemäß nicht. Das ist, als würdest du auf der Straße jemanden, den du noch nie zuvor gesehen hast, fragen: »Willst du mich heiraten?« »Content is king«, wie es Bill Gates bereits in seinem Essay 1996 schrieb.

03.4 MIT BLOGS DIE GENERATION Y ERREICHEN

Bloggen in der Finanzwelt ist scheinbar wie Sex im Teenager-Alter: Jeder spricht darüber. Keiner weiß wirklich, wie es geht. Alle denken, dass die anderen es tun, also behauptet jeder, dass er es auch macht. Dabei muss es gar nicht so kompliziert sein!

Warum bloggen?

Am Anfang sollte immer das »Warum« stehen. Warum sollten wir als Makler, Agentur oder Finanzberater bloggen? Schließlich frisst ein regelmäßig gepflegter Blog sehr viel Zeit.

Erfahrungsgemäß wenden wir zu wenig Zeit für das Stadium des »Warum« auf, doch liegt hier aus unserer Sicht der größte Hebel für nachhaltigen Erfolg. Es geht um das Verstehen und Wahrnehmen. Wir Menschen neigen dazu, das »Warum« zu überspringen und schnell über die Umsetzung nachzudenken.

Wichtig ist es, auf Distanz zu gehen, um wahrzunehmen, was andere übersehen, (eigene) Annahmen infrage zu stellen und das Problem kontextbezogen zu analysieren. Nimm dir für diese Phase also ausreichend Zeit und die Freiheit, nicht sofort zu einem Schluss zu gelangen. Gestatte es dir, »dumme« Fragen zu stellen.

Das Ziel ist es innezuhalten, bevor du dich in das Abenteuer Blog hineinstürzt, und für dich selbst bestimmte Fragen zu beantworten.

- Warum und für wen ist das relevant?
- Warum hat sich niemand zuvor damit beschäftigt?

Hilfreich ist dabei unserer Meinung nach der Ansatz der »fünf Warums«. Menschen neigen dazu, nach der leichtesten und offensichtlichsten Lösung zu suchen. Wir tendieren dazu, Dinge zu personalisieren, die in Wirklichkeit systemisch sind. Der Ansatz ist ganz simpel und lässt sich an einem Beispiel anschaulich erklären.

1. Warum will ich bloggen? Weil meine Kunden das wollen.
2. Warum wollen meine Kunden, dass ich blogge? Weil sie informiert werden möchten.
3. Warum wollen meine Kunden informiert werden? Weil sie sich unsicher und schlecht informiert fühlen.
4. Warum fühlen sie sich schlecht informiert? Weil das klassische Versicherungsdeutsch keiner versteht.
5. Warum verstehen meine Kunden das Versicherungsdeutsch nicht? Weil nicht einmal ich es verstehe.

Zugegeben, die letzte Antwort klingt etwas ketzerisch, aber zumindest uns geht es oft so. Die »fünf Warums« helfen also, die Motivation zu finden, die hinter dem Aufbau eines Blogs steht. In unserem Beispiel soll eine bessere Kommunikation mithilfe eines Blogs etabliert werden.

Finde dein Warum, bevor du startest. Wenn du kein überzeugendes Warum findest, lass das Bloggen besser bleiben.

Was bloggen?

Wenn du das Warum geklärt hast, geht es um das Was. Das hängt ganz von deinem Warum und deiner Zielgruppe ab. Was interessiert deine Leserschaft? Finde genau das heraus! Das kann übrigens ein sehr spannender Ansatz sein, um mit deinen (potenziellen) Kunden ins Gespräch zu kommen. Frag sie einfach einmal. Zum Beispiel mithilfe einer Online-Umfrage, eines schönen Briefs, einer E-Mail oder noch besser: im persönlichen Gespräch.

»Lieber Kunde, wir überlegen derzeit, einen Agentur-/Unternehmens-Blog zu betreiben. Welche Themen würden Sie dabei besonders interessieren? Worüber sollten wir schreiben, damit Sie unsere Beiträge lesen?«

Einfacher, ehrlicher und offener kannst du gar nicht mit deinen Kunden ins Gespräch kommen. Außerdem involvierst du sie. Du aktivierst sie und lässt sie teilhaben. Sei dabei aber auch ehrlich offen für ihre Vorschläge. Wenn ungewöhnliche Ideen kommen, ist das ein echter Vertrauensbeweis. Frag gegebenenfalls nach, wie sie gerade auf dieses Thema kommen. Ganz nebenbei lernst du vermutlich interne Schwächen kennen.

Wie bloggen?

Wenn du deine Themen abgesteckt hast, geht's ans »Wie«. Auch das hängt wieder sehr von deinen Umständen und Gegebenheiten ab. Am besten suchst du dir hierfür professionelle Unterstützung oder sichtest ein paar schon bestehende Blogs. Notiere dir, was dir gefällt und was du gut findest. Erstelle einen Redaktionsplan, damit du weißt, wann du was schreiben willst und was du bereits veröffentlicht hast.

Die Texte sind selbstverständlich das A und O. Die Empfehlungen, wie der »perfekte« Beitrag aussehen soll, sind so unterschiedlich, dass jede ihre Berechtigung hat. Unserer Meinung nach gibt es keine zu langen oder zu kurzen Texte. Fakt ist jedoch, dass wir online anders lesen als offline. Online sollten es eher kurze, einfache Sätze und ein luftiges Layout mit viel Freiraum sein.

Sehr einfach kannst du die Qualität deiner Texte mit dem Blabla-Meter überprüfen. Hier wird dein Text nach wissenschaftlichen Methoden geprüft. Je niedriger dein »Blabla-

Wert« desto besser. Unter 0,3 ist journalistische Qualität. Das sollte auch dein Anspruch sein. Je mehr Substantivierungen (»Beitragszahlung«), Passiv-Formen (»Der Beitrag wurde gezahlt«) und Schachtelsätze, desto schlechter die Bewertung. Verwende lieber Verben in der aktiven Form und einfache Satzkonstruktionen. Mach die Probe aufs Exempel. Lass ein Kind mal drüberlesen und frage es, ob es den Inhalt verstanden hat.

Lockere die Beiträge mit Bildern, Infografiken, Tabellen und Diagrammen auf. Das Auge mag Abwechslung und Entspannung, keine Textwüsten. Besonders authentisch und individuell wird dein Blog, wenn du auf die üblichen Stock-Fotos verzichtest. Sei kreativ und nutze Künstler oder Kreative deiner Region.

Probiere unterschiedliche Medien aus. Es müssen nicht ausschließlich Texte sein. Nicht jeder liest (oder schreibt) gern. Experimentiere mit Podcasts oder Videos. Du musst keine HD-Aufnahmen liefern oder Tagesschau-Sprecher-Qualitäten haben, um wahrgenommen zu werden. Lass andere auf deinem Blog zu Wort kommen. Gastbeiträge sind eine extrem gute Möglichkeit, Reputation aufzubauen. Du profitierst von der Reichweite und vom Image des Gastes und bietest ihm eine Plattform. Such dir Experten, oder auf Neudeutsch Influencer, um deinen Blog zu bereichern. Genau so kannst du interessante Firmen deiner Umgebung vorstellen und auf diese Weise in Kontakt zu potenziellen Kunden treten. Es ist ein Geben und Nehmen.

Es wird viel über Suchmaschinen-Optimierung geschrieben. Dabei geht es darum, die Beiträge so aufzubauen, dass sie möglichst weit oben in der Google-Suche erscheinen. Ja, ein paar Prinzipien und technische Hilfsmittel solltest du prüfen und nutzen. Wordpress bietet dabei einen unerschöpflichen Fundus. Aber es gibt einen aus unserer Sicht viel einfacheren Weg zu zahlreichen Lesern: den Newsletter. Dabei sammelst du die E-Mail-Adressen von Lesern ein. Über den Newsletter werden sie automatisch informiert, wenn du einen neuen Beitrag veröffentlichst. Auch hier gibt es zahlreiche Helferlein, von kostenfrei bis sehr teuer. Der Vorteil von einem großen E-Mail-Verteiler ist, dass du auch direkt mit deinen Interessenten in Kontakt treten kannst, um zum Beispiel eine Umfrage zu starten. Integriere das in deinen Beratungsalltag.

Überlege, wie du weitere automatische Verteilsysteme nutzen kannst. So kannst du deine Beiträge automatisch bei Xing veröffentlichen. Xing wiederum bietet die Möglichkeit, dass jeder Beitrag automatisch auch auf Twitter geteilt wird. Ein Klick und du bespielst drei Kanäle: E-Mail-Newsletter, Xing und Twitter.

Nimm dir die Zeit, deine Ergebnisse auszuwerten: Was läuft? Was läuft nicht? Über welche Kanäle kommen meine Leser? Selbstverständlich gibt es zahlreiche technische Helfer und Auswertungsprogramme, die dir dabei unter die Arme greifen.

GASTBEITRAG TOBIAS BIERL

Tobias Bierl ist Geschäftsführer der Finanzberatung Bierl und einer der bekanntesten Blogger im Bereich der biometrischen Absicherung mit Schwerpunkt Berufsunfähigkeitsversicherung. Er nimmt kein Blatt vor den Mund und gewann 2019 den OMGV Award 2019 für den besten Versicherungscontent in Deutschland sowie 2021 die Auszeichnung für die besten Kundenbewertungen.

Warum blogge ich und wie ist unser Blog entstanden?

Ganz ernsthaft gemeint: Ich blogge aus Faulheit.

Junge Leute waren damals schon in meiner Zielgruppe und meinem Umfeld, und das Thema Berufsunfähigkeitsversicherung war früher nicht minder wichtig als heute. Auch damals gab es schon Aktionen mit vereinfachten Gesundheitsfragen.

Mir war es – direkt gesagt – aber irgendwann zu blöd, jede einzelne Sonderaktion meinem Interessenten vorzustellen oder zu erklären, was denn eine »anonyme Risikovoranfrage« sei. Deshalb habe ich sie auf unsere Homepage gestellt, um nur noch einen Link weiterzugeben. Die Veröffentlichung hatte anschließend zur Folge, dass sich wildfremde Personen aus der ganzen Bundesrepublik bei uns meldeten.

Dies war der ungeplante Beginn meiner Karriere als »Blogger«. Mir ging es um Optimierung der Prozesse in (und vor!) der Beratung, damit ich nicht immer wieder von vorn beginnen musste mit demselben Thema.

Mein heutiges Ansinnen

Mittlerweile haben wir mehrere Hundert Unterseiten auf der Homepage, darunter auch viele sogenannte Schattenartikel (nicht auf unserem Blog, sondern nur über Google, den direkten Link oder eine Verlinkung im Text auffindbar). Wir möchten zum Thema Berufsunfähigkeitsversicherung quasi jede erdenkliche Antwort auf eine mögliche Frage veröffentlichen. Dadurch sparen wir Zeit bei der Beratung, wir werden als kompetent wahrgenommen und Google mag es.

Google ist der beste Außendienstmitarbeiter

Ich spreche immer davon, dass Google unser bester Außendienstmitarbeiter ist. Er arbeitet 24/7 für uns. Überspitzt gesagt wird unser Mitarbeiter »Google« nicht krank, er meckert nicht, wird nicht schwanger, bekommt kein Corona und keine Grippe. Die eigene Homepage mit inhaltsvollem Content ist tagtäglich die beste Werbung für das eigene Unternehmen.

Bleib authentisch und sorge für Mehrwert

Wie auch im wahren Leben gilt: Bleib authentisch beim Schreiben. Verbiege dich nicht. Als sehr bedeutsam sehe ich es aber an, dass du deinen Lesern einen Mehrwert bieten solltest, den sogenannten Content. Du musst praktisch das beste und informativste Nachschlagewerk sein, aber dabei nicht zu wissenschaftlich werden. Den Text sollte auch noch die 85-jährige Oma verstehen können. Das ist durchaus eine Kunst, die gar nicht so einfach ist. Wir Versicherungsvermittler leben zu sehr in unserer eigenen Welt und werfen mit Fachbegriffen um uns. Du schreibst den Text nicht für Google, sondern für den normalen Verbraucher, den Nachbarn, den Kumpel im Fußballverein.

Warum nicht Videos oder verstärkt Social Media?

Das eine schließt das andere nicht aus. Zum einen muss man das machen, wo man sich wohlfühlt und das einem liegt. Viele Themen wandeln sich aber im Laufe der Jahre. Es gibt Artikel von uns, welche ich mindestens schon zehnmal nachbearbeitet habe aufgrund neuer Änderungen, Tarife oder Ähnlichem. Das kann ich bei Beiträgen auf der Homepage sehr einfach anpassen und aktuell halten. Ein Video müsste ich hingegen neu drehen.

Ein guter Artikel auf der eigenen Homepage ist so etwas wie ein Unikat, etwas Einzigartiges und Kostbares, das aber immer wieder gehegt und gepflegt werden sollte (50 Prozent meiner Arbeit geht mittlerweile für die Aktualisierung vorhandener Artikel drauf). Das schätzt Google, das schätzen Neuinteressenten. Teilweise ranken Jahre alte Artikel noch gut, sind auffindbar und sorgen für regelmäßige Neuanfragen. Der Social-Media-Bereich ist hingegen sehr schnelllebig. Immer beständigen Content liefern heißt hier die Devise. Oftmals muss die Zielgruppe dauerhaft »bespaßt« werden. Bloggen und Artikel auf der Homepage entschleunigen hingegen.

Im Idealfall ergänzen sich aber Social Media und das Bloggen. So kannst du neue Artikel oder Veränderungen natürlich stets nutzen, um sie als neuen Content auf deinen Kanälen zu posten.

03.5 GENERATION Y UND DER ERSTE EINDRUCK

»Für den ersten Eindruck hat man keine zweite Chance«, sagt man. Das wird wohl stimmen. Die Generation Y, oder allgemein junge Menschen, haben andere Anforderungen an den ersten Eindruck als beispielsweise Menschen in ihren Fünfzigern. Deshalb geben wir entlang der Customer Journey einige Impulse, um bei der Generation Y auf Anhieb zu punkten.

Der digitale erste Eindruck

Es ist mittlerweile kein Geheimnis mehr, dass sich die meisten vorab online über alles Mögliche informieren. Natürlich auch über einen möglichen neuen oder ersten Versicherungsmakler. Oftmals geht der erste Blick dann jedoch nicht auf die Homepage, sondern in die sozialen Netzwerke: Facebook (fast schon oldschool), Xing oder LinkedIn (irgendwas mit Business), Twitter (eher elitär), Instagram (hübsche Bilder!), YouTube (da ist fast niemand aus der Branche), Snapchat (eher für die Generation Z). Ob man auf jeder Plattform vertreten sein muss, darf bezweifelt werden. Wer aber auf einer Plattform präsent ist, sollte sich mit den Mechanismen und ungeschriebenen Regeln auseinandersetzen, also im besten Fall sowieso dort aktiv sein. Es handelt sich um »Aufmerksamkeitsökonomien«, das heißt, relevant ist nur, was Aufmerksamkeit erzeugt. Es sollte dynamisch und aktuell sein. Wichtig: Die Regeln (Algorithmen) ändern sich ständig. Wer wirklich in der oberen Liga mitspielen möchte, braucht Zeit oder externe Unterstützung.

Homepage und Terminvereinbarung

Eine Homepage sollte ein modernes und zeitgemäßes Design haben. Ein Layout von 1999? Auf Wiedersehen! Da sich die Sehgewohnheiten schnell ändern, gilt meist: Weniger ist mehr. Weniger Text, weniger Infos, weniger Buttons, weniger Schriftarten, weniger buntes Zeugs. Wir neigen dazu, so viel wie möglich an Leistungen, Produkten usw. online zu präsentieren. In der Regel guckt sich das kein Mensch an. Wichtig ist doch: Das alles soll kompetent und sympathisch wirken. Der User soll sich (Zielgruppe und Kundenprobleme) angesprochen und abgeholt fühlen. Hochwertige, aber authentische Fotos von dir, deinem Team und der Beratungsumgebung kommen immer gut an. Kundenstimmen, Testimonials und Bewertungen zeigen: Hier hat jemand Erfahrung. Gerade junge Menschen möchten auf Augenhöhe kommunizieren. Dazu gehören Empathie und Humor. Zeig das! Ein Kontaktformular gehört zum guten Standard. Noch besser ist es, wenn du die Möglichkeit bietest, online direkt einen Termin mit dir zu vereinbaren.

Der analoge erste Eindruck

Beratung sollte aus unserer Sicht im Büro stattfinden. Gerade junge Menschen finden es problematisch, wenn der »Versicherungsonkel« zu Hause auf der Couch Platz nimmt, von ganz wenigen Ausnahmen mal abgesehen. Bevor er zur Tür deines Büros hereinkommt, kommt der Kunde beim betreffenden Gebäude an. Manch einer hat vielleicht einen eigenen Kundenparkplatz. Aber gerade in der Stadt nimmt die Bedeutung des Fahrrads deutlich zu. Super wäre es also, wenn du eine passende Abstell- und Anschließmöglichkeit, wie zum Beispiel einen Bügel hast. Lange Wartezeiten im Eingangsbereich werden abgestraft. Im schlimmsten Fall liegen noch drei uralte Zeitschriften zerknittert lieblos irgendwo rum.

Wohlfühlambiente

Im Büro sollte ein modernes Wohlfühlambiente herrschen. Da kann Kunst regionaler Künstler hängen oder Fotos eigener Veranstaltungen. Angenehm ist es, wenn der Kunde sich (nach der Fahrradfahrt) frisch machen kann. Biete im Bad doch Deos, Kaugummis und Cremes an. Steigere auf diese Weise das Wohlbefinden deiner Gäste. Gerade im WC verspielen zahlreiche Firmen, mit Kundenbesuch, den guten ersten Eindruck. Das ist im besten Fall lieb- und schmucklos. Hebe dich hier von der Masse ab und du bleibst ohne großen Aufwand positiv in Erinnerung.

Die Beratungsumgebung sollte einladen, über unangenehme Themen zu sprechen. Thematisch passende Fragen oder Zitate helfen, sich einzustimmen, und regen zum Nachdenken an. Zur Zielgruppe passende Bücher im Regal und entsprechende Technik zeigen Verbundenheit und Interesse. Biete kleine Snacks und Getränke an. In Zeiten, in denen vor allem jüngere Menschen auf ihre Ernährung und die Herkunft der Produkte achten, lohnt es sich, auf regionale, faire, nachhaltige Produkte umzustellen. »Möchtest du deinen Kaffee schwarz oder mit Milch?«, fragen die meisten. Denke ruhig mal über eine Alternative wie Soja-, Reis-, Mandel- oder Hafermilch nach. Das ist gut für Allergiker und für die Umwelt.

Das Beratungsgespräch kann nun beginnen.

KAPITEL 04
Beratung

04 BERATUNG

Im vierten Teil geht es um die erfolgreiche Beratung der Generation Y. Du erfährst, welche Aspekte für die Beratung relevant sind und wie du komplizierte Beratungsthemen zielgruppengerecht aufbereitest.

04.1 MIT INTERVIEWS RICHTIG IN DIE BERATUNG STARTEN

Die junge Zielgruppe erwartet mehr als »nur« Versicherungsvermittlung. Häufig geht es darum, Wünsche, Sorgen und Probleme zu erkennen, zu verstehen und zu ihrer Lösung beizutragen. Finanzen sind darüber hinaus ja ein eher »delikates« Thema. Eines, über das man, wenn überhaupt, nur ungern spricht. Fakten sind dabei das eine, Emotionen das andere. Ein ausführliches Kundeninterview zu Beginn des Beratungsprozesses kann helfen, all diesen Anforderungen gerecht zu werden.

Das Kunden-Interview soll daneben helfen, in kurzer Zeit eine Vertrauensbasis aufzubauen. Das gelingt, wenn du dich vom üblichen »Finanzsprech« löst. Das Interview hilft, die Kenntnisse, Erfahrungen, Erwartungen und Vorbehalte hinsichtlich der Finanzberatung strukturiert in Erfahrung zu bringen.

Aufbau

Unser Kunden-Interview dauert zwischen einer und zwei Stunden. Die Zeit ist gut investiert. Wir sammeln alle objektiven und notwendigen Informationen und die subjektiven Bedürfnisse. Im ersten Teil erfassen wir die »Kopfdaten«. Also Name, Adresse, Beruf, Kinder, Kontaktdaten usw. Alle diese Daten benötigen wir früher oder später sowieso in der Beratung.

Der zweite Teil ist das eigentliche Interview. Wir erfragen allgemeine Wünsche und Ziele beruflicher und privater Natur. Einige Fragen sollen ein gutes und angenehmes Gefühl vermitteln, wie zum Beispiel: Was wolltest du als Kind werden? Oder: Wann vergisst du die Zeit um dich herum? Das sind Fragen, die unerwartet auftauchen und ungewöhnlich sind. Unsere Kunden denken damit noch einmal aus einer ganz anderen Perspektive über sich nach. Diese Fragen haben nicht unmittelbar etwas mit dem Thema Finanzen zu tun.

Erst im zweiten Abschnitt schwenken wir dann auf die Finanzen um. Unsere Kunden sollen ihre eigenen Finanzkenntnisse benoten. Wir wollen wissen, was sie von ihren Eltern über Geld gelernt haben, da das häufig sehr prägend ist. Sie sollen ihre konkreten Wünsche und Anforderungen an uns beschreiben sowie erklären, was für sie ein gutes Beratungsgespräch ausmacht. In der Auswertung können wir uns dann direkt darauf beziehen.

Handling

Insgesamt stellen wir 25 Fragen. Die Antworten protokollieren wir im Gespräch und schicken sie im Nachgang an die Kunden. Im weiteren Verlauf der Beratung beziehen wir die Antworten immer wieder ein. Hat uns ein Kunde mitgeteilt, dass er unbedingt mal eine Weltreise machen will, werden wir das zukünftig thematisieren und ihm dabei helfen, diese Reise zu realisieren. Im Auswertungsgespräch rekapitulieren wir das Interview. Dabei wollen wir wissen, inwieweit wir bestimmte Anforderungen erfüllt haben. Der Kunde bewertet damit die Beratung noch einmal und bestätigt sich im besten Fall selbst, die richtige Wahl getroffen zu haben. Das Interview nutzen wir auch für die Bestandsbetreuung. Es ist interessant und für den Kunden erhellend, das Interview zum Beispiel nach vier Jahren mal wieder zu besprechen. Manches hat sich geändert, manches ist konstant geblieben.

Nutzen

Das Wichtigste ist: Ein solches Interview ist ungewohnt und damit ein Alleinstellungsmerkmal. Kaum jemand nimmt sich die Zeit dafür. Dabei wird gerade das häufig gefordert und geschätzt. Die häufigste Kritik an Ärzten ist ja ebenso, dass sie keine Zeit für ein vernünftiges Arzt-Patienten-Gespräch haben. Das lässt sich ohne Weiteres auf unsere Branche übertragen. Sich Zeit für einen Kunden zu nehmen ist also ein lohnenswerter Baustein für eine Premium-Beratung.

GASTBEITRAG MONIKA MÜLLER

Monika Müller, Diplom-Psychologin und Master Certfied Coach (ICF), ist Gründerin und Geschäftsleiterin von FCM Finanz Coaching in Wiesbaden. Sie ist spezialisiert auf angewandte Finanzpsychologie und Finanzcoaching. Seit 2013 bietet sie die Ausbildung zum FCM Finanz Coach® für Finanzberater, Führungskräfte aus Banken und Sparkassen, freie Finanzdienstleister, Unternehmensberater sowie Coaches an.

Wenn dein Kunde für sein Leben eine nachhaltig wirkungsvolle Entscheidung trifft, dann ist das Ziel einer guten Finanzberatung erreicht. Professionelle Interviews, die berühren, können dieses Ziel von Beginn an unterstützen.

Mit einem gut strukturierten Interview wird der Kunde aktiviert und zum Mitdenken angeregt. Ganz besonders motivierend sind persönliche Fragen, die emotional berühren. Wer einmal erlebt hat, wie es wirkt, wenn das Gefühl aufkommt »Da interessiert sich jemand für mich«, der kennt die besondere Verbindung, die dann unweigerlich zwischen zwei Menschen entsteht.

Genau das kennzeichnet die erste Phase eines guten Interviews und bildet die wichtigste Grundlage für eine erfolgreiche Beratung. Deshalb lohnt es sich für beide Seiten, den gemeinsamen Start mit Offenheit, Neugier und Gelassenheit anzugehen. Jede Spannung und jeder Zeitdruck verbieten sich. Noch bevor der Berater eine Frage stellt, kann er den Kunden entspannt willkommen heißen oder unter Stress setzen. Hat sich der Berater innerlich bewusst auf das Interview vorbereitet, erhöht das die Chance auf einen positiven Einstieg und ein weiteres Gelingen.

Wenn das Interview startet, gibt die Struktur des Gesprächs dem Kunden Sicherheit. Gespräche über Geld führen die meisten Menschen nur selten. Deshalb kann es sinnvoll sein, das geplante Vorgehen transparent zu machen. Auch dann bleibt noch viel Raum für spontane und emotionale Reaktionen. Manche Kunden tauen erst richtig auf, wenn sie merken, dass der Berater ein Stück der Kontrolle abgibt und sie mit ans Steuer lässt.

Es beginnt eine Reise, die beide in ein unbekanntes Terrain führt. Der Kunde lernt, welche Informationen wichtig sind für eine gute Finanzberatung als Basis für seine Entscheidungen. Der Berater erkundet die kognitiv-emotionale Landkarte eines neuen Menschen – seine »Insel«, auf der dieser als Finanzentscheider »lebt«.

Was sind nach meiner Beobachtung die größten Fehler?

- Berater können den eigenen inneren Dialog, der ihnen aus ihrer Erfahrung schon das Ende der Geschichte zuruft, nicht stoppen.
- Berater haben ihre eigene Brille auf, durch die sie das Thema Geld betrachten, und übertragen unbewusst durch nonverbale Reaktionen ihr Welt- und Wertebild.
- Berater hören nicht auf einer tieferen Ebene zu und nehmen somit die Einzigartigkeit ihres neuen Kunden nicht wahr.

Was sind gemäß meiner Erfahrung die größten Chancen?

- Berater können den inneren Dialog stoppen und bleiben frei und offen für die Nuancen in den Antworten des Kunden.
- Berater kennen ihre eigene Brille, durch die sie das Thema Geld betrachten, und vermeiden Reaktionen gemäß ihrem eigenen Welt- und Wertebild.
- Berater hören auf einer tieferen Ebene aktiv zu, nehmen auch Botschaften zwischen den Zeilen wahr, und entdecken die Einzigartigkeit ihres neuen Kunden.
- Am Ende eines Interviews hat der Kunde das Wort. Bewährt haben sich die Fragen »Wie hast du unser Gespräch erlebt?«, »Was hat dich berührt?«, »Was hat dich überrascht?«.

Dieses aktive Ende motiviert den Kunden, ein neues Kapitel in seinem Buch als Finanzentscheider mit dir gemeinsam zu schreiben. Er bleibt am Steuer seines Lebens und genießt seinen finanziellen Erfolg von Beginn an, auch ohne dass er eine Unterschrift geleistet oder ein Produkt gekauft hat. Warum? Weil er vielleicht zum ersten Mal als Finanzentscheider gesehen, gehört und verstanden worden ist. Und er hat etwas gelernt, das ihm die Möglichkeit gibt, bestmögliche Finanzentscheidungen zu treffen: »Auf deine Person kommt es an!«

GASTBEITRAG STEPHAN HEIDER

Stephan Heider ist Bank- und Finanzfachwirt. Nach 16 Jahren im Vertrieb gründete der volltätowierte, wohl »bunteste Hund der Finanzbranche« sein eigenes Maklerunternehmen. Heute beweist er als BANKROCKER®: Finanzberatung funktioniert auch ohne Anzug. Fleißig teilt er sein Social-Media-Wissen als Speaker und lässt sich bei Punkrock-Konzerten als Stagediver durch den Saal tragen – gut versichert natürlich.

Aufmerksamkeit ist für mich die universelle Währung für zwischenmenschlichen Kontakt. Wenn wir sie erst erhalten, genießen wir Menschen das sehr und sind gerne bereit, unsererseits unserem Gegenüber Aufmerksamkeit zu schenken. Meine Erfahrung stützt sich auf angelesene psychologische Erkenntnisse über Reziprozität und Sympathieverhalten. Stets gestalte ich meine Beratungsgespräche nach dem Prinzip des »emotionalen Zuhörens«.

Im Grunde stelle ich immer dieselben Fragen zum Einstieg:

- Was führt dich zu mir?
  → Anlass
- Was möchtest du erreichen?
  → Ziel-Aussage X
- Wie würdest du dich fühlen, wenn wir »X« erreicht haben?
  → In der Regel: »Super!«, »Klasse!«, »Erleichtert!«
- Was wünschst du dir von mir?
  → In der Regel: »Dass du mir zeigst, wie ich ›Zustand X‹ erreiche.«

Ich schreibe genau mit und merke mir die exakte Ziel-Gefühlslage meines Gegenübers. Hier spiegle ich oft die Tonalität des Gesagten wider und wiederhole gern das Gesagte. So zeige ich durch meine Gefühle Verbundenheit mit den Zielen meines Mitmenschen. Bereits bei diesen ersten Worten des Kennenlernens stellt sich so eine gemeinsame »Mission« heraus. Und sie basiert im Grunde auf Emotionen und dem subjektiven Gefühl, verstanden zu werden.

Verstehen beginnt mit Fragen. Empathie mit Mitfreude. Das spürt mein Mitmensch, weil ich es spüre. Und umgekehrt. Schon steht die Verbindung. Hier erlebe ich oft schon eine Entspannung und Lachen, eine Leichtigkeit. Das ist die beste Basis für alle weiteren Arbeiten wie DIN-Analyse, Angebote, Verkauf usw.

Selbst bin ich ein frühes Kind der Generation Y. 1982 geboren harmoniere ich wohl auch noch mit Generation X. Gerade wenn ich späte Vertreter der Generation Z oder sogar noch jüngere Menschen beraten darf, ist der Beziehungsaufbau aufgrund meiner eigenen Wertevorstellungen umso wichtiger.

Früher stand mir mein Ego dabei im Weg. Ich wusste alles besser. Durch das Einfühlen mithilfe von Fragen fiel es mir selbst immer leichter, mein Ego beiseite zu schieben. So vergrößert die Verbundenheit mit meinen Mitmenschen auch mein eigenes Gemeinschaftsgefühl. Dadurch fällt es mir sehr leicht, meinen Job mit Herzblut zu machen. Denn das Wohlgefühl meines Mitmenschen, seine Freude, macht auch mich glücklich.

Jede Frage ist ein Schlüssel zum Herz und die Antwort die offene Tür. Die Einladung ist unser aktives Zuhören.

Und das Beste:

Beides, Fragen und Zuhören, kann man trainieren. Beides hilft uns, echten Kontakt herzustellen. Beides ist die Basis, aus unserem Beruf eine gefühlte Berufung zu machen. Menschen wirklich zu verstehen heißt, sie auch glücklich machen zu können. Mit echter Aufmerksamkeit und dem gekonnten Einsatz unseres Fachwissens (im Hintergrund).

04.2 STRUKTUR UND STRATEGIE FÜR GELUNGENE BERATUNGSGESPRÄCHE

Gerade in der Videoberatung sind eine gute Struktur sowie Vor- und Nachbereitung eines Gesprächs Gold wert. In diesem Kapitel erklären wir, was dafür notwendig ist.

Die Aufmerksamkeitsspanne junger Menschen sei mittlerweile auf dem Niveau eines Goldfischs angelangt. Das behauptet eine Studie von Microsoft aus dem Jahr 2015. Die Aufmerksamkeitsspanne habe sich demnach von 2000 bis 2013 um ein Drittel reduziert. Allerdings ist diese viel zitierte Studie umstritten.[14] Dennoch dürfte die Aufmerksamkeit junger Menschen für komplexe und eher langweilige Themen tatsächlich nicht stark ausgeprägt sein. Versicherungen und Finanzen gehören bekanntlich in diese Kategorie. Daraus ergeben sich zwei Probleme: Erstens, Aufmerksamkeit zu bekommen, und zweitens, sie auch zu behalten. Das erste Problem lösen pfiffiges Marketing und Werbung. Das zweite Problem lösen Hausaufgaben und Rückmeldungen.

Vorbereitung ist das A und O, Nachbereitung ebenso

Komplexe Themen, wie die Einkommensabsicherung oder die ganzheitliche Beratung, brauchen meist mehrere Beratungsgespräche. Je komplexer das Thema, desto mehr Aufgaben und Unterlagen muss der Kunde mitbringen und desto mehr Fragebögen muss er ausfüllen. Dadurch steigt die Gefahr, im Laufe des Prozesses irgendetwas zu vergessen. Um Extra-Runden zu vermeiden, empfehlen wir, ihm klare Hausaufgaben aufzugeben und unmittelbare Rückmeldungen zu den Gesprächen zu erstellen.

Du gehst vorbereitet *in* ein Gespräch? Geh dann auch nachbereitet *aus* einem Gespräch! Damit beschleunigst du den Beratungsprozess und das hilft deinen (jungen) Kunden.

Fahrplan für die Beratung

Zunächst solltest du all deine Gespräche protokollieren oder mitschreiben. Das musst du nicht wortwörtlich oder buchstabengetreu. Es reicht, wenn du die wesentlichen Gesprächsinhalte erfasst. Wir gehen beispielsweise in jedes Gespräch mit einem Fahrplan. Den nennen wir auch so. Wir eröffnen mit dem Fahrplan jedes Gespräch und geben so am Anfang einen kurzen Überblick über die Themen der Beratung. Während der Beratung schreiben wir wichtige Punkte, Erkenntnisse oder Entscheidungen in den Fahrplan. Dieser Fahrplan ist gleichzeitig also auch eine Dokumentation. Du kannst den Fahrplan analog mit Zettel und Stift oder digital mit Word und Laptop beziehungsweise Tablet führen. Den Abschluss bilden die nächsten Schritte. Dort erfassen wir die fehlenden Unterlagen, notwendige Fragebögen und anstehende Entscheidungen.

Die richtige Rückmeldung

Wir erstellen möglichst unmittelbar nach dem Gespräch die Rückmeldung. Diese schicken wir klassisch per E-Mail an den Kunden. Da die Rückmeldungen meist doch recht umfangreich sind, eigenen sich Messenger-Dienste dafür nicht. Außerdem wollen (auch) junge Menschen hauptsächlich über diesen Kanal zu Finanz- und Versicherungsthemen kommunizieren.[15] Die E-Mail gilt als seriöser und sicherer. Außerdem geht sie in der Flut der Messenger-Nachrichten nicht unter.

Alle Dokumente (Gutachten, Angebote, Fahrplan, Haushaltsplan, Fragebögen usw.), die wir in der Beratung genutzt haben, packen wir als Anhang in die E-Mail. Dann kann sich der Kunde in aller Ruhe zu Hause noch einmal damit beschäftigen. Da diese Dokumente in der Regel personenbezogene Daten enthalten, verschlüsseln wir sie. Wir nutzen dafür entweder ein individuell vom Kunden erstelltes Passwort oder sein Geburtsdatum. Die meisten Maklerverwaltungsprogramme bieten integrierte Verschlüsselungsmethoden zum Beispiel via Zip an.

Wir ergänzen die Rückmeldung um Aufklärung zu allgemeinen Themen, die wir nicht im Beratungsgespräch thematisiert haben. Das sind beispielsweise: »Wie funktioniert eine Hausratversicherung?« Statt bei jedem Gespräch das Gleiche zu erzählen, verweisen wir auf unseren Blog, wo wir genau diese Themen anschaulich erläutern. Dadurch sparen wir Zeit und der Kunde ebenso. An der Stelle könntest du auch Erklärvideos oder Ähnliches einbinden und nutzen.

Den Abschluss der Rückmeldung bilden die »Hausaufgaben«. Das sind klar formulierte Aufgaben an den Kunden für das nächste Gespräch.

Der Kunde muss sich dank des Fahrplans und der Rückmeldung im Gespräch grundsätzlich keine Notizen machen. So kann er dem Gespräch aufmerksam folgen. Mit der Rückmeldung hat der Kunde eine Übersicht über die nächsten Schritte in den Händen, die er abarbeiten kann. Wir können die Aufgaben abhaken und können uns sicher sein, alles Nötige für das nächste Gespräch zu haben.

04.3 DIE HAUSHALTSÜBERSICHT ALS WIRKUNGSVOLLES BERATUNGS-TOOL

Die Haushaltsübersicht ist ein einfaches, aber wirkungsvolles Instrument in der Beratung der Generation Y und Z. Sie ist so fundamental, dass man sich fragt, warum sie nicht jeder in der Beratung einsetzt. Im folgenden Beitrag erläutern wir, was eine Haushaltsübersicht genau ist, wie sie funktioniert und warum sie so wertvoll ist.

Was ist die Haushaltsübersicht?

Die Haushaltsübersicht (oder der Haushaltsplan oder die Privatbilanz) ist eine einfache 2x2-Felder-Matrix, die dazu dient, einen Überblick über die finanzielle Situation des Haushalts zu bekommen. Wir nutzen dafür ein einfaches, selbst erstelltes Excel-Sheet.

Die erste Seite behandelt die Einnahmen und Ausgaben. Diese erfassen wir sowohl monatlich als auch jährlich. Denn gerade Einmalzahlungen wie Bonifikationen, die jährliche Steuererstattung oder die Kosten für den Urlaub vergessen manche. Im Erstgespräch erfragen wir außerdem die durchschnittliche Arbeitszeit. Nun können wir die Einnahmen und Ausgaben in Stunden umrechnen. Dadurch werden sie für viele wesentlich greifbarer als abstrakte Euro-Beträge. Wenn die Beratenen sehen, dass sie zum Beispiel 20 Stunden – also eine halbe Arbeitswoche – nur für den Kauf von Klamotten arbeiten, setzt oft ein Umdenken ein.

HAUSHALTSÜBERSICHT

EINNAHMEN	MONATLICH	JÄHRLICH	ZEIT
Nettogehalt 1		... €	
Nettogehalt 2		... €	
Einkünfte aus Selbstständigkeit		... €	
Kapitaleinkünfte (Zinsen)		... €	
BAföG		... €	
Renten, Elterngeld und Ähnliches		... €	
Sonstige (z. B. Taschengeld, Kindergeld)		... €	
Sonderzahlung (Urlaubs-/Weihnachtsgeld)	... €		
Sonderzahlung (Boni, Gratifikation)	... €		
EINNAHMEN GESAMT	... €	... €	0
AUSGABEN	MONATLICH	JÄHRLICH	ZEIT
Kaltmiete bzw. Kredit		... €	0
Nebenkosten + Strom		... €	0
Wohnen	... €	... €	0
Essen/Trinken/Haushalt		... €	0
Auto/Nahverkehr/Zug		... €	0
Kleidung/Elektronik/Kosmetik		... €	0
Handy/Internet		... €	0
TV/GEZ/Netflix		... €	0
Lebenshaltung	... €	... €	0
Versicherung, Altersvorsorge		... €	0
Konsumkredit (z. B. Auto, Küche)		... €	0
Zeitung/Bücher/Zeitschriften		... €	0
Hobby/Freizeit/Geschenke		... €	0
Urlaub	... €		0
Haustiere		... €	0
Freizeit	... €	... €	0
Arbeit/Bildung/Coaching		... €	0
Sonstiges (z. B. Medikamente, Friseur)		... €	0
Sparen		... €	0
AUSGABEN GESAMT	... €	... €	0
SALDO	... €	... €	

Tabelle 6: Haushaltsübersicht blanko (vergl. Seite 153)

Die zweite Seite betrifft das Vermögen und die Verbindlichkeiten. Diese haben wir nach Verfügbarkeit beziehungsweise Fristigkeit sortiert. Das heißt, wir beginnen mit den liquidesten Vermögenspositionen wie dem Girokonto oder Bargeld und arbeiten uns bis hin zur Immobilie. Spiegelbildlich gehen wir bei den Verbindlichkeiten vor. Vom Dispo- über den Raten- bis hin zum Immobilienkredit erfassen wir alle Schuldverträge.

VERMÖGEN	Giro	Bank	**SCHULDEN**	Giro	Bank
Bar/Kopfkissen			Dispokredite		
Tagesgelder			Ratenkredite		
Festgelder u. Ä.			Privatkredite		
Bausparer			Immobilienkredite		
Guthaben / Versicherungen			Firmenkredite		
Wertpapiere			Sonstige Kredite		
Immobilien / Verkehrswert			Gesamt		
unternehmerische Beteiligungen			Saldo		
Privatdarlehen					
Sonstige z. B. Oldtimer					
Gesamt		0,00 €			

Tabelle 7: Aufstellung von Vermögen und Verbindlichkeiten blanko (vergl. Seite 154)

Wann solltest du die Haushaltsübersicht einsetzen?

Diese Haushaltsübersicht verlangen wir von jedem Mandanten zur Erstberatung. Die Übersicht bekommen sie ganz zu Beginn blanko von uns zugeschickt. Ausfüllen müssen die Kunden das Excel-Sheet selbst. Bei denjenigen, denen das Ausfüllen nicht leichtfällt, bieten wir an, das mit ihnen gemeinsam zu tun. Bevor wir mit der eigentlichen Beratung starten, muss der Interessent also seine Finanzen einmal komplett offenlegen. Das verlangt einen riesigen Vertrauensvorschuss, hat aber auch einen großen Vorteil, den wir gleich erläutern.

Nach der Erstberatung lassen wir vor allem bei größeren Änderungen, wie zum Beispiel Nachwuchs, neuem Job oder Hausbau, die Übersicht aktualisieren. Das hilft natürlich auch den Mandanten, den Überblick bei veränderten Lebensituationen zu behalten.

Für unabdingbar halten wir eine solche Übersicht, wenn es in der Beratung um Themen wie Einkommens-, Todesfallabsicherung oder Altersvorsorge geht. Eine grobe Schätzung von Einnahmen, Ausgaben und Überschuss beziehungsweise Unterdeckung recht hier aus unserer Sicht nicht aus.

Warum solltest du die Haushaltsübersicht immer einsetzen?

Der vermeintliche Nachteil des großen Aufwands für die Mandanten ist eigentlich ein großer Vorteil. Damit hältst du dir die Interessenten vom Hals, die nur mal schnell ein Vergleichsangebot suchen. Wie oft passiert es dir, dass du berätst und berätst, dass der Abschluss dann aber anderswo zum vermeintlich günstigeren Preis zustande kommt? Verlangst du eine solche Vorleistung, bleiben die Interessenten sicherlich bei der Stange und schließen ihre Verträge bei dir ab. Denn sie haben einmal einen großen Einsatz leisten müssen. Die menschliche Psyche sorgt dafür, dass sie diesen Einsatz nicht verlieren möchten. Du steigerst damit also ihre Effektivität.

Erinnerst du dich noch an HENRY? Ihn haben wir hier in einem der vorigen Kapitel vorgestellt. HENRY steht für alle, die zwar ein gutes bis sehr gutes Einkommen, aber noch immer kein Vermögen aufgebaut haben, da sie alles ausgeben. HENRY ist der Repräsentant einer wahnsinnig spannenden Zielgruppe. Du benötigst für den Erfolg jedoch bestimmte Instrumente. Die Haushaltsübersicht gehört dazu. So gelingt es dir, Einsparpotenzial aufzuzeigen und HENRY zum Sparen beziehungsweise Investieren anzuregen.

Wenn du die Einnahmen/Einkünfte genauer kennst, ergeben sich interessante Erkenntnisse. Du erfährst zum Beispiel von Nebenjobs, die auch Auswirkungen auf die Einkommensabsicherung haben können. Du siehst passive Einkünfte, die du bei der Todesfall- und Einkommensabsicherung vernachlässigt haben könntest. Du übersiehst keine jährlichen Geldflüsse, die sich einerseits auf den Absicherungsbedarf und andererseits auf die Investitionsmöglichkeiten des Haushalts stark auswirken können. Letztlich erkennst du aus den Einnahmen sogar Risiken. Hat der Mandant Einkünfte aus Vermietung? Dann muss er wohl eine oder mehrere Immobilien besitzen. Was ist mit deren Absicherung? Du bekommst über die Einnahmen also durchaus Cross-Selling-Ansätze präsentiert.

Wenn du die Einnahmen/Einkünfte genauer kennst, ergeben sich interessante Beratungsansätze. Klar, mögliches Einsparpotenzial, wie zu hohe Konsumausgaben, liegt auf der Hand. Wenn du die Fixkosten des Haushalts kennst, kannst du den objektiven Absicherungsbedarf in der Einkommens- und Todesfallabsicherung viel genauer quantifizieren. Um die Beratung noch greifbarer zu machen, kannst du mit »Was-wäre-wenn?«-Szenarien arbeiten. Was wäre zum Beispiel, wenn der Haushalt ein Arbeitseinkommen aufgrund einer Berufsunfähigkeit verliert? Aus einer abstrakten, schwer vorstellbaren Situation wird mithilfe der Haushaltsübersicht ein realistisches Szenario: Worauf wollen/müssen deine Mandanten nun verzichten? Können sie das überhaupt? Die Notwendigkeit der Absicherung wird so viel deutlicher. Das Gleiche kannst du für den Todesfall oder aber auch für die Rente machen.

Auch das Vermögen hat mannigfaltige Auswirkungen. Hat der Haushalt hohe, liquide Vermögen zum Beispiel auf dem Tagesgeldkonto, solltest du über das Thema Karenzzeiten sprechen. So spart der Haushalt möglicherweise Beiträge. Insgesamt sinkt der Absicherungsbedarf, wenn größere Vermögen vorhanden sind. Es sollte die Beratung und deine Empfehlungen ändern. Wenn der Haushalt auf dem Papier deutlich mehr einnimmt als er ausgibt, aber kein Vermögen hat, solltest du gemeinsam mit dem betreffenden Mandanten erforschen, woran das liegt. Häufig sind es die versteckten Kosten, die man gern vergisst: der tägliche Coffee-to-go, der regelmäßige Business-Lunch oder die häufig genutzte Taxifahrt. Am besten ist es, wenn es dir gelingt, diese versteckten Kostenfresser nicht nur zu identifizieren, sondern auch zu reduzieren oder ganz zu eliminieren.

Wenn dein Haushalt Verbindlichkeiten hat, steigt umgekehrt der Absicherungsbedarf. Vielleicht hat der Haushalt aber nicht nur Kredite, sondern auch liquidierbare Vermögen, die keine oder kaum Erträge abwerfen? Dann sorge für die Auflösung und Tilgung. Die Tilgung von Krediten ist die schnellste und nachhaltigste Möglichkeit, die monatliche Liquidität des Haushalts zu erhöhen. Spart sich der Haushalt 200 Euro im Monat durch die Tilgung eines Ratenkredits, stehen dem Mandanten 200 Euro mehr für Absicherung, Altersvorsorge oder Kapitalanlage zur Verfügung.

Unterm Strich ist die Haushaltsübersicht eine großartige Vorbereitung auf das Sparen, Investieren und Anlegen und eine grundlegende Bedingung dafür. Altersvorsorge ohne eine Haushaltsübersicht ist zwar vorstellbar, aber längst nicht so wirkungsvoll. Gerade bei den jungen Kunden ist die Bereitschaft zur Verhaltensänderung und die Erfassung der Einnahmen und Ausgaben groß. Nutze das und löse echte Kundenprobleme!

04.4 EINKOMMENSSICHERUNG FÜR DIE GENERATION Y

Die Einkommenssicherung dürfte die größte Bedeutung beim Thema Versicherungen für die Generation Y haben. Wer in dieser Zielgruppe erfolgreich sein will, muss also topfit sein. In diesem Beitrag beleuchten wir die Dos and Don'ts und geben Tipps zur richtigen Ansprache.

Online und Offline

Gleich vorweg mal eine gute Nachricht: Die Mehrheit der Millennials (58 Prozent) bevorzugt menschliche Berater.[16] Nur 35 Prozent der 18- bis 29-Jährigen und 51 Prozent der 30- bis 39-Jährigen werden ihre Versicherungen zukünftig online abschließen.[17] Gerade einmal 11 Prozent der Bundesbürger haben eine Berufsunfähigkeitsversicherung online abgeschlossen.[18] Wenn es um die Beratung und den Abschluss geht, läuft der Großteil des Geschäfts also meistens nach wie vor über den Berater. Das entspricht auch unserem Eindruck. Der Grund liegt auf der Hand. Das Produkt, oder besser: das Thema Einkommensabsicherung, ist zu komplex für einen Online-Abschluss. Hier geht es vorrangig um Sorgen und Ängste. Diese kann (noch) nur ein menschlicher Berater erkennen und einem Mandanten abnehmen beziehungsweise entkräften.

Allerdings beginnt die Kundenreise (auf Neudeutsch: Customer Journey) nicht beim Berater im Büro, sondern lange vorher und meistens online. Erste Infos zum Thema holen sich die Vertreter der Generation Y vorab online auf Blogs, Websites, Testberichten usw. ein. Wer hier seine Inhalte optisch ansprechend präsentiert, hat Chancen, in die engere Wahl zu kommen. Auch den ersten Eindruck von einem Berater verschaffen sich die Millennials online: über seine Website, den Blog und den Social-Media-Auftritt bei Facebook, Instagram, Twitter und YouTube. Online-Kundenbewertungen sind da natürlich hilfreich. Es geht also nicht um die Frage, ob »offline« oder »online«, sondern eher um ein Sowohl-als-auch. Willst du in der Zielgruppe beim Thema Einkommensabsicherung punkten, muss beides sitzen.

Einfach und verständlich

Neben der Altersvorsorge dürfte die Einkommensabsicherung zu den erklärungsbedürftigsten Themen gehören. Eine umfassende und verständliche Aufklärung ist also das A und O. Für 45 Prozent der jungen Menschen ist die »verständliche Erklärung der Produkte [...] ausschlaggebend beim Abschluss einer Police«.[19] Einfach nur ein, zwei Fragen zur gewünschten Rente oder dem Beitrag zu stellen und dann ein fertiges Angebot vorzulegen, das reicht nicht. Wir steigen in dieses Thema immer mit einem etwa 30-minütigen Aufklärungsgespräch ein. Hier geht es um:

1. die Risiken und Ursachen von Berufs- beziehungsweise Erwerbsunfähigkeit;
2. staatliche Leistungen und Versorgungslücken;
3. Schadenshöhen im Vergleich zu anderen Versicherungsprodukten;
4. Auswirkungen eines späteren Beginns;
5. mögliche private Lösungen;
6. das Argument, selbst sparen zu können;
7. Ablauf im Leistungsfall;
8. den Mythos, dass Versicherer im Schadensfall nicht zahlen würden.

Das Ziel: Du vermittelst dem Interessenten einfach und verständlich so viele Informationen wie nötig. Das Ganze sollte produkt- und anbieterneutral erfolgen, um deine Glaubwürdigkeit und Unabhängigkeit zu demonstrieren.

Erläutere anhand der wesentlichen Merkmale, wann, wie welche Versicherungslösungen leisten beziehungsweise nicht leisten. Illustriere das anhand von eingängigen Schadensbeispielen. Das Ziel besteht nicht darin, eine BU-Versicherung zu verkaufen, sondern das Einkommen beziehungsweise die Ausgaben deines Kunden abzusichern. Zeige Alternativen auf und biete sie an. Wenn du deinem Kunden lediglich einen BU-Vertrag anbietest, ist die Gefahr groß, dass ein Abschluss nicht zustande kommt. Bietest du jedoch eine individuelle Lösung aus verschiedenen Produkten, Bausteinen und Leistungshöhen, geht diese Gefahr gegen null.

Psyche

Ursache Nummer eins für Erwerbsminderung und Berufsunfähigkeit sind psychische Erkrankungen wie Depressionen. Diese sind bei den jüngeren Leistungsempfängern überproportional häufig vertreten. So sind 60 Prozent der 20- bis 35-Jährigen aufgrund psychischer Erkrankungen erwerbsgemindert, bei den über 60-Jährigen jedoch nur 18 Prozent.[20]

Die Ursachen dafür sind verschieden. Entscheidend ist aber, dass sich das Bewusstsein dafür in den letzten Jahrzehnten deutlich geändert hat. Psychische Erkrankungen werden nicht (mehr) bagatellisiert oder stigmatisiert. Dadurch verändert sich auch das Risikobewusstsein gerade bei den Millennials, da quasi jeder eine Geschichte von Angehörigen oder Freunden mit schweren psychischen Erkrankungen zu berichten weiß.

Nutze dies für die Ansprache und Aufklärung. Vor dem Einkommensverlust aufgrund psychischer Erkrankungen schützen nun einmal nur Erwerbs- und Berufsunfähigkeitsversicherungen.

Freiheit schützen statt materieller Güter

Gleichgültig, ob einkommens- oder ausgabenbasierte Beratung zur Einkommensabsicherung: Meistens geht es um den Erhalt des Lebensstandards. Es geht um Handfestes. Es geht um Materielles. Allerdings sinkt die Bedeutung, die die Generation Y den Dingen beimisst, rapide. »Wer kein eigenes Haus oder Auto kauft und nicht privat fürs Alter vorsorgt, braucht auch keine Versicherung«, sagen Til Klein und Lara Hämmerle, die Erfinder der Altersvorsorge-App Vantik.

Schlechte Zeiten also für Absicherung und Vorsorge? Unserer Meinung nach keineswegs, wenn man den Blickwinkel ändert. Konzentriere dich nicht darauf, den materiellen Reichtum deiner jungen Kunden abzusichern, sondern auf die Absicherung ihrer Freiheiten. Wenn dein Kunde sicher sein kann, in jeder Lebensphase Entscheidungen unabhängig von den Finanzen treffen zu können, ist das ein bedeutsamer Wert. Die Rente aus der Berufs- oder Erwerbsunfähigkeitsversicherung ist dann ähnlich wie ein Grundeinkommen (nur nicht bedingungslos). Dieses Grundeinkommen sorgt für Entspannung und Freiheit, das eigene Leben nach einem Schicksalsschlag wieder neu auszurichten.

Moderne Arbeitsformen

Die Arbeitswelt ändert sich rasant. Diese Entwicklung wird auch in wenigen Jahren nicht abgeschlossen sein und wir werden nicht plötzlich wieder zu einer Kontinuität zurückkehren. Was vielen älteren Kunden (nachvollziehbare) Angst einjagen mag, ist für Millennials und die Generation Z normal und verheißungsvoll. Neue Berufe entstehen, sodass die IHKs und Handwerkskammern gar nicht mit offiziellen Berufsbezeichnungen und Ausbildungen hinterherkommen. War Teilzeit bis vor Kurzem noch eine Notlösung, wird sie für immer mehr Menschen wünschenswert. Homeoffice wird langsam, aber sicher in vielen Bereichen und Branchen zur Realität.

Diese Themen haben Auswirkungen auf die Einkommensabsicherung. Das Gute ist, dass auch die Versicherer nachziehen und neuartige Tarife auf den Markt bringen, die Antworten auf diese modernen Formen der Arbeit bieten. Der Vorteil der BU-Versicherung ist ja gerade, dass der jeweils aktuelle Beruf, so wie er zuletzt ausgestaltet war, versichert ist. Mache deinen Kunden das deutlich. Zeige ihnen, dass du mit den neuen Tarifen der Versicherer für diese neuen Herausforderungen die passenden Lösungen hast.

Prävention

Für viele Vertreter der Generation Y ist das »quantified self« Alltag, also das Erfassen und Messen des eigenen Körpers, um (vermeintlich) gesünder zu leben. Viele tragen Smart Watches oder nutzen spezielle Apps, die Körperwerte messen und auswerten. Krankenkassen bieten Cash gegen Schritte an: Wenn du 10.000 Schritte am Tag läufst, bekommst du 1 Euro. In der Prävention sehen und suchen viele die Chance, länger und gesünder zu leben. Klar, dass das auch für die Lebensversicherer von Interesse ist. Es gibt ja bereits erste Versuche von Tarifen, die gesundes Leben mit günstigeren Beiträgen belohnen. Ob das wirklich etwas bringt und dem Versicherungsgedanken zuträglich ist, möchten wir an dieser Stelle nicht erörtern. Fakt ist aber, dass das Thema im Raum steht und du es berücksichtigen solltest. Für einige junge Menschen kann es durchaus ein Motiv sein, sich mit der eigenen Absicherung zu beschäftigen beziehungsweise sie zu verbessern.

Fazit

Die Einkommensabsicherung gilt gemeinhin als Königsdisziplin in der Beratung. Für die Generation Y dürften wenige Versicherungsthemen einen solch hohen subjektiven und objektiven Stellenwert haben. Außerdem begleitest du deine Kunden damit ein Leben lang. Die Chance, regelmäßige Einnahmen aus Anpassungen oder Erhöhungen zu generieren, ist also besonders hoch. Das sind drei Gründe dafür, die Einkommensabsicherung der jungen Zielgruppe auf die Agenda zu setzen. Bist du hier fit und agierst du auf Augenhöhe, ist dir der Erfolg sicher. Pack es an!

GASTBEITRAG PHILIP WENZEL

Philip Wenzel ist Versicherungsmakler und hat Freude daran, komplexe Sachverhalte einfach zu erklären. Sein Schwerpunkt ist die Ausgabenabsicherung von Angestellten, Beamten und Selbstständigen.

Wenn wir uns mit einer ganzen Generation beschäftigen, müssen wir uns mit Vorurteilen beschäftigen. Das sollte dir klar sein. Solltest du also jemanden kennen, der dem Alter nach zur Generation Y gehört, dem aber Nachhaltigkeit egal ist und der sein ganzes Geld in den Konsum steckt und lieber Karriere machen will, als sein Glück zu finden, dann bist du hoffentlich beweglich genug, um deine Beratung anzupassen.

Beratung zur Ausgabenabsicherung ist also immer individuell.

Trotzdem gibt es ein paar Dinge, die auf viele potenzielle Kunden jedweden Alters zutreffen, und auch ein paar Dinge, die speziell auf Millennials zutreffen.

Tipp 1: Mach deinem Interessenten klar, dass er zwar das Konzept einer Versicherung verstehen muss, aber nicht die Versicherung selbst.

Selbst wenn er die Bedingungen aller Berufsunfähigkeitsversicherungen am Markt gelesen und verstanden hat, dann kennt er immer noch nicht die Gesetze und die Rechtsprechung, die dahinterstehen.

Dafür gibt es Experten. Dich zum Beispiel.

Und wenn eine Versicherung nicht leistet, dann liegt das vermutlich daran, dass der Kunde es alleine probiert hat oder die Person, die ihn beim Abschluss unterstützt hat, auch nicht sehr viel Ahnung hatte. Kein Mensch käme auf die Idee, ein Auto als schlecht zu bewerten, weil er es selbst nicht reparieren kann.

Wieso sollte dann eine Versicherung verstanden werden? Jeder Versuch, Bedingungen lesbar zu gestalten, hatte rechtlich große Nachteile für den Kunden.

Du bist der Experte und er kann dir vertrauen.

Viel wichtiger ist es, den Interessenten zu fragen, in welchem Szenario die Versicherungen welchen Schutz bieten sollen.

Und so kommen wir zu Tipp 2:

Ich bin jetzt schon über 40. Meine Interessenten sind in der Regel um die 20 Jahre alt. Ich muss akzeptieren, dass ich keine Ahnung habe, was ihnen wichtig ist.

Deshalb gehe ich offen an die Beratung ran.

Hand aufs Herz: Normalerweise wissen wir schon vor jeder Beratung, dass der Kunde eine Berufsunfähigkeitsversicherung bis Endalter 67 mit 60 Prozent des Bruttogehalts BU-Rente braucht.

Heutzutage kommt es aber vor, dass der Interessent sich kein Haus, sondern ein Tiny-House kauft. Seine Ausgaben belaufen sich auf deutlich weniger als 60 Prozent vom Brutto. Und er will auch nicht bis 67 arbeiten, sondern lieber ab 50 weniger arbeiten und mehr reisen.

Oder er ist Selbstversorger, der mit Freunden einen Bauernhof nachhaltig bewirtschaftet.

Vielleicht ist er Frugalist und will mit 40 in Rente gehen.

Oder ihm ist Geld grundsätzlich egal.

Am ehesten ist er irgendwas dazwischen.

Und dann braucht er nur bis 55 eine BU-Versicherung, aber bis 67 eine Grundfähigkeitsversicherung, falls er nicht mehr im Garten arbeiten kann oder das Reisen teurer wird.

Oder vielleicht ist er nicht so sehr auf seinen Beruf fixiert und würde jederzeit umschulen. Dann wäre auch eine Erwerbsunfähigkeitsversicherung okay.

Was auch immer: Wir müssen uns anhören, was dem Kunden wichtig ist, und das dann absichern. Und eine Work-Life-Balance kann ich nicht nur mit einem BU-Vertrag absichern. Der kann nur Work ...

Unterm Strich rate ich dir, dass du dich nicht einschüchtern lässt von dem angelesenen Wissen deiner Interessenten. Klar können die sich im Internet umfassend informieren. Aber mal ehrlich: Die meisten Artikel da draußen sind von

Kollegen geschrieben und da geht es oft nur darum, so viel Angst zu schüren, dass die Interessenten sich dann bei ihnen melden.

Viel wichtiger als die Qualität der Produkte ist ihre richtige Anwendung. Wenn für den Interessenten sein nachhaltiger Anbau wichtiger ist als sein Job in der IT-Firma, dann ist eine Grundfähigkeitsversicherung besser als eine BU-Versicherung.

Also, zuhören, um zu verstehen, nicht um zu antworten. ;-)

04.5 TODESFALLABSICHERUNG FÜR DIE GENERATION Y

Der Todesfall gehört zu den existenziellen Risiken. Den Todesfall abzusichern ist nötig, wenn Hinterbliebene vom Einkommen der verstorbenen Person abhängig sind. In diesem Beitrag zeigen wir anhand eines Praxisfalls, wie du den genauen Versorgungsbedarf ermittelst und absicherst.

Sterbewahrscheinlichkeit

Wenn wir die Generation Y über das Risiko Todesfall aufklären wollen, benötigen wir zunächst einmal handfeste Zahlen. Die liefern die Sterbetafeln des Statistischen Bundesamts. Für 2018/2020 zeigt sich folgendes Bild:

Sterberate	Männer	Frauen
25 – 50 Jahre	3,3 Prozent	1,8 Prozent
50 – 67 Jahre	19,5 Prozent	10,4 Prozent

Tabelle 8: Sterberate bei Männern und Frauen

Das heißt, mindestens jeder 30. Mann und jede 50. Frau verstirbt zwischen dem 25. und 50. Lebensjahr. Wir haben diesen Zeitraum gewählt, da in dieser Lebensphase die Kinder wirtschaftlich von ihren Eltern abhängig sind. Des Weiteren sehen wir, dass ab dem 50. Lebensjahr das Sterberisiko deutlich ansteigt. Wer Kunden hat, die erst mit beispielsweise 42 Jahren Kinder bekommen, kann also mit jedem fünften Mann beziehungsweise jeder zehnten Frau rechnen, der beziehungsweise die verstirbt. Die Notwendigkeit der Absicherung ist offensichtlich.

Den genauen Bedarf zu ermitteln ist jedoch ungleich schwieriger, als die Notwendigkeit aufzuzeigen. Leider sehen wir noch immer häufig pauschale Summen, die entweder zu hoch, meistens jedoch viel zu niedrig sind.

Was du für die Bedarfsermittlung brauchst

Folgende Unterlagen sind unerlässlich für die korrekte Bedarfsermittlung:

- Renteninformation
- Haushaltsübersicht
- Vermögensübersicht
- gegebenenfalls anderweitige Ansprüche

Die Renteninformation verrät uns, wie hoch der aktuelle Anspruch der Erwerbsminderungsrente ist. Daraus lässt sich überschlägig die Witwen- und Waisenrente ableiten. Sie beträgt 55 Prozent, wenn der oder die Versicherte über 45 Jahre alt war oder wenn noch für Kinder gesorgt werden muss. Jedes Kind erhält 10 Prozent. Die wichtigere Information sind die Entgeltpunkte in der gesetzlichen Rentenversicherung. Sie geben Auskunft darüber, wie viel der Versicherte an Beiträgen eingezahlt hat und welche Ansprüche aktuell bestehen. Sie ist daher wesentlich genauer.

Der Haushaltsübersicht entnehmen wir, welche Ausgaben zu Lebzeiten anfallen. Sie bietet Anlass, darüber zu sprechen, was in welcher Höhe im Todesfall bestehen bleibt.

Die Vermögensübersicht zeigt, was der Haushalt an Vermögen und Verbindlichkeiten hat. Wenn wir das Szenario des Todesfalls mit den Kunden besprechen, können wir hier die Leistungen eintragen, die im Todesfall fällig werden. Das kann eine Risikolebensversicherung oder eine andere Vorsorge sein.

Schritt 1 – Gesetzliche Ansprüche berechnen

Der Blick in die Renteninformation zeigt grob die Ansprüche der Hinterbliebenen. Für eine genaue Berechnung brauchen wir jedoch ein paar Schritte mehr. Wir haben dafür den Hinterbliebenenrentenrechner entwickelt. Das ist ein Excel-Sheet, das mit wenigen Eingaben alle relevanten Punkte des Sechsten Sozialgesetzbuches (Rente) berücksichtigt und so ein akkurates Ergebnis ausspuckt. Folgende Aspekte müssen wir in die Rechnung integrieren: Anrechnungszeiten, Zurechnungszeiten, fiktive zusätzliche Entgeltpunkte, Kinderzuschläge, Zugangsfaktoren beziehungsweise Abschläge, Rentenartfaktor, Rentenwert, Freibeträge und anzurechnendes Einkommen. Wir benötigen für die Beratung jedoch nur vier Angaben, die wir eintragen:

1. Entgeltpunkte: Diese entnehmen wir der Renteninformation.
2. (Hoch-)Schulzeiten: Hier zählen alle Zeiten nach dem 17. Lebensjahr. Es werden maximal acht Jahre angerechnet. Wir erfragen diese in unserem Berufsfragebogen.

	Witwen-/ Witwerrente	**Halbwaisen-rente**	**Vollwaisen-rente**
Entgeltpunkte bisher	15,4127	15,4127	15,4127
Alter (bei Tod)	44	44	44
(Hoch-)Schulzeiten nach 17. Lj.	7	7	7
Beitragsfreie Zeiten berücksichtigen	7	7	7
Kinder allgemein (kindergeldberechtigt)	1	1	1
Kinder Rentenkonto zugeordnet	1		
Arbeitseinkommen nach Tod	36.000,00 €		
Anrechnungszeit	240	240	240
Durchschnittsentgeltpunkte bisher	0,0642	0,0642	0,0642
Zurechnungszeit	261	261	261
Fiktive zusätzliche Entgeltpunkt	16,7613	16,7613	16,7613
Zwischensumme Entgeltpunkte	32,1740	32,1740	32,1740
Zuschlag 1. Kind	3,636		
Zuschlag weitere Kinder	0		
Zuschlag	3,636	19,992	19,992
Zugangsfaktor (Abschlag)	0,892	0,892	0,892
Summe Entgeltpunkte	31,9425	46,5321	46,5321
Rentenartfaktor	0,55	0,1	0,2
Rentenwert	35,52 €	35,52 €	35,52 €
Rente brutto	**624,03**	**165,28**	**330,56**
Freibetrag mtl.	1.136,64 €		
Zu berücksichtigendes Einkommen	1.800,00 €		
Anrechenbares Einkommen	663,36 €		
Anzurechnendes Einkommen	265,34 €		
Rente brutto mit Anrechnung	**358,69 €**		
Krankenversicherungsbeitrag	26,18 €		
Pflegeversicherungsbeitrag	10,94 €		
Rente vor Steuern	**321,56 €**		

Tabelle 9: Beispiel für einen Rechner für die Hinterbliebenenrente. Stand 2022

3. Kinderzahl: Diese sollten ja bekannt sein.
4. Arbeitseinkommen des überlebenden Partners: Wir kalkulieren hier pauschal mit nur noch 20 Stunden pro Woche, da sich der oder die Hinterbliebene ja allein um die Kinder kümmern muss.

Der Rechner ermittelt dann mit den hinterlegten Formeln die Bruttorente, das anrechenbare Einkommen, die Bruttorente mit Anrechnung und die Rente vor Steuern, also mit den Abschlägen zur Kranken- und Pflegeversicherung. Gerade wenn der oder die Hinterbliebene ein recht hohes Einkommen erzielt, weicht die Zahlrente durch die Anrechnung zum Teil deutlich von der überschlägigen Rechnung ab.

Wir müssen lediglich einmal im Jahr den Rentenwert anpassen, da er sich regelmäßig ändert.

Schritt 2 – Einnahmen und Ausgaben im Todesfall besprechen

Als Nächstes nehmen wir uns die Haushaltsübersicht unserer Kunden vor. In der Regel hast du ihn zusammen mit ihnen für den ganzen Haushalt aufgestellt. Im Folgenden kreieren wir die Szenarien für den jeweils überlebenden Partner. Die veränderten Einkünfte übernehmen wir aus unserem Hinterbliebenenrentenrechner. Für die hinterbliebene Person rechnen wir bei minderjährigen Kindern im Haushalt – sofern sie vorher berufstätig war – pauschal mit maximal einer 20-Stunden-Stelle. Gerade bei kleinen Kindern ist es unrealistisch anzunehmen, dass der alleinerziehende Papa oder die alleinerziehende Mama noch in Vollzeit arbeiten geht.

Bei den Ausgaben reduzieren wir anteilig die Posten Essen und Trinken, Hobby und Freizeit, Versicherungen und die Konsumausgaben. Hier kannst du jedoch mit deinen Kunden die verschiedenen Szenarien besprechen. Vielleicht möchte der eine in der großen Wohnung bleiben, während es für die andere klar ist, in eine kleinere Wohnung zu ziehen. Das Gute daran: Die Kunden geben dir das Szenario vor, es sind ihre Zahlen. Dadurch erzielst du eine viel größere Identifikation und Zustimmung, als wenn du irgendwelche Werte vorgibst.

HAUSHALTSÜBERSICHT

EINNAHMEN	**MONATLICH**	**JÄHRLICH**	**ZEIT**
Nettogehalt Lars	2.000,00 €	24.000,00 €	20
Nettogehalt Annika		... €	
Nettogehalt Nebenjob Lars	... €	... €	
Kapitaleinkünfte (Zinsen)		... €	
BAföG		... €	
Witwer- und Waisenrente	585,00 €	7.020,00 €	
Sonstige (z. B. Taschengeld, Kindergeld)	219,00 €	2.628,00 €	
Sonderzahlung (Urlaubs-/Weihnachtsgeld)	... €		
Sonderzahlung (Boni, Gratifikation)	... €		
EINNAHMEN GESAMT	**2.804,00 €**	**33.648,00 €**	80

AUSGABEN	**MONATLICH**	**JÄHRLICH**	**ZEIT**
Kaltmiete bzw. Kredit	1.060,54 €	12.726,48 €	30
Nebenkosten + Strom	756,76 €	9.081,12 €	22
Wohnen	**1.817,30 €**	**21.807,60 €**	52
Essen/Trinken/Haushalt	800,00 €	9.600,00	23
Auto/Nahverkehr/Zug	300,00	3600,00 €	9
Kleidung/Elektronik/Kosmetik	350,00 €	4200,00€	10
Handy/Internet	30,00 €	360,00 €	1
TV/GEZ/Netflix	10,00 €	120,00 €	0
Lebenshaltung	**1.490,00 €**	**17.880,00 €**	43
Versicherung, Altersvorsorge	**310,00 €**	**3.720,00 €**	9
Konsumkredit (z. B. Auto, Küche)	... €	... €	0
Zeitung/Bücher/Zeitschriften	50,00 €	600,00 €	1
Hobby/Freizeit/Geschenke	400,00 €	4.800,00 €	11
Urlaub	416,67 €	5000,00 €	12
Mitgliedschaften/Musikschule/Kita	225,00 €	2700,00 €	6
Freizeit	**675,00 €**	**13.100,00 €**	19
Arbeit/Bildung/Coaching		... €	0
Sonstiges (z. B. Medikamente, Friseur)	50,00 €	600,00 €	1
Sparen	250,00 €	3.000,00 €	7
AUSGABEN GESAMT	**4.592,32 €**	**60.107,60 €**	**131**
SALDO	1.788,30 €	26.459,60 €	

Tabelle 10: Beispiel für einen Haushaltsplan im Todesfall

VERMÖGEN		SCHULDEN	
Giro Bank?	1.000,00 €	Dispokredite	
Bar/Kopfkissen		Ratenkredite	
Tagesgelder	56.000,00 €	Privatkredite	
Festgelder u. Ä.	12.000,00 €	Immobilienkredite	148.000,00 €
Bausparer		Immobilienkredite	44.000,00 €
Guthaben Versicherungen	35.000,00 €	Firmenkredite	
Wertpapiere	23.000,00 €	Sonstige Kredite	
Immobilien Verkehrswert		Gesamt	192.000,00 €
Unternehmerische Beteiligungen			
Privatdarlehen		Saldo	– 65.000,00€
Sonstige, z. B. Oldtimer			
Gesamt	127.000,00 €		

Tabelle 11: Beispiel für eine Aufstellung von Vermögen und Verbindlichkeiten im Todesfall

Berücksichtige bei den Vermögen und Verbindlichkeiten mögliche Auszahlungen von Versicherungen. Diese können die Kunden nutzen, um etwaige Verbindlichkeiten zu tilgen, sodass die monatliche Belastung sinkt. Oder sie nutzen die Vermögenswerte zur Finanzierung der ermittelten Versorgungslücke.

Die Versorgungslücke ist der objektive Bedarf zur Absicherung.

Schritt 3 – Kapitalbedarf ermitteln

Zuletzt ermitteln wir noch das subjektive Bedürfnis zur Absicherung der Kunden. Hierfür nutzen wir den Fragebogen Todesfall. Das ist eine einfache Übersicht im PDF-Format. Wir tragen die Versorgungslücke aus der Haushaltsübersicht im Todesfall ein. Wenn ein positives Vermögen vorliegt, tragen wir es ebenfalls ein. Anhand dieser beiden Zahlen können wir errechnen, wie lange der oder die Hinterbliebene vom Vermögen zehren kann. Das geht ganz einfach zum Beispiel auf der Website »zinsen-berechnen.de«. Wir kalkulieren immer mit der Annahme einer 1-prozentigen Verzinsung und einer 2-prozentigen Dynamisierung zum Inflationsausgleich. Steuern berücksichtigen wir nicht. Beispiel:

- Versorgungslücke: 650 Euro monatlich
- Nettovermögen: 50.000 Euro
- Versorgungsdauer: circa 6,5 Jahre

In unserem Beispiel könnte der oder die Hinterbliebene vom Vermögen also etwa 6,5 Jahre zehren, um die Versorgungslücke auszugleichen.

Als Nächstes ermitteln wir, wie hoch das Nettovermögen sein muss, um die Versorgungslücke auszugleichen, bis das jüngste Kind 25 Jahre alt ist. Bis zu diesem Alter unterstellen wir, dass das Kind wirtschaftlich von den Eltern (beziehungsweise dem überlebenden Partner) abhängig ist. Natürlich kannst du auch mit einer kürzeren Versorgungsdauer rechnen. Wir glauben jedoch, dass es im Sinne der Risikoabwägung besser ist, mit dieser langen Versorgungsdauer zu rechnen. Was wäre zum Beispiel, wenn du nur bis 20 Jahre rechnest, das Kind dann aber wider Erwarten doch bis 24 studiert? Auch hierzu ein Beispiel:

- Versorgungslücke: 650 Euro
- Alter jüngstes Kind: 3 Jahre
- Versorgungsdauer: 22 Jahre
- Nötiges Vermögen: 190.000 Euro

Im letzten Schritt ermittelst du noch den Bedarf an zusätzlichem Vermögen, um die Versorgung des jüngsten Kindes zu sichern. Ziehe einfach das bestehende Vermögen vom Soll-Vermögen ab. In unserem Beispiel fehlen also noch 140.000 Euro.

Ein Sonderfall ist das Szenario »Vollwaisen«, wenn also beide Eltern versterben. Hier rechnen wir pauschal mit einem Bedarf von monatlich 1.000 Euro je Kind. Hiervon ziehen wir die Ansprüche aus der Vollwaisenrente (siehe Hinterbliebenenrentenrechner) ab. Das ist dann die Versorgungslücke. Diese können wir wieder in das nötige Vermögen zur Deckung umrechnen. Ist der Haushalt netto verschuldet, liegen die Schulden also höher als etwaige Vermögen, ergibt sich ein schwerwiegendes Problem. Hier ist es am sinnvollsten, wenn die Kinder (oder deren rechtlicher Betreuer) das Erbe ausschlagen. Besonders kritisch ist das allerdings, wenn ein Eigenheim vorhanden ist.

Versorgungslücken und Bedarf im Todesfall

Im Todesfall von	**Annika**	**Lars**	**beiden**
fehlen monatlich	1.800€	1.800€	200€
beträgt das Vermögen	127.000€	92.000€	0€
reicht das Vermögen	6 Jahre	4 Jahre	-
Notwendiges Vermögen[1)]	500.000€	500.000€	61.000€
fehlendes Vermögen	373.000€	408.000€	61.000€

1) Um das jüngste Kind bis zum 25. Lebensjahr zu versorgen

Abbildung 24: Versorgungslücke im Todesfall

Schritt 4 – Absicherungswunsch klären

Im Ergebnis hast du zwei objektive Absicherungsziele: entweder das nötige zusätzliche Vermögen. Das kannst du über eine klassische Risikolebensversicherung abdecken. Oder du nimmst die monatliche Versorgungslücke und deckst diese über eine Risikorentenversicherung ab. Hier hast du im Leistungsfall die Wahl, ob die Kunden die Rente oder stattdessen lieber die Einmalzahlung in Anspruch nehmen möchten.

Gewünschter Versicherungsschutz

Todesfall von	**Annika**	**Lars**	**beiden**
Absicherung gewünscht	☑ Ja ☐ Nein	☑ Ja ☐ Nein	☑ Ja ☐ Nein
Versorung bis	2043	2043	2043
in Form einer	☐ Kapitalzahlung ☑ Rente	☐ Kapitalzahlung ☑ Rente	☐ Kapitalzahlung ☑ Rente
in Höhe von	1.800€	1.800€	1.000€

Abbildung 25: Wunsch nach einer Todesfallabsicherung

GASTBEITRAG JÖRG HOHMANN

Jörg Hohmann ist Fachanwalt für Medizinrecht und Partner in der auf Gesundheitsrecht spezialisierten Kanzlei Prof. Schlegel, Hohmann, Diarra & Partner. Neben seiner Anwaltstätigkeit arbeitet er zudem als Lehrbeauftragter der Hochschule Fresenius und der Medical School Berlin.

Die Begleitung von Kunden mit relevantem Vermögen bei deren Nachlassplanung kann für Finanzdienstleister zahlreiche Vertriebsansätze generieren. Vor Allem Besitzer von Immobilien und deren potenzielle Erben haben – auch im Kontext der Neuregelungen zur erbschaftssteuerlichen Bewertung seit Januar 2023 – hier Handlungsbedarf.

Im Wesentlichen sind hierbei sowohl Erbschaftssteuer als auch mögliche Pflichtteilsansprüche zu nennen. Diese Ansprüche müssen sofort und in monetärer Form ausgeglichen werden. Dies führt nicht selten dazu, dass die geerbte Immobilie zur Begleichung dieser Ansprüche veräußert werden muss. In Kombination mit Fachjuristen lassen sich hierzu im Vorfeld häufig für alle Beteiligten geeignete Optionen finden.

Die Rechtsberatung im Einzelfall ist Juristen vorbehalten. Daher benötigt der interessierte Finanzdienstleister hierzu einen Kooperationspartner bspw. in Gestalt eines juristischen Dienstleisters. Dieser verfügt nicht nur über ein entsprechendes Netzwerk von Fachjuristen, sondern stellt zusätzlich auch die digitale Plattform für das Zusammenkommen aller Beteiligten zur Verfügung.

Durch die Verknüpfung von Notfall – und Nachlassplanung entstehen dabei weitere Synergieeffekte und stellen somit einen ganzheitlichen Ansatz dar. Aus unserer Sicht gibt es vier gute Gründe, sich dieser Themen altersunabhängig anzunehmen:

1. 2021 sind in Deutschland rund 1.Mio Menschen gestorben, davon nahezu 90.000 Menschen vor Erreichung des 60. Lebensjahres. Alle Altersgruppen sind betroffen und somit auch die Kunden der Generation Y.

2. Relevant ist für diese Kunden ebenfalls, dass viele Regelungen zum Nachlass ein »Verheiratetsein« mit »eigenen« Kindern antizipieren. Dies deckt sich mit der heutigen Lebenswirklichkeit nicht flächendeckend. Für unverheiratete Paare / Patchworkfamilien kann dies zu Schwierigkeiten führen.

3. Wer seinen Nachlass nicht in Form eines rechtskräftigen Testaments klärt, für den gelten dann die Regelungen der gesetzlichen Erbfolge. Diese Regelungen sind vielen Menschen zumeist unbekannt und führen bei der Umsetzung in den Familien nicht selten zu großen Schwierigkeiten.

4. Mittels eines digitalen Nachlassmanagers lassen sich die individuellen Rahmenbedingungen einfach erfassen. Die grafische Darstellung der Auswirkungen der gesetzlichen Erbfolge stellt Transparenz für den Kunden her. Mittels eines Schiebereglers kann die Erbmasse nach Belieben verteilt werden. Die Auswirkungen dieser Verteilung werden in Echtzeit dargestellt.

Beratungskonzepte wie bspw. Ruhestandsplanung oder Generationenberatung nehmen diesen Ansatz seit geraumer Zeit auf. Vermehrt werden dieser auch zum Einstieg in alternative Vergütungsmodelle wie Honorare oder Servicepauschalen genutzt.

04.6 NOTFALLPLANUNG FÜR DIE GENERATION Y

Die Generation Y und das Thema »Notfallplanung«, also Vorsorgevollmacht, Patientenverfügung und Co., gehören auf den ersten Blick kaum zusammen. Doch das stimmt nicht! In diesem Kapitel zeigen wir, warum du das Thema auch und vor allem in der jungen Zielgruppe prominent platzieren solltest.

Versicherung ist die finanzielle Vorsorge

Zwei Drittel der Jugendlichen und jungen Erwachsenen sind der Meinung, dass man Versicherungen im Leben einfach braucht.[21] Der Generation Y ist also bewusst, dass Versicherungen einen wichtigen und notwendigen Teil in der eigenen Lebensgestaltung darstellen. Versicherungen sind jedoch nur der finanzielle Aspekt der eigenen Vorsorge: Wenn etwas kaputt geht, erhalte ich Ersatz. Wenn ich nicht mehr arbeiten kann, bekomme ich eine Rente. Doch was passiert, wenn es um einen echten Worst-Case geht? Wer kümmert sich dann um alles? Wer beantragt Leistungen?

Notfallplanung ist die organisatorische Vorsorge

Zur finanziellen Vorsorge gehört auch die organisatorische. Hier kommt die Notfallplanung ins Spiel. Darunter verstehen wir Vorsorgevollmacht, Patientenverfügung, Notfallplan, Notfallordner und Ähnliches. Bei der Absicherung über Versicherungen sollte es in erster Linie um existenzielle Risiken, also den Worst-Case gehen. Das sind bei jungen Menschen durchaus andere Fälle als bei Hochbetagten. Hier spielen schwere Unfälle oder plötzliche schwere Erkrankungen eine größere Rolle. Die Notfallplanung sorgt dann im Fall der Fälle dafür, dass zum Beispiel die Leistungen auch zügig beantragt werden können.

Die Versicherungen sorgen also für das Was (= Geld) und die Notfallplanung für das Wie (= Zuständigkeit und Ausführung). Beides gehört aus unserer Sicht zusammen. Einen schweren Unfall oder eine plötzliche, lebensbedrohliche Erkrankung kann niemand ausschließen. Es ist sogar häufig so, dass sich die Kunden das eher vorstellen können, als die abstrakte Berufsunfähigkeit.

Andere Lebensumstände

Bei der Unterstützung junger Kunden zum Thema Notfallplanung liegen häufig andere Lebensumstände vor als bei älteren Kunden. Das solltest du berücksichtigen und proaktiv ansprechen. Keiner dürfte eigene Kinder haben, die als Bevollmächtigte in Betracht kommen, da sie noch zu jung sind. Viele haben noch keine Partner, die diese Verantwortung übernehmen würden. Das heißt, dass die möglichen Bevollmächtigten woanders zu suchen sind. Das könnten die Eltern, Geschwister oder auch langjährige Freunde sein. Dadurch erschließt sich durchaus ein ganz neuer Interessentenkreis. Nebenbei bemerkt: Viele Einrichtungen und Hilfestellen sind in der Regel auf ältere Menschen eingestellt und können unter Umständen die besonderen Belange und Wünsche junger Personen gar nicht ausreichend würdigen.

Anlass für Gespräche

Die eigene Notfallplanung ist ein wichtiger und guter Anlass für Gespräche. Es kann der Anstoß dafür sein, gemeinsam mit dir über das eigene Leben und dessen Werte nachzudenken:

- Was ist mir wichtig?
- Worauf lege ich Wert im Leben?
- Was möchte ich auf keinen Fall?
- Was bedeutet Selbstbestimmtheit und Freiheit für mich?

Das sind alles Fragen, die der Ausgangspunkt für weiter- und tiefergehende Gedanken sein können. In jedem Fall hebst du dich mit einem solchen gut geführten Gespräch von der grauen Masse der Vermittler ab, die »nur« Versicherungen verkauft. Deine jungen Kunden nehmen dich als relevanten Gesprächspartner wahr. Das ist ein Wert, den ein Vergleichsportal nie wird erzielen können.

Selbstverständlich ist das auch ein guter Anlass für Gespräche mit dem näheren Umfeld deiner Kunden. Spätestens wenn es an die Auswahl der Bevollmächtigten (Eltern, Geschwister, Partner, Freunde usw.) geht, kannst du diese mit ins Boot holen

Fazit

Das Thema Notfallplanung ist nicht ohne Fallstricke und bedarf einiger Vorbereitung. Wie genau du es umsetzt, ist dir überlassen. Hol dir gern professionelle Unterstützung und Hilfe. Entscheidend ist aber, dass du den Schritt gehst. Er lohnt sich! Für dich und deine Kundinnen.

GASTBEITRAG RENÉ SCHNEIDER

René Schneider ist seit 1990 in verschiedenen Funktionen in der Finanzdienstleistungsbranche aktiv. Seit 2013 ist er Vorsitzender des Vorstandes der deutschen Vorsorgedatenbank AG mit dem Schwerpunkt Vertrieb und Verkaufsförderung. Besonders liegt ihm dabei die digitale Transformation von Beauftragungs- und Administrationsprozessen am Herzen.

»Vorsorgevollmacht und Patientenverfügung. Das habe ich schon mal gehört. Aber was hat das mit Finanzdienstleistung zu tun?«

So und ähnlich hören wir es häufig im Dialog mit Marktteilnehmern. Um es vorwegzunehmen:

Die Themen der rechtlichen Vorsorge bieten ein breites Spektrum vertrieblicher Ansatzpunkte.

Die gemeinsame Notfallplanung stellt Transparenz zum finanziellen Gesamtengagement der Kunden her. Empfehlungen entstehen beispielsweise durch den Dialog mit den Bevollmächtigten. Durch Anpassung der Dokumente an veränderte Rahmenbedingungen ergeben sich regelmäßig neue Gesprächsanlässe.

Bewährt hat sich hierbei die Kooperation mit einem juristischen Dienstleister. Dies gilt insbesondere, weil die Rechtsberatung im Einzelfall Juristen vorbehalten ist. Der Dienstleister stellt dies sicher und unterstützt mit digitalen Beauftragungsprozessen. Den Nutzen für Kunden und Vermittler erhöht zusätzlich ein digitaler Notfallplan und Nachlassmanager.

Die Hintergründe:

1. Es geht um Geschäftsunfähigkeit durch Krankheit, Unfall oder Demenz. Wer soll dann für dich Entscheidungen aller Art treffen dürfen? Die wichtigsten Themen dabei sind:
    - Ort der Unterbringung,
    - medizinische Behandlungen,
    - Sorgerecht für minderjährige Kinder,
    - Verwaltung von Vermögen und Finanzen,
    - Behördenangelegenheiten und Versicherungsthemen.
2. Wer nichts in Form von wirksamen Vollmachten und Verfügungen geregelt hat, wird von gerichtlich bestellten Betreuern vertreten. Dies gilt aktuell für rund 1,4 Millionen Personen. Bei etwa der Hälfte davon erfolgt die Betreuung durch fremde Menschen, also ehrenamtliche Betreuer oder Berufsbetreuer, die ein Gericht bestellt hat. Für alle gerichtlich bestellten Betreuer gibt es seitens des Gesetzgebers strenge Vorgaben und Rechenschaftspflichten. Diese sind unabhängig davon, ob es sich um Eltern, Geschwister, Ehe- oder Lebenspartner oder eine fremde Person handelt.
   Wer statt einer Betreuung seinen Vertreter mit einer rechtlich wirksamen Vollmacht und Verfügung einsetzt, der befreit diese Person von der Rechenschaftspflicht und sorgt damit für dauernde Selbstbestimmtheit.
3. Im Durchschnitt kommen je Kalendertag 700 Geschäftsunfähigkeiten hinzu. Zur Altersstruktur bei neu eingerichteten Betreuungen: Nahezu 40 Prozent aller Menschen sind zu diesem Zeitpunkt im Alter zwischen 18 und 59. Geschäftsunfähigkeit betrifft also alle Altersgruppen und ist somit auch für die Kunden der Generation-Y-Zielgruppe relevant.
   Beratungskonzepte wie beispielsweise die Ruhestandsplanung oder Generationenberatung nehmen diese Ansätze seit geraumer Zeit auf. Vermehrt werden sie auch zum Einstieg in alternative Vergütungsmodelle wie Honorare oder Servicepauschalen genutzt.

04.7 GENERATION Y UND NACHHALTIGKEIT

Nachhaltigkeit ist ein Megatrend auch und vor allem in der jungen Generation. In diesem Kapitel zeigen wir, wie ein Einstieg in das Thema gelingen kann.

Spätestens mit Greta Thunberg (Vertreterin der nachfolgenden »Generation Z«) rückt das Thema Nachhaltigkeit immer mehr in den Mittelpunkt. Vor allem junge Menschen haben erkannt, dass es ihre Zukunft ist, die auf dem Spiel steht. Zigtausende Wissenschaftler unterstützen mit Expertise die Forderung nach einer umfassenden Wende unseres gesamten Wirtschaftssystems. Die Reaktionen der Angegriffenen (Generation X und die Babyboomer) reichen von Zustimmung bis hin zu Verächtlichmachung oder Verweigerung. Es ist gleichgültig, wie du selbst zu diesem Thema stehen magst. Niemand, der sich ernsthaft um eine junge Zielgruppe bemühen möchte, kommt zukünftig um dieses Thema herum.

Grüne Finanz- und Versicherungsprodukte

Mittlerweile gibt es immer mehr Anbieter »grüner« Finanz- und Versicherungsprodukte. Das Argument »Die Nachfrage mag ja da sein, aber das Angebot existiert nicht« greift also nicht mehr. Wie überall solltest du jedoch genau prüfen, was genau sich hinter dem Label »grün« versteckt. Mancher Versicherer pflanzt Bäume, andere zahlen eine höhere Entschädigung für energieeffiziente Geräte bei einem Hausratschaden und wieder andere bieten die Möglichkeit, in erneuerbare Energien zu investieren. Viele glauben noch immer, dass »grüne« Investments schlechter performen als konventionelle. Dass das nicht den Tatsachen entspricht, zeigen zahlreiche Untersuchungen. Im Gegenteil: Da etwa erneuerbare Energien zukünftig immer wichtiger werden, wird auch die Nachfrage danach weiter steigen.

Die Produktseite ist das eine, die Anbieterseite das andere. Anbieter, die nachhaltige Produkte vermarkten, sollten konsequenterweise ihren gesamten Geschäftsbetrieb darauf ausrichten. Hierfür gibt es verschiedene Zertifikate, die belegen sollen, dass das betreffende Unternehmen soziale, ökologische und nachhaltige Standards einhält. Tatsächlich ist das für viele Vertreter der Generation Y ein Kaufargument. Geh offensiv mit diesem Thema um und frage deine Kunden, welchen Stellenwert nachhaltige beziehungsweise ökologische Kriterien für sie haben!

Den eigenen Betrieb nachhaltiger gestalten

»Greenwashing«, also reine PR-Maßnahmen, um sich nachhaltig oder ökologisch darzustellen, funktioniert langfristig nicht. Zum Kunden mit dem großen SUV zu fahren und dann nachhaltige Finanzprodukte zu erklären, das wäre so ein Fall. Es ist daher sinnvoll und übrigens lohnenswert, den eigenen Geschäftsbetrieb zu durchleuchten und umzustellen. Hierzu kannst du dir externe (und objektivere) Unterstützung holen oder den Umstieg in Eigenregie vornehmen. Nicht jede Maßnahme trifft auf dein Unternehmen zu, aber im Folgenden möchten wir einige Denkanstöße geben.

Geschäftskonto wechseln

Großbanken haben seit 2015 etwa 1,9 Billionen Dollar in den Ausbau fossiler Energien gesteckt.[22] Banken wie GLS, Triodos, Ethik-Bank oder die Umweltbank wollen es anders machen und vergeben beispielsweise Kredite an soziale, ökologische und nachhaltige Unternehmen. In der Regel engagieren sie sich darüber hinaus noch für den »guten Zweck«.

Energiecheck

Viele Energieversorger bieten für Privat- und Firmenkunden einen Energiecheck an Alternativ gibt es auch Energieberater, die gemeinsam mit dem Kunden vor Ort nach Energiefressern und Einsparmöglichkeiten suchen. Gerade in größeren Büros ist das Einsparpotenzial riesig. Das schont den Geldbeutel und die Umwelt.

Stromanbieter oder Tarif wechseln

Der Strom-Mix, der aus der Steckdose kommt, ist überall der gleiche. Doch grüne Tarife und Anbieter beziehen Strom aus erneuerbaren Energien und sorgen so für einen weiteren Ausbau. Aufgrund sogenannter Skaleneffekte sinkt der Strompreis für erneuerbare Energien seit Jahrzehnten. Je größer die Nachfrage, desto mehr Ausbau und desto mehr sinkt der Preis für die Stromerzeugung.

Reinigungsdienst

Frage deine Reinigungsfirma doch mal nach ökologischen und biologisch abbaubaren Alternativen. Häufig genug werden hier hochaggressive Reinigungsmittel verwendet, die Mensch und Natur schädigen. Diese lassen sich problemlos ersetzen.

Snacks und Getränke

Stell dein Snackangebot für Kunden (und Mitarbeiter) doch auf regionale, faire und nachhaltige Produkte um. Gib Großkonzernen und x-fach verpackten Süßigkeiten keine Chance. Knüpfe so unter Umständen sogar Kontakte zu regionalen Händlern und Produzenten, die potenzielle Kunden sein können. Biete zu deinem (Fair-Trade-)Kaffee Alternativen zur üblichen Milch oder diesen schlimmen Sahnebecherchen: Soja-, Reis-, Mandel- oder Hafermilch. Die sind gut für Allergiker und besser für die Umwelt.

Empfehlungsdankeschön

Biete, statt der üblichen und unpersönlichen Tankkarte oder dem Amazon-Gutschein, Gutscheine kleiner, regionaler Händler an. So unterstützt du die regionale Wirtschaft und knüpfst Kontakte zu diesen Firmen. Womöglich entsteht dadurch sogar ein regionales Empfehlungsnetzwerk.

Fahrrad statt Auto

Seien wir mal ehrlich: Meist ist das Auto doch nur ein Statussymbol. Gerade in der Stadt kommt man mit Fahrrad und dem ÖPNV schneller voran. Das Firmenrad ist dem Firmenwagen mittlerweile steuerlich gleichgestellt. Das Jobticket für die Mitarbeiter ist nun endlich vollständig steuerfrei. Biete deinen Kunden einen Fahrradstellplatz. Übrigens: Autofahrer kosten die Gesellschaft 20 Cent pro Kilometer, die derzeit nicht durch Steuern und Abgaben gedeckt sind. Fahrradfahren dagegen hat gesamtgesellschaftlichen Nutzen von 30 Cent pro Kilometer.[23]

Mitarbeiter sensibilisieren

Besprich mit deinen Angestellten die Dos and Dont's. Gib Standards vor. Belohne vielleicht auch die Mitarbeiter, die sich besonders vorbildlich verhalten, und gewähre ihnen einen Bonus.

Firmenkunden sensibilisieren

Du hast bereits erste Erfahrungen gesammelt oder deinen Betrieb erfolgreich umgestellt? Dann sensibilisiere deine Firmenkunden dafür. Biete Vorträge oder Gesprächskreise an. Sei bei ihren Umstellungen behilflich und stelle wichtige Kontakte her. Sei ein Vorbild!

Fazit

Jeder kann etwas beitragen, um die Umwelt zu schonen und zu schützen. Nicht alles kann oder wird klappen. Oft genug sind es erste kleine Schritte, die die Veränderung ausmachen. Durch unser eigenes Handeln (oder Nicht-Handeln) bieten wir anderen Inspiration und Impulse, das eigene Verhalten zu hinterfragen und zu ändern. Wichtig zu erwähnen ist uns, dass viele dieser Maßnahmen am Ende des Tages mehr Umsatz bringen oder die Kosten verringern. Sie lohnen sich also in doppelter Weise: Für Sie betriebswirtschaftlich und für alle gesamtgesellschaftlich.

GASTBEITRAG NORMAN WIRTH

Norman Wirth gründete 1998 die Kanzlei Wirth-Rechtsanwälte und ist seit 2004 Fachanwalt für Versicherungsrecht. Seine Tätigkeitsschwerpunkte sind Versicherungs-, Vertriebs-, Vermittler- sowie Kapitalanlagerecht. Er war bereits mehrfach als Sachverständiger im Deutschen Bundestag und bei einzelnen Bundestagsfraktionen. Zudem ist er Vorstand im Bundesverband Finanzdienstleistung AfW und in der Bundesfachkommission Arbeitsmarkt und private Alterssicherung im Wirtschaftsrat Deutschland.

»Wir sind jung, wir sind laut, weil ihr uns die Zukunft klaut.«

Mit diesem Leitspruch hat sich die Generation Z lautstark Gehör verschafft. Anders Generation Y. Nicht der laute, überall vernehmbare Ruf ist ihr wichtig, sondern ihr eigener Beitrag. Sinnhaftigkeit und Sicherheit stehen für viele Vertreter dieser Generation im Mittelpunkt. Sie sind die erste Generation der Digital Natives. Zu ihrem Lebensalltag gehören das Internet und technologische Medien. Nachhaltigkeit spielt aber auch für die Millennials eine große Rolle. Beim Thema Geld und Finanzen wünschen sich die Millennials mehr Nachhaltigkeit. Sie schauen deshalb bei eigenen Investments, Aktien und Fonds, aber auch schon bei Versicherungsanlageprodukten ganz genau hin und kombinieren ihr hohes Sicherheitsbedürfnis mit dem Wunsch, umweltgerecht zu investieren.

Das waren zu diesem Thema die Top-3-Informationsquellen im Jahr 2022:

1. Gespräche mit Verwandten und Freunden
2. Beratungsgespräche
3. Online-Vergleichsseiten[24]

Sahen im Jahr 2020 erst 25 Prozent aller Befragten Chancen in den Aktienmärkten, ist dieser Wert 2022 auf 30 Prozent gestiegen – ausschließlich getrieben durch die Generationen Y (44 Prozent, +11 Prozentpunkte) und Z. Der Anteil von Investmentfondsbesitzern liegt bei der Generation Y immerhin schon bei 37 Prozent. Aktien sind bei ihnen zu 29 Prozent (+7 Prozentpunkte) Teil des eigenen Portfolios.[25] Das zeigt klar, dass diese Generation ein neues Chancenbewusstsein und eine andere Sichtweise auf Geldanlage und Vorsorge hat als noch die Generationen davor. Und eines ist ganz offensichtlich: Nachhaltigkeit gewinnt an Relevanz, gerade für die Jüngeren, ob jetzt Vertreter der Generation Y oder Z – auch im Kontext der eigenen Altersvorsorge. Wenn sie langfristig anlegen, dann soll es nachhaltig geschehen. Für fast die Hälfte von ihnen spielt Nachhaltigkeit in der Finanzanlage eine wichtige Rolle, wobei die Frauen hier schon deutlich um mehrere Prozentpunkte vorn liegen. Wenn du, liebe Leserin, lieber Leser, diese vorstehenden Erkenntnisse also umsetzen willst, heißt das ganz vereinfacht: Die Hauptzielgruppe und die klaren Vorreiterinnen für den wachsenden Markt an nachhaltigen Finanz- und Versicherungsprodukten sind die Frauen der Generationen Y und Z.

Aber eines sollte auch klar sein. Wenn du dort glaubwürdig mit dem Thema Nachhaltigkeit punkten willst, musst du das auch glaubwürdig vorleben. Dann werden zukünftig auch qualifizierte Beratungsgespräche auf Platz 1 der Informationsquellen dieser Generationen landen.

04.8 GENERATION Y UND DIE ALTERSVORSORGE

Altersvorsorge ist wichtig für die junge Generation. Klar. Doch was bedeutet eigentlich »Altersvorsorge« und wann ist der richtige Zeitpunkt, um damit zu beginnen? Das erklären wir in diesem Kapitel.

Maria ist 27 und gehört damit wie 18 Millionen anderer Menschen zur Generation Y. Wie 84 Prozent in dieser Generation besitzt sie keine Lebens- oder Rentenversicherung. Sie findet wie 61 Prozent ihrer Generation, dass man die auch gar nicht braucht. Das ist irgendwie oldschool.[26]

Gleichzeitig sagt sie aber auch, wie neun von zehn jungen Leuten, dass sie im Alter arm sein wird, wenn sie nicht privat vorsorgt. Sie sorgt sich, wie sechs von zehn der zwischen 1981 und 1999 Geborenen, vor dem Szenario, im Alter arm zu sein.[27]

Maria ist fiktiv, die Zahlen sind es nicht. Als Leser und Makler fragst du dich wahrscheinlich, wie du damit umgehen solltest. Wir standen ebenfalls vor dieser Frage und haben sie mit einem klaren Konzept beantwortet.

Risiken absichern

Im Rahmen unserer ganzheitlichen Beratung haben wir eine klare Priorisierung, wann welche Produkte infrage kommen.

Zunächst muss Maria mehr einnehmen, als sie ausgibt. Das heißt, sie führt ein Haushaltsbuch und wir bestimmen gemeinsam Budgets, um Überschüsse zu erzielen. Klar: Wer mehr einnimmt, als er ausgibt, braucht sich über Altersvorsorge keinen Kopf machen.

Als Zweites sichern wir die existenziellen Risiken ab. Dafür kommen nur Versicherungen infrage. Die existenziellen Risiken sind: Krankheit, Haftpflicht und Berufs- beziehungsweise Erwerbsunfähigkeit. Wenn Maria einen Partner oder Kinder hat, die von ihrem Einkommen abhängig sind, ist auch der Todesfall ein existenzielles (finanzielles) Risiko. Dafür benötigt sie nur drei beziehungsweise vier Verträge: Kranken-, Privathaftpflicht-, Berufs- oder Erwerbsunfähigkeits- sowie die Risikolebensversicherung.

Liquidität gewährleisten

Hat Maria ihre existenziellen Risiken versichert, arbeiten wir an ihrer Liquidität. Das heißt, sie tilgt bestehende Kredite und baut sich einen Notgroschen von mindestens drei Monatseinkommen beziehungsweise 5.000 Euro auf. Damit bezahlt sie den Ersatz für die kaputte Waschmaschine oder die Selbstbeteiligung in der Privathaftpflichtversicherung.

Maria sollte außerdem ihr Eigentum schützen. Was und wie viel sie da braucht, hängt einerseits von ihrem Besitz, also ihrem objektiven Bedarf ab, aber auch von ihrem subjektiven Sicherheitsbedürfnis. Wir sprechen hier über Hausrat-, Kfz-, Rechtsschutz- und Wohngebäudeversicherung.

Maria hat nun alle wesentlichen Risiken versichert und verfügt über ausreichende finanzielle Rücklagen, um auf unvorhersehbare Ereignisse reagieren zu können. Gemäß unserer Erfahrung benötigen junge Leute zwei bis drei Jahre, um auf dieses Level zu kommen. Erst jetzt können wir mit Maria über ihre mittel- und langfristige Finanzplanung sprechen.

Größere Ausgaben und Investitionen

Vertreter der Generation Y wie Maria sind gut gebildet, beruflich unabhängig und möchten sich alle Optionen offenhalten. Die Finanzplanung muss dem Rechnung tragen. Langfristige Verträge eignen sich dafür häufig nicht sofort.

Mit Maria besprechen wir mithilfe eines Fragebogens ihre mittelfristigen Finanzen. Dabei interessieren uns vor allem ihre mittelfristigen, größeren Ausgaben. Das kann die Hochzeit, ein neues Auto oder der Umzug sein. Maria und ihr Finanzberater sollten auch Ersatzinvestitionen nicht vergessen. Maria kann all diese Ausgaben der Höhe nach einigermaßen genau beziffern und auch den Zeitpunkt benennen, wann sie voraussichtlich anfallen. Anschließend erstellen wir mit Maria zusammen einen Sparplan, um diese Ausgaben ohne Kredite finanzieren zu können. Das Produkt der Wahl ist hier das Tagesgeldkonto.

Familie und Beruf

Daneben spielt Maria möglicherweise mit dem Gedanken, eine Familie zu gründen, sich selbstständig zu machen, eine teure Weiterbildung zu absolvieren oder auszuwandern. Das alles sind Ereignisse, die ausreichend Rücklagen verlangen und langfristige Auswirkung auf Einnahmen und Ausgaben haben. Soweit Maria diese Ausgaben abschätzen kann, sollte sie auch hierfür gezielt Rücklagen auf dem Tagesgeldkonto bilden.

Die eigenen vier Wände

Der letzte wichtige Punkt, den wir klären, bevor es an die Altersvorsorge geht, ist die eigene Immobilie. Wenn Maria mit dem Gedanken spielt, ein eigenes Haus zu bauen oder zu kaufen, sollte sie unserer Meinung nach auf Rentenversicherungen und Co. verzichten. Dann sollte sie so viel Eigenkapital wie möglich aufbauen. Dafür kommen Tagesgeldkonto oder ein Bausparvertrag infrage. Anschließend sollte sie den Hypothekenkredit so schnell wie möglich tilgen.

Beginn Altersvorsorge

Erst wenn Maria hinter alle Punkte einen Haken machen kann, sollte sie sich Gedanken über ihre Altersvorsorge und den Vermögensaufbau machen. Das Konzept, so früh wie möglich mit der Altersvorsorge zu beginnen, kommt aus einer Zeit, in der Maria mit 16 bei Siemens ihre Ausbildung gemacht hat und 40 Jahre dort blieb. Liebe Makler: Diese Zeiten sind vorbei. Wir haben nahezu keine Mandanten, die vor dem 30. Lebensjahr langfristige Verträge abschließen sollten.
Altersvorsorge beginnt für uns nicht mit dem Abschluss einer Rentenversicherung. Altersvorsorge beginnt für uns mit der bewussten Planung der eigenen Finanzen. Die Kontrolle über die Einnahmen und Ausgaben zu bekommen ist der erste und wichtigste Schritt. Jeder Euro, den Maria nicht »sinnlos« in Konsum steckt, ist ein Teil ihrer Altersvorsorge. Jedes existenzielle Risiko, das sie versichert, ist Teil ihrer Altersvorsorge. Jeder Kredit, den sie vermeidet, ist Teil ihrer Altersvorsorge.

Win-win-Situation

Beide Parteien profitieren von einem solch klaren Konzept. Maria ist flexibel und frei in ihrer Lebensgestaltung. Sie verfügt jederzeit über ausreichend Liquidität. Das ist Maria, wie den anderen Vertretern der Generation Y, sehr wichtig. Daneben braucht sie auch keine Angst zu haben, wenn wirklich mal was passiert. Schließlich ist sie ja ausreichend abgesichert. Zudem hat sie vermutlich am Ende des Tages sogar mehr Rente, als wenn sie frühzeitig eine private Rentenversicherung abgeschlossen hätte. Denn diese hätte sie vermutlich irgendwann wieder beitragsfrei gestellt oder gekündigt. Später hätte sie dann erneut einen Vertrag abgeschlossen und auf diese Weise doppelte Kosten gehabt. Der viel zitierte Zinseszinseffekt kommt in der Realität häufig gar nicht zum Tragen.

Der Makler profitiert zunächst von einer zufriedenen Kundin. Außerdem steigt die Vertragsdichte und sinkt die Stornoquote, da Maria nicht regelmäßig irgendwelche

Verträge beitragsfrei stellt oder kündigt. Eine Rentenversicherung, die zu früh abgeschlossen wurde, ist permanent in Gefahr: Mal braucht Maria Geld für den Umzug, mal für die Selbstständigkeit. Bekommt Maria Nachwuchs, ist das Geld knapp und sie kann die regelmäßigen Beiträge zur Altersvorsorge nicht bestreiten.

GASTBEITRAG CONSTANTIN PAPASPYRATOS

Constantin Papaspyratos ist Chefökonom und Leiter der Abteilung »Strategische Planung und interne Beratung« beim gemeinnützigen Bund der Versicherten e. V. (BdV). Nach seinem Ökonomiestudium und Tätigkeiten im parlamentarischen Bereich, hat er 2016 beim BdV angefangen. Neben kapitalbildenden Versicherungen liegen seine Schwerpunkte auf privaten Personenversicherungen. Constantin Papaspyratos reist gerne und man trifft ihn häufiger auf Hardcore- und Punkrock-Konzerten.

Die Generation Y erscheint mit Blick auf ihre Motivationen und Handlungsweisen oftmals als Hybrid aus Generation X und den Millennials.

Begegnen wir bei Altersvorsorgethemen für die Generation Y nun anderen Fragen und Herausforderungen als bei ihren Vorgängern? Es ist naheliegend, dass eine pauschale Antwort hier kaum möglich ist – dann ist es umso wichtiger, die Problemstellungen zu sortieren und die Fragen zielgerichtet zu stellen.

Der »Stand der Forschung« zur Generation Y ist durchaus interessant hilft aber im Zweifelsfall nicht weiter. Wenn du dich mit Forschungen zu den Einstellungen, Motivationen, Handlungs- und Verhaltensweisen der Generation Y beschäftigst, wirst du feststellen: Es geht oftmals um »einerseits – andererseits« (deutlich ausgeprägter als bei den Millennials).

1. Einerseits sieht die Generation Y, wie wichtig eine zusätzliche Altersvorsorge ist (und fürchtet sich vor »Altersarmut«) – andererseits sorgt ein Großteil trotzdem nicht (ausreichend) für das Alter vor.
2. Einerseits unterscheidet sie sich in ihren Lebenseinstellungen deutlich von den Vorgängergenerationen – andererseits haben ihre Vertreter die gleichen Lebenseinstellungen wie ihre Eltern.

3. Einerseits treten sie selbstbewusst und fordernd am Arbeitsmarkt auf – andererseits gelten sie als »Generation Prekär«.
4. Einerseits belasten sie sich gewollt mit regelmäßigen Konsumausgaben (für Streamingportale, Handyverträge) – andererseits sind sie zu weitgehendem Konsumverzicht bereit (z. B. für den Klimaschutz).

Ob ein Bedarf für zusätzliche Altersvorsorge besteht – diese Frage stellt sich (bis auf wenige Ausnahmen) nicht. Wie sich der Bedarf entwickelt (und ändern kann!), ist aber umso gewichtiger – vor allem, wenn du berücksichtigst, welche Entwicklungen die Vertreter der Generation Y bislang erlebt (und durchlebt) haben.

Was hat die Generation Y erlebt und was bedeutet das für ihren Bedarf?

Für die Altersvorsorge ist relevant (und entscheidend), was die Generation Y bislang an Veränderungen, Umschwüngen und auch Rückschlägen erlebt hat: sei es am Kapitalmarkt, bei den politischen Verhältnissen und in der Arbeitswelt oder ihren persönlichen Lebensverhältnissen. Berücksichtige bitte beispielhaft diese drei Umstände:

1. Inflation: Reale Wert-, Preis- und Kostensteigerungen hat es regelmäßig gegeben. Aber: Die Babyboomer (und ihre Eltern und Großeltern sowie die Generation X) haben Phasen mit lang andauernden Teuerungsraten (siehe z. B. die Stagflation in den 1970er-Jahren) durchgemacht. Für die Generation Y ist die Inflation seit Beginn des russischen Angriffskriegs 2022 etwas Neues (und gleichermaßen verstörend wie einschüchternd).
2. Zinsen: Auch hier: Die »Älteren« kennen schwankende Zinsen und Zinssätze. Die Generation Y hat über lange Jahre in einer Welt ohne Zinsen gelebt.
3. Krisen: Jede Generation erlebt ihre Krisen. Die kollektiv erlebten Krisen der Generation Y – mitsamt ihren wirtschaftlich-gesellschaftlichen Auswirkungen – haben ihr wenig Zeit und Raum zum Durchatmen gelassen: die geplatzte Dotcom-Blase ab 2000, der 11. September 2001, die Arbeitsmarktkrise in Deutschland während der Nullerjahre, die Wirtschafts- und Finanzkrise ab 2008, die Euro-(Staatsschulden-)Krise seit 2009, die Flüchtlingskrise seit 2015, die Covid-Pandemie ab 2020, der russische Angriffskrieg seit 2022, die »Klimakrise« etc. Jede dieser Krisen war/ist »beispiellos« beziehungsweise »historisch einmalig« oder »epochal«.

Lebensumstände können sich ändern – oftmals abweichend von dem, was man erwartet und geplant hat. Dies gilt für jede Generation. Die drei genannten Punkte können aber für dich hilfreich sein, um die Besonderheiten der Generation Y zu adressieren.

Fünf Thesen zur Generation Y

Auch wenn (wie so oft) Pauschalisierungen schwierig sind – wie würdest du die folgende Frage beantworten, wenn es um Altersvorsorge geht: Gibt es für dich Besonderheiten der Generation Y im Hinblick auf ihre Lebensführung und ihren Umgang mit Unsicherheiten in ihrer Lebensplanung? Dazu von mir fünf Thesen:

These 1: Viele Informationen und noch mehr Informationsprobleme

Die Generation Y kennt ihre Möglichkeiten, sich zu informieren – und sie nutzt sie auch: Vergleichsportale- und Programme, Rechen-Tools, Finanz-Blogs und YouTube-Channels etc. (seriöse und weniger seriöse).

Ob sich die Verbraucher auskennen oder nur meinen, sich auszukennen – das ist unerheblich. Früher oder später werden sie dir Fragen stellen – jede Frage ist berechtigt und nichts ist alternativlos. Deshalb ist es sinnvoll, Fragen beantworten zu können, auch wenn sie noch nicht gestellt sind – zum Beispiel wie sie mit den oben genannten drei Punkten umgehen soll, damit ihre persönliche Altersvorsorge funktioniert.

These 2: Konsumverzicht und Bedarfsänderungen

Auch wenn dies für dich banal erscheinen mag: Die Frage des Konsumverzichts stellt sich für jede Generation zwangsläufig. Entweder man gibt seine Einkünfte und sein Vermögen weitgehend für Konsum aus. Dann ist man im Ruhestand zum Konsumverzicht gezwungen, weil man keine ausreichenden Alterseinkünfte und Vermögenswerte hat. Oder man verzichtet – soweit möglich – vor dem Ruhestand freiwillig auf Konsumausgaben und investiert in Vermögensbildung zur privaten Altersvorsorge – dann lässt sich der Konsumverzicht im Alter (wenn die Erwerbseinkünfte wegfallen) mindern.

Wenn du es mit Verbrauchern zu tun hast, die keine Frugalisten sind, sollte der Konsumverzicht immer ein Thema sein – vor allem, wenn es um Altersvorsorge geht. Aber: Die oben genannten Entwicklungen haben aufgezeigt, dass der Bedarf sich ändern kann; und die Generation Y hat eher als ihre Vorgänger die Tatsache akzeptiert, dass sich Lebensumstände ändern können – und dass es oftmals zu unerwarteten Wendungen im Leben kommt. Dies mag ebenfalls banal klingen. Weniger banal ist die Frage, ob Politik und Produktanbieter diesen Umstand bislang ausreichend adressiert haben. Deshalb: siehe These 3 ...

These 3: »Leitbilder« funktionieren nicht

Sowohl die Politik als auch viele Produktanbieter haben bei der zusätzlichen Altersvorsorge langfristig beständige und kontinuierliche Sparprozesse mit Zinsprodukten als Ziel vorgegeben (vor allem bei staatlich »geförderten« Produkten wie Riester- und Basisrenten mit zinsbasierten Zwangsverrentungen).

Hilft es dem einzelnen Verbraucher (und auch dir), dass vorzeitig stornierende Kunden allenfalls – nicht dem »Leitbild« entsprechende – Einzelfälle sind? Oder: Wie bedarfsgerecht ist ein Produkt für deine Kunden, das Bedarfsänderungen nicht oder nur eingeschränkt zulässt (unter Berücksichtigung der Alternativen, jenseits vom Nichtstun)?

These 4: Flexibilität, Einfachheit und Transparenz

Diese drei Punkte sind – vor allem bei der Altersvorsorge – für die Generation Y keine »Gimmicks« oder »sinnvollen Kriterien«, sondern »Must-haves«. Oder: Hilft das »magische Dreieck der Geldanlage« (oder das »magische Viereck«) weiter, wenn sich die Kanten verschoben haben oder wegbrechen (siehe oben: Zinsen – Inflation – Krisen) und ein Produkt dann nicht mehr funktioniert?

These 5: Möglichkeiten und Grenzen von »Nachhaltigkeit«

Dieses Thema dürfte eher offene Fragen hinterlassen als Antworten: Siehst du es mehr als ein gewünschtes Handlungsprinzip, das politisch beziehungsweise zeitgeistgetrieben ist (oder eine Kombination aus beiden)? Wieso haben viele Unternehmen während des Pride-Month ihre Logos in Regenbogenfarben dargestellt – in Amerika und Europa (nur außerhalb von Ungarn und Russland), aber nicht in den Ländern des Nahen Ostens (mit Ausnahme von Israel)? Welche Bedeutung haben ESG-Themen jenseits von Umwelt- und Naturschutz (also dem »E«) – nämlich Meinungs- und Pressefreiheit, Rechtsstaatlichkeit, LGBT-Rechte etc., die (so mein Eindruck) lediglich durch ein optisches/verbales »Haltungzeigen« (aber nicht durch konkretes Handeln) platziert werden?

Entsprechend ist es sinnvoll, welche Fragen du für dich stellen und beantworten kannst: Sind die Zielgruppe der Beratung solche Verbraucher, die eine ESG-orientierte Kapitalanlage als »Ablasshandel« nutzen und sich damit begnügen, in einen ETF anzulegen, der mit einem Zusatz wie »ESG Screened« oder »Low Carbon Select 5 Prozent Issuer Capped« versehen ist? Oder sind solche Verbraucher die Zielgruppe, die bereit sind, sich entsprechend der Komplexität zu informieren und tiefergehend dazu beraten zu lassen und für diese Komplexität auch zu bezahlen? Und sind die angebotenen Produkte dazu geeignet?

Auch bei der Altersvorsorge geht es zwangsläufig um Zeit und Geld – beides ist knapp und eine Priorisierung fällt jeder Generation schwer. Aber jede Frage bringt euch einer Lösung näher.

»Kein Geld der Welt vermag eine Sekunde Zeit zu kaufen.«
(Howard Stark)

GASTBEITRAG BIRGITT TAUBERT

Birgitt Taubert hat sich als Bankkauffrau und Betriebswirtin seit Beginn ihrer Tätigkeit als Finanzberaterin 2001 der investment- und kundenorientierten Altersvorsorge verschrieben. Sie hat dabei früh den Status quo in der Versicherungswirtschaft kritisch hinterfragt. Ihr spartenübergreifendes Wissen vermittelt sie nun auch ihren Kollegen in Workshops und Seminaren.

Auch ich halte es für unerlässlich, die Altersvorsorge in dem Gesamtkontext des Kunden zu sehen. Und das im Übrigen unabhängig von der Generation.

Als Altersvorsorge verstehe ich im Übrigen nicht nur die Lösungen in Versicherungsform, wie dies traditionell oft gesehen wird. Vielmehr steht Altersvorsorge mehr als Synonym für Vermögensaufbau beziehungsweise Vermögen. Hierzu gehören auch Immobilien und Investments.

Denn wenn unsere Kunden im Rentenalter über ein ausreichendes Vermögen verfügen, können sie daraus auch ihren Lebensunterhalt bestreiten.

Stellen wir uns die ganzheitliche Finanzberatung mal als ein Gebilde vor, beispielsweise als Pyramide oder als Haus. Dann ist logisch, dass wir bei der Erstellung nicht oben in der Spitze oder im Dach mit dem Bau anfangen. Dieser Priorisierung folgt auch die Logik der Finanzplanung. Dieses Bild wird schon häufig von Finanzvertrieben oder einigen Banken/Sparkassen in der Praxis angewandt.

Zunächst muss also das Fundament stehen, bevor es weitergeht. Und dieses Fundament stellt in der Finanzwelt die Absicherung der existenziellen Risiken dar. Also die Risiken, die unsere Kunden finanziell ruinieren könnten und da wären wir bei Privathaftpflicht, Arbeitskraftabsicherung und Co.

Auch muss die Liquidität jederzeit gewährleistet sein, damit der Altersvorsorgevertrag nicht »geplündert« wird. Und die Liquidität wird kurz-, mittel- und langfristig benötigt – für die bereits erwähnten materiellen und nicht materiellen Investitionen.

Altersvorsorge ist folglich ein langfristiger Vermögensaufbau.

Meine Erfahrung aus über 20 Jahren Beratungspraxis zeigt, dass diese Herangehensweise zu hoher Bestandssicherheit führt, weil Verträge äußerst selten gekündigt werden.

Ein weiterer Erfolgstipp ist die Berücksichtigung der individuellen Kundenwünsche, Anforderungen an die Altersvorsorge und das Risikoprofil. Der Kunde sollte sich mit seinem Vertrag wohlfühlen und sich selbst dafür entscheiden.

Die individuellen Wünsche können nur berücksichtigt werden, wenn wir uns auch mit den Zukunftsplänen und Lebenszielen unserer Kunden beschäftigen. Die Informationen sollten dann bei den Lösungsvorschlägen berücksichtigt werden. Leider gibt es hierfür keine Checkliste oder Ähnliches, weil wir Menschen einfach so vielfältig und individuell sind. Hier benötigen wir umfangreiche Kenntnisse über die Versorgungslösungen am Markt, bestenfalls auch über Immobilien und Investment.

Als Nächstes sollten die Anforderungen an die langfristigen Verträge abgeklopft werden. Hierfür gibt es zum Glück Checklisten. Damit kannst du ermitteln, welche Schicht (Rürup, Riester, bAV oder flexible Rente) am besten zum Kunden passt. Oder eine Kombination anbieten, da selten nur eine Lösung passt oder keine zu 100 Prozent.

Auch wenn es nicht vom Gesetzgeber gefordert ist, gehört eine Ermittlung des Risikoprofils für mich zum Standard. Nur so wissen wir, welches Produkt – mit, mit bisschen oder ohne Garantie – zum Kunden passt. Schließlich soll sich der Kunde wohlfühlen. Und das tut ein risikoaverser Kunde mit Garantie und ein risikofreudiger Kunde mit hoher Rendite.

Ein weiteres Thema, dass viele bewegt, ist die Frage, ob wir nun einen Netto- oder Bruttovertrag vermitteln sollten. Es kommt drauf an ...

Es kommt auf die tatsächliche RIY – Reduction in Yield – an. Eine Netto-Fondspolice mit ETFs im Depot neben einem Bruttovertrag mit aktiven Fonds zu betrachten, dieser Vergleich hinkt. Wenn du auf diese Frage also eine ehrliche Antwort haben möchtest, vergleiche die Policen mit Investmentfonds ähnlicher Kostenstrukturen und rechne auch ganz ehrlich das Vermittlungshonorar und die Betreuungsvergütung für die Nettopolice in die RIY ein.

04.9 GENERATION Y UND IMMOBILIEN

Nach wie vor wollen viele Vertreter der jungen Zielgruppe ein eigenes Häuschen bauen oder kaufen. Das ist angesichts der in den letzten Jahren stark gestiegenen Grundstücks- und Baupreise sowie der gestiegenen Zinsen für die Baufinanzierung eine Herausforderung für jeden Berater. Wir zeigen einen Weg, wie es dennoch gelingen kann.

Hausbau – Ja oder nein?

Bevor es um das »Wie« geht, solltest du mit deinen Kunden das »Ob« klären. Der Hausbau oder Wohnungskauf ist und bleibt die größte Finanzentscheidung der allermeisten Kunden. Nur weil die Zinsen niedrig sind oder alle drumherum bauen, sollte niemand überstürzt das Projekt Immobilie angehen. Besprich mit deinen Kunden das Für und Wider. Ermittle, wie viel Haus sie sich überhaupt leisten können. Als Faustregel sagen wir:

1. 20 Prozent Eigenkapital für die etwa 20 Prozent Baunebenkosten.
2. Tilgung des Kredits bis 50, damit ausreichend Zeit für die übrige Altersvorsorge bleibt.
3. Max. 30 Prozent des Haushaltsnettoeinkommens für die Rate, um sich nicht zu übernehmen.
4. Ein Notgroschen von sechs Monatsausgaben, um kurzfristige Schwankungen der Einkünfte zu verkraften.

Danach kann der Kredit derzeit circa 85 Monatsnettoeinkommen betragen. Klar, daran kann man rumschrauben: längere Tilgung, höhere Rate, weniger Eigenkapital. Meist rächt sich das jedoch über kurz oder lang. Nichts ist fataler als eine überdimensionierte Immobilie. Die Folge sind zu lange Laufzeiten, teure Anschlusskredite, zerrüttete Ehen, vom Burn-out geplagte Häuslebauer oder der Notverkauf. Eine ergebnisoffene Beratung wird dein Kunde nicht bei der Bank bekommen, sondern nur bei dir. Mach das deutlich und handle dann auch entsprechend!

Probephase vereinbaren

Ist die Entscheidung für eine Immobilie gefallen, geht es daran, möglichst viel Eigenkapital anzusparen. Bevor es hier schon in die Produktdetails geht, solltest du das grundsätzliche Vorgehen mit deinem Kunden besprechen. Wir nennen das in der Beratung »Probephase«. Wir probieren gewissermaßen, wie es ist, jeden Monat einen beträchtlichen

Teil des Einkommens (an das sich die Kunden ja gewöhnt haben) nicht zur Verfügung zu haben. Die Sparrate sollte so hoch sein, dass es wehtut. Im Idealfall ist sie so hoch wie die Annuität des späteren Kredits abzüglich der aktuellen Kaltmiete. Diese Sparrate muss fix sein. Die Probephase sollte drei bis fünf Jahre laufen.

Ergebnis der Probephase

Nach besagten drei bis fünf Jahren wissen die Kunden, ob sie die hohe Belastung auf Dauer tragen können und wollen. Fällt ihnen erst nach Kreditabschluss auf, dass die regelmäßigen Restaurantbesuche und Städtetrips essenziell für ihr Wohlbefinden sind, ist es zu spät. Stellen sie das in der Probephase fest, ist das kein Problem. Dann ist die Immobilie eben doch nichts für sie. Das Beste daran: Du hast sie vor diesem fatalen Irrtum bewahrt. Wenn die hohe Belastung und Einschränkung dagegen kein Problem darstellen, sind deine Kunden wahrlich bereit für die eigenen vier Wände.

Schaffen es deine Kunden, jeden Monat zum Beispiel 800 Euro zur Seite zu legen, sind das nach fünf Jahren ohne Zinsen (die spielen hier keine Rolle) 48.000 Euro. Das ist als Eigenkapital schon nicht schlecht. Wenn deine Kunden nach der Probephase doch nicht mehr bauen beziehungsweise kaufen wollen, können sie das angesparte Sümmchen als Startkapital zur Altersvorsorge oder zum Vermögensaufbau nutzen. Das Gute: Sie haben sich in jedem Fall an die Einschränkung des Konsums gewöhnt und sind auch zukünftig vermutlich disziplinierte Sparer.

Diese Produkte kommen (nicht) infrage

Für die Probephase sind mögliche Zinsen beziehungsweise die Rendite des Produkts irrelevant. Die beiden entscheidenden Merkmale sind Sicherheit und Verfügbarkeit. Das Geld muss zu einem Tag X in drei bis fünf Jahren zur Verfügung stehen. Es wäre ja blöd, wenn deine Kunden zu Baubeginn nicht oder nur mit Verlusten ans Geld kommen würden. Außerdem soll das Geld in der nominalen Höhe zur Verfügung stehen, also keinen Wertschwankungen unterliegen. Es wäre ja schlecht, wenn sich in fünf Jahren das Kapital aufgrund einer Wirtschaftskrise und Aktienbaisse halbiert hätte.

Insofern kommen nur zwei Produkte wirklich infrage: Tagesgeldkonto und Banksparplan. Das Dumme: An beiden Produkten verdienst du als Makler nichts. Du müsstest also eine andere Art der Vergütung mit deinem Kunden vereinbaren.

Nicht infrage kommen aus unserer Sicht Bausparverträge, Fondssparpläne, Versicherungen. Sie sind entweder zu unsicher, zu teuer oder zum Tag X verfügbar. Gerade Bausparverträge lohnen sich oft nicht.[28]

GASTBEITRAG INES SCHMIDT

Ines Schmidt ist Geschäftsführerin der Finanzierungswerk24.de GmbH (Franchisenehmer bei Dr. Klein) mit großem Netzwerk rund um die Immobilie. Als gerlernte Bankkauffrau mit viel Erfahrung und Engagement ist sie immer bestrebt, die beste auf den Kunden zugeschnittene Finanzierungslösung zu finden.

Baufinanzierung ist eine komplexe Angelegenheit, insbesondere in Zeiten, in denen sich der Markt schnell verändert. Als Baufinanzierungsberaterin helfe ich Kunden, sich bei diesem langfristig verpflichtenden Thema in dieser schnelllebigen Welt zurechtzufinden und die bestmöglichen Entscheidungen für sich zu treffen.

Derzeit befindet sich der Markt wieder mal in einer Phase der Unsicherheit und Volatilität und die wirtschaftlichen Auswirkungen der aktuellen Ereignisse lassen sich noch nicht vollständig abschätzen. Es ist jedoch wichtig, sich auf die Fakten zu konzentrieren und auf Veränderungen vorbereitet zu sein, um den Kunden die bestmögliche Beratung zu bieten und auch eine gewisse Sicherheit zu vermitteln. Hierzu gehört meines Erachtens auch, dem Kunden von einem Projekt abzuraten, wenn es nicht zu ihm oder seinen aktuellen finanziellen Verhältnissen passt. Oder den Kunden auch zur Seite zu stehen, sollten sich wie so oft ihre Lebenspläne ändern, um die Finanzierungsverhältnisse neu zu ordnen und an die aktuelle Situation anzupassen. Hier spreche ich vom möglichen Schuldnerwechsel beziehungsweise einer Schuldhaftentlassung oder auch von einem eventuellen Pfandtausch – sofern ein Objektwechsel vonnöten wird. Hier zählt rein die Beratungsleistung und das Know-how, denn bei solchen Fällen wird kein Geld verdient, jedoch dem Kunden weitergeholfen. Meine Erfahrung zeigt: Gerade diese Kunden sind sehr dankbar und empfehlen mich weiter – und ein Empfehlungskunde ist heute der Diamant unter den Kunden.

Expertise und ein gutes Netzwerk sind in diesem Bereich unübertroffen wichtig. Ich biete meinen Kunden eine umfassende Beratung und Unterstützung bei der Auswahl des passenden Kreditgebers und der besten Konditionen, indem die spezifischen Bedürfnisse und Ziele der Kunden aufgegriffen werden. Kompetenz, gepaart mit eigenen Immobilien- und Krediterfahrungen sowie ein Pool an Anbietern, um dem Kunden Hinweise im Konditions- und Bedienungsdschungel zu geben. Dabei sollten alle Kunden individuell bedient werden. Es ist wichtig, dass sie stets die freie Entscheidung behalten. Ich bin der Meinung, dass das Konzept für eine Baufinanzierung viel wichtiger ist als die Kondition, da es sich um eine langfristige, lebensbegleitende Entscheidung für den Kunden handelt.

Meine Erfahrung hat gezeigt, dass Sachwerte wie Immobilien eine ausgezeichnete Möglichkeit sind, nachhaltiges Vermögen aufzubauen und gleichzeitig eine stabile Einnahmequelle zu generieren oder auch eine Ausgabenminimierung zu erreichen. Wichtig ist es hier jedoch auch, auf die Stolpersteine, gesetzlichen Bedingungen und Besonderheiten beim Immobilienerwerb und -besitz hinzuweisen. Vor allem zum zeitlichen Ablauf und den einzuhaltenden Fristen – beispielsweise, dass der Kaufvertrag innerhalb der Widerrufsfrist des Darlehensvertrages geschlossen werden sollte, um im Fall des Falles nicht mit dem Darlehen, aber ohne Objekt dazustehen.

Wichtig ist die Kenntnis der anderen Seite des Marktes, der Bankenwelt, und ein enger Kontakt mit den Entscheidern. Dies gibt ein tiefes Verständnis dafür, wie Banken arbeiten und welche Kreditgeber am besten geeignet sind, um die spezifischen Bedürfnisse des Kunden zu erfüllen.

Letztendlich ist die Baufinanzierungsberatung ein Geschäft unter Menschen. Trotz aller Technologie und Automatisierung sind Ehrlichkeit und Einfühlungsvermögen entscheidend, um eine erfolgreiche Beratung zu gewährleisten. Der Kunde sollte immer im Vordergrund stehen. Ein vertrauensvolles Verhältnis zu ihm steht im Vordergrund, und der Berater sollte immer mit sichtbarer Begeisterung auf die individuellen Bedürfnisse des Kunden eingehen.

04.10 EXISTENZGRÜNDER DER GENERATION Y BERATEN

Existenzgründer der Generation Y sind eine spannende und herausfordernde Zielgruppe. Sie versprechen einerseits mittelfristig gute Wachstumsaussichten, andererseits besteht aber auch die Gefahr, dass sie scheitern. Zudem sind sie anspruchsvoll in der Beratung. Im folgenden Kapitel geben wir einen Denkanstoß, wie du diese Zielgruppe überraschen und für dich gewinnen kannst.

Das verzerrte Bild der Höhle der Löwen

Das erfolgreiche TV-Format »Die Höhle der Löwen« verzerrt den Blick auf junge Existenzgründer. Scheinbar dominieren fancy Start-ups und angehende »Einhörner«, also junge Unternehmen mit einer Bewertung ab einer Milliarde Euro beziehungsweise Dollar.

Tatsächlich sind die meisten Gründungen junger Menschen eher traditionelle Unternehmen: Handwerk, Einzelhandel, Gastronomie, Beratung, Werbung usw. Viele, gerade im Dienstleistungsbereich, starten als Solo-Selbstständige. Wir konzentrieren uns auf genau diese Firmen, die unter dem medialen Radar fliegen.

Gleichwohl gibt es hier natürlich spannende und ungewöhnliche Geschäftsmodelle. Nicht immer ist sofort klar, wie der junge Gründer eigentlich Geld verdient. Allerdings, und das ist das Schöne am Maklerberuf, erweiterst du so beständig deinen Horizont und lernst neue Dinge kennen.

Das Problem: gesetzliche und behördliche Auflagen

Kaum jemand, der sich selbstständig macht, ist sich im Klaren, was alles an Auflagen und Gesetzen auf ihn zukommt. Wir finden: Das ist auch gut so! Aus unseren Gesprächen mit jungen Selbstständigen wissen wir, dass sonst quasi niemand mehr den Schritt wagen würde.

Die Versicherer machen es sich in der Regel recht leicht. Sie verweisen in ihren Obliegenheiten auf eben diese gesetzlichen und behördlichen Auflagen. Der Nullachtfünfzehn-Vermittler kennt sich vermutlich selbst wenig aus und hat kaum Interesse, intensiv darauf hinzuweisen. Im Schadensfall kommt es dann, wie es kommen muss. Der Versicherer verweigert oder kürzt (vollkommen zurecht) die Leistung, weil der Versicherungsnehmer zum Beispiel kein Brandschutzkonzept vorweisen kann oder der Einbruchschutz nicht ausgereicht hat.

Das Ergebnis: Der Kunde ist stinksauer und eventuell insolvent, der Vermittler steht dumm da und haftet, der Versicherer steht am medialen Pranger nach dem Motto »Die leisten ja eh' nicht!«. Eine Loose-loose-loose-Situation. Nicht erfüllte Obliegenheiten sind Ablehnungsgrund Nummer 1 in der Gewerbeversicherung.

Die Lösung: Aufklärung und Betriebsbesichtigung

Um das zu verhindern, machen wir bei all unseren Firmenkunden eine Betriebsbesichtigung und klären über die Risiken auf. Hierfür haben wir eine Checkliste entwickelt. Sie gliedert sich in Einbruchschutz, Brandschutz, Elektrik, Datenschutz und Arbeitsschutz. Die Checkliste orientiert sich an den gültigen gesetzlichen und behördlichen Auflagen einerseits, Empfehlungen der Polizei und der VdS Schadensverhütung. Gemeinsam begehen wir den Laden, das Büro, das Restaurant oder die Werkstatt. Wir haben Bilder in die Checkliste integriert, um gleich vor Ort zu zeigen, wie zum Beispiel ein extralanges Winkelblech aussieht.

Wir notieren die Mängel und die ausreichenden Sicherungen. Diese Checkliste erhält der Kunde im Anschluss an das Gespräch. Außerdem bekommt er eine Liste der von uns empfohlenen Dienstleister, zum Beispiel Experten für den Brandschutz, Spezialisten für die Sicherung von Türen und Fenstern oder externe Datenschutzbeauftragte.

Anschließend organisieren wir den notwendigen und gewünschten Versicherungsschutz. Im Schadensfall machen nun die Versicherung und die Berufsgenossenschaft keinen Ärger. Das Ergebnis: Der Kunde ist zufrieden und kann weitermachen, der Vermittler wird weiterempfohlen, die Versicherer können zeigen: Sie sind da, wenn man sie braucht.

Übrigens: Die Besichtigung lassen wir uns separat vom Kunden beziehungsweise der Kundin vergüten.

GASTBEITRAG FRANZISKA ZEPF

Franziska Zepf ist seit 2014 Inhaberin von PremiusMakler und verhilft Unternehmerinnen und Unternehmern zu mehr Sicherheit und wirtschaftlichem Erfolg in ihren Unternehmen und Leben. Sie ist seit mehreren Jahren zusätzlich als Speakerin und Unternehmensberaterin mit dem Schwerpunkt finanzielles Wachstum tätig. Als leidenschaftliche Surferin übt sie ihre berufliche Tätigkeit am liebsten von den schönsten Orten der Welt aus.

Wie wir Gründer der Generation Y begeistern

Seit 2014 hat sich mein Unternehmen PremiusMakler nun im Kern der Zielgruppe der Gründer zugewandt. Mit unserer tiefgreifenden Analyse bekommen wir echte Einblicke in das Leben der jungen Gründer.

In unseren Augen hat diese Zielgruppe etwas sehr Besonderes. Sie hat aufgehört, einfach den Status quo zu übernehmen. Sie geht neue Wege, egal ob dies mit der Art der Kommunikation, dem Betriebsstandort oder der Erwartungshaltung in Sachen Service zu tun hat.

Der Satz »Das hat man aber immer schon so gemacht« hat den Generationswechsel (glücklicherweise) nicht geschafft.

Was ist also nun die große Herausforderung in Sachen Finanzen und Versicherungen?

In unseren Augen ist es das Zusammenführen der alten und doch etwas verstaubten Versicherungswelt mit der für die Generation Y bekannten neuen Welt.

Wie gelingt dir diese Aufgabe?

Das ist eigentlich kein Hexenwerk. Hör dir die echten Bedürfnisse deiner Kunden an.

Stelle auch ganz einfache und für uns banal wirkende Fragen wie: »Was erwartest du, wie schnell ich dir deine Rückfragen beantworte? Über welchen Kanal kommunizierst du lieber? Möchtest du Erklärvideos oder einen schriftlichen Leitfaden von uns?« Werde zum Problemlöser für deine Kunden.

Wie im vorangegangenen Artikel schon beschrieben, fühlen sich unsere Kunden im Dschungel der deutschen Bürokratie oft vollkommen verloren und überfordert.

Die häufig mutige Zielgruppe der Jungunternehmer steht plötzlich vor einem Berg an Aufgaben, mit denen sie nicht gerechnet hat.

Du wirst also einen Gründer aus der Generation Y richtig begeistern, wenn du all das in seine Sprache und Welt übersetzen kannst. Wenn du es schaffst, ein echter Sparringspartner für ihn zu werden.

Das erfordert – wie im privaten Leben – manchmal ein wenig Beziehungsarbeit, zum Beispiel durch:

- schnelle und klare Kommunikation,
- eine transparente Arbeitsweise,
- klare Kostenaufstellungen,
- das Öffnen deines eigenen Netzwerks und die Weiterempfehlung anderer Spezialisten,
- das Generieren von Umsatz (wenn du selbst das Produkt deines Kunden brauchen kannst, warum dann nicht auch einmal bei ihm kaufen?).

Aber wenn du ihre Vertreter einmal überzeugt hast, hat diese Zielgruppe zwei sehr markante Vorteile.

1. Den meisten ist absolut bewusst, dass guter Service auch etwas kosten darf. Es wirkt eher unseriös, wenn du deinen gesamten Service »for free« anbietest.
2. Sie erzählen es weiter!

In Zeiten der maximalen sozialen Vernetzung ist es für die Generation Y ganz normal geworden, über gute Erfahrungen zu sprechen, schreiben, twittern – oder was auch immer.

Diese Kunden werden dich aber definitiv weiterempfehlen, wenn du sie begeistert hast.

Ein letzter, aber wichtiger Tipp:

Wer heute in jungen Jahren gründet, hat von seinen Eltern nicht mehr ganz so häufig den Glaubenssatz mitbekommen, dass man für Erfolg hart arbeiten müsse, wie die Generation davor.

Daher sind unsere Kunden sehr häufig gerne bereit, Dinge abzugeben und auszulagern.

Wenn du dich also nicht nur als Berater und Erklärer zu erkennen gibst, sondern als Macher und Problemlöser, wirst du viele deiner Kunden aus der Generation Y über alle Maßen begeistern.

Abschließend lässt sich nur sagen, dass ich sehr glücklich mit der Wahl unserer Zielgruppe bin und erkannt habe, dass es auch hier läuft wie in einer guten Partnerschaft.

Werte wie Ehrlichkeit, Loyalität, Spaß, Leichtigkeit und Ergebnisorientierung werden dir eine lange und glückliche Ehe – äh, Kundenbeziehung! – bescheren!

04.11 WIE DU STORNO-QUOTEN REDUZIERST

Eine gute Möglichkeit, wie du zu besseren, dauerhafteren und nachhaltigen Entscheidungen mit deinen Kunden kommst, ist das sogenannte Shared Descision Making. Es handelt sich um eine Möglichkeit, wie du deine Storno-Quote reduzieren kannst.

Was ist Shared Decision Making?

Das Konzept (zu Deutsch: partizipative Entscheidungsfindung) stammt aus der Medizin. Es beschreibt die Arzt-Patienten-Beziehung und die Art und Weise, wie sich beide Parteien auf eine Behandlung einigen. Das Gegenmodell ist das sogenannte paternalistische Modell: Der Arzt ist der Halbgott in Weiß. Ein kranker Patient geht zum Arzt und lässt sich untersuchen. Der Arzt untersucht den Patienten, verschreibt einseitig eine Behandlung oder ein Medikament. Auf Wiedersehen und gute Besserung! Nachfragen? Unerwünscht!

Beim Shared Decision Making einigen sich Arzt und Patient gemeinsam auf eine Behandlung oder eben auch auf eine Nicht-Behandlung. Der Arzt zeigt verschiedene Möglichkeiten der Behandlung auf, erklärt verständlich Vor- und Nachteile und berücksichtigt dabei auch »weiche« Faktoren. Dabei nutzt der Mediziner die sogenannte evidenzbasierte Medizin. Der Arzt beruft sich also auf Fakten und Studien und übersetzt sie in Laiensprache.

Warum Shared Decision Making?

Für gute Entscheidungen sind Informationen nötig. Das gilt für beide Seiten: Patient und Arzt. Emotionen, Ängste, Erfahrungen und Hoffnungen spielen immer eine entscheidende Rolle bei der Wahl oder Ablehnung einer Therapie. Was bringt die objektiv »richtige« Therapie, wenn der Patient das Medikament nicht einnimmt? Will der Patient eine Lösung nicht, wird sie nie funktionieren. Er muss daran glauben und sie wollen. Vielfach gibt es nicht die eine, beste Lösung, denn alles hat Vor- und Nachteile. Des Weiteren hängt der Therapieerfolg stark davon ab, dass der Patient einbezogen wird und die Entscheidungen mitträgt.

Wie funktioniert Shared Decision Making?

Am Anfang steht die Übereinkunft, dass eine Entscheidung nötig ist. Der Arzt macht das Angebot, die anstehende Entscheidung in gleichberechtigter Partnerschaft zu entwickeln. Der Arzt zeigt verschiedene gleichwertige, evidenzbasierte Optionen auf. Er informiert umfassend über Evidenzen, Alternativen, Vor- und Nachteile – eventuell stellt er dafür auch Materialien zur Entscheidungshilfe bereit, wie zum Beispiel schriftliche Patienteninformationen. Der Arzt überzeugt sich anhand der Rückmeldungen des Patienten, dass dieser die verschiedenen Optionen auch verstanden hat. Der Patient hat die Möglichkeit, weitere Optionen einzufordern. Anschließend ermitteln beide Parteien ihre Präferenzen und handeln die Entscheidungsmöglichkeiten aus. Entweder gibt es eine gemeinsame (partizipative) Entscheidung oder aber einseitige Entscheidung des Patienten (Selbstbestimmungsrecht), auch gegen den Willen des Arztes. Im besten Fall erstellen beide Seiten einen Vertrag beziehungsweise eine Selbstverpflichtung, also den Plan zur Umsetzung der Entscheidung.

Was hat das mit dem Thema Finanzberatung zu tun?

Finanzen sind wie Medizin: Sie sind oft schwer verständlich. Finanzielle Themen gelten als komplex. Es gibt nicht die eine, beste Lösung, denn alles hat Vor- und Nachteile. Emotionen und Erfahrungen des Kunden sind extrem wichtig. Finanzen sind Vertrauenssache. Der Erfolg der Beratung ist erst im Nachhinein erkennbar. Fakten (Evidenzen) statt Meinungen sind wichtig. Hier gilt es, den Kunden objektiv und verständlich aufzuklären. Solche gemeinsam getroffenen Entscheidungen werden konsistenter umgesetzt. Informations-Asymmetrien können so beidseitig beseitigt werden. Informations-Asymmetrien sind Wissensvorsprünge einer Partei gegenüber der anderen. Beispiel für einen Wissensvorsprung des Kunden: Er verschweigt vorhandene Krankheiten im Beratungsprozess und im Versicherungsantrag. Beispiel für einen Wissensvorsprung des Vermittlers: Er verschweigt die Nachteile eines vorgeschlagenen Produkts im Vergleich zu einem anderen Produkt.

Was hat das mit der Generation Y zu tun?

Junge Kunden wollen aufgeklärt werden und haben vielfach höhere Ansprüche an die Beratung. Das einfache Herunterbeten von Produkthighlights weckt ihre Skepsis. Sie hinterfragen die so präsentierten Informationen und wollen stattdessen objektive und neutrale Fakten. Vermittler und Makler sollen im eigentlichen Sinne treuhänderische Sachwalter des Kunden sein. Allerdings will die Generation natürlich nicht mit Informationen überschwemmt oder mit Fachchinesisch gelangweilt werden. Hierin liegt unserer Meinung nach der wesentliche Unterschied zwischen Verkauf und Beratung. Beratung wird zunehmend gefragt, gefordert und auch bezahlt. Verkauf wird langfristig durchdigitalisiert werden – ganz einfach, weil das möglich ist.

Wie sieht Shared Decision Making in der Praxis aus?

Nötig ist vor allem ein klarer und strukturierter Beratungsprozess. Bei uns handelt es sich um fünf Gespräche: Interview, Gutachten, Konzept, Umsetzung und Auswertung. Anschließend geht es in die Lebensphasenbegleitung. Im Interview lernen wir unsere Kunden kennen und erfassen alle notwendigen Daten. Im Gutachten erläutern wir den Bedarf und bestehende Lücken. Außerdem klären wir neutral über wichtige Themen auf. Im Konzept zeigen wir die Optionen auf und besprechen Vor- und Nachteile einzelner Lösungen. Wir treffen anschließend gemeinsam die nötigen Entscheidungen und halten sie in einer Matrix fest. Diese setzen wir dann um. In der Auswertung besprechen wir den neuen Status. Unsere Kunden erhalten dazu die Auswertung. Zuletzt entscheiden wir gemeinsam, wie es weitergeht.

04.12 VERTRAUEN DURCH TRANSPARENZ GEWINNEN

Ein wichtiger Wert für die Generation Y ist Transparenz. Daraus kann Vertrauen erwachsen. Warum Transparenz wichtig ist und wie du diese in der Beratung gewährleistest, erklären wir in diesem Kapitel.

Intransparenz als Ursache von Misstrauen

Seit Jahren gehört der Berufsstand des Vermittlers zu denjenigen Profis, denen am wenigsten Vertrauen entgegengebracht wird. Der Ruf dieser Branche ist irgendwo in der Nähe von Politikern und Gebrauchtwagenhändlern anzusiedeln. Gleichwohl vertraut die Mehrheit ihrem persönlichen Berater. Ein vielfach vorgebrachter Grund für das bestehende Misstrauen ist die Intransparenz. Eine Versicherung ist zunächst wenig mehr als ein Versprechen: Du zahlst deinen Beitrag und wir zahlen dir eine Leistung, falls du einen Schaden hast. Was das Versprechen wert ist, zeigt sich spät oder nie. Die Leistung des Vermittlers ist dabei noch weniger greifbar. Gänzlich unklar bleibt die Gegenleistung des Maklers: die Courtage. Zahlreiche Befragungen haben gezeigt, dass kaum jemand die Höhe der Vergütung korrekt einschätzt. Mal unterschätzen, mal überschätzen die Verbraucher diese Größe.

Transparenz bisher nur produktseitig

Doch gerade in Zeiten, in denen Bewertungen ständig präsent und nahezu alle Informationen jederzeit verfügbar sind, wird das immer mehr zum Problem. Gerade junge Kunden erwarten (zu Recht) Offenheit und Transparenz in Finanzfragen. Auf der Produktseite hat sich in den vergangenen Jahren sehr viel, in einigen Bereichen vermutlich zu viel getan. Die Kunden werden geradezu erschlagen von Informationsblättern, Geeignetheitserklärungen, Beratungsdokumentationen usw. Interessanterweise beobachten wir auf der Vermittlerseite jedoch kaum eine solche Transparenzoffensive. Im Gegenteil: Der Offenlegung der Courtagen erwehrt sich der Berufsstand (noch) erfolgreich. Dabei wäre ein proaktives Vorgehen offenkundig erfolgversprechender. Mache Leistung und Gegenleistung transparent!

Die Leistung: der Versicherungsverkauf

Viele Kunden denken: »Versicherungsverkauf kann so schwer ja nicht sein!« Dabei wissen deine Kunden vermutlich nicht, was alles zur Arbeit und Beratung gehört:

- Erfragen von Wünschen
- Ermitteln des Bedarfs
- Erkennen von Risiken
- Prüfung der Versicherbarkeit
- Risikovoranfragen
- Prüfung bestehender Verträge
- Hinweise auf Deckungslücken
- Auswahl geeigneter Lösungen aus Tausenden von Tarifkombinationen
- Studium der Versicherungsbedingungen und Deklarationen
- Definition korrekter Versicherungssummen
- Erläuterung der Angebote
- Aufklärung über Vor- und Nachteile einzelner Lösungen
- Hinweise zu Obliegenheiten
- Priorisierung verschiedener Risiken und Versicherungen
- Erstellung der Angebote
- Dokumentation der Beratung
- Vorbereitung des Abschlusses
- Nachbearbeitungen
- Prüfung der Policen und gegebenenfalls Veranlassung von Korrekturen

Das war jetzt nur der unmittelbare Beratungsprozess. Vorab kommt die Kundenakquise. Danach gesellen sich Bestandspflege und Schadensbegleitung dazu. Ergänzt wird das Ganze um die allgemeine Führung deines Betriebs mit den Anforderungen an einen ehrbaren Kaufmann. Die zum Teil ausufernde Regulatorik (Datenschutz, Beschwerdemanagement, Produktvertriebsvorkehrungen, Weiterbildungsvorgaben) wollen wir nicht vergessen. Deine Kunden halten den Versicherungsverkauf für eine einfache Nummer. Mach deutlich, dass das nicht so ist, aber ohne in ein allgemeines Lamento oder Wehklagen zu verfallen. Stelle deine Tätigkeit als das dar, was sie ist: eine hochprofessionelle, sehr verantwortungsvolle Aufgabe.

Die Gegenleistung: die Courtage

Dafür erhältst du eine Gegenleistung: die Courtage. Das Charmante an diesem System: Der Kunde merkt davon nichts. Die Courtage ist schließlich Teil der Versicherungsprämie, egal ob vordiskontiert oder in laufenden Raten. Der Versicherer ist so nett und übernimmt das Inkasso. Das ist bequem für alle drei Seiten: Versicherter, Versicherer, Versicherungsmakler. Nur kann dein Kunde eben auch nicht recht einschätzen, ob die oben skizzierte Leistung die Courtage auch wert ist. Und du hast – sofern du ausschließlich auf Courtagebasis arbeitest – wenig Einfluss auf die Höhe. Das ist vor allem dann problematisch, wenn deine Leistung eine viel höhere Gegenleistung erfordern würde. So gesehen ist die Courtage eigentlich nie angemessen. Mal ist sie zu hoch. Mal ist sie zu niedrig. Honorare oder Servicegebühren können da Abhilfe schaffen. Doch sie beseitigen nicht das Transparenzproblem.

Die Abrechnung als Lösung

Wir lösen das Problem durch eine sogenannte Abrechnung. Wir erfassen jede Tätigkeit für den Kunden minutengenau. Dafür nutzen wir das onlinebasierte Zeiterfassungs-Tool Toggl. Allerdings eignet sich auch jedes andere Instrument zur Zeiterfassung. Diese Zeiten tragen wir mit Datum in die digitale Kundenakte ein. Ist die Erstberatung abgeschlossen, schließen wir die Kundenakte und rechnen ab. Der Kunde erhält dann ein mehrseitiges Dokument, in dem wir transparent alle angefallenen Zeiten und durchgeführten Tätigkeiten aufschlüsseln. Außerdem listen wir alle erhaltenen Courtagen und Zuwendungen von Versicherern und Dienstleistern auf den Cent genau auf.

Die Ergebnisse sammeln wir in einer Tabelle, um sie intern weiter auszuwerten. So ermitteln wir die durchschnittlichen Aufwände für die Erst- und Bestandsberatungen sowie die generierten Umsätze aus Courtagen und Honoraren. Damit können wir erstens den Kunden im Vorfeld sehr genaue Kostenvoranschläge beziehungsweise Angebote unterbreiten. Das dient wiederum der Transparenz und Kostenkontrolle. Und zweitens erhalten wir aussagekräftige Ergebnisse für den Deckungsbeitrag und weitere Kennzahlen. Unsere Kunden, die fast alle zur Generation Y gehören, schätzen diese Transparenz sehr. Für viele ist das sogar ein ausschlaggebender Punkt, uns als Berater auszuwählen.

Sei mutig und mach ebenfalls diesen Schritt in Richtung Transparenz! Für Anwälte, Steuerberater, Architekten usw. ist es Usus, ihre Stundensätze selbst zu wählen, diese auszuweisen und abzurechnen. Eine solche Erfassung und Offenlegung hilft dir, wie oben beschrieben, dein Geschäftsmodell um Honorare zu ergänzen oder gänzlich auf Honorarberatung umzusteigen.

04.13 GENERATION Y UND HONORARE

Provisionsdeckel hier, immer neue gesetzliche Anforderungen da. Makler zu sein ist manchmal wirklich nicht schön und oft sehr schwer. Seit einigen Jahren befindet sich die Vergütung von Versicherungsvermittlern besonders im Fadenkreuz von Verbraucherschützern und Gesetzgeber. Wir möchten hier nicht über die Sinnhaftigkeit von deren Bestrebungen diskutieren, sondern Mut machen, das Thema Honorare einfach mal anzupacken.

Es war einmal ...

Es war jahrzehntelang üblich, dass die Vergütung des Vermittlers vom Versicherer überwiesen wurde. Wirtschaftlich getragen hat sie selbstverständlich schon immer der Kunde. Allerdings entwickelte sich auf diese Weise das Gefühl, nichts für die Beratung zu zahlen. Auch wenn jedem Kunden klar war, dass das Geld ja irgendwo herkommen musste und kein Vermittler für lau arbeiten konnte. Es war eben bequem. Aber auch für den Vermittler war es bequem: Keine Diskussion über die Angemessenheit der eigenen Vergütung. Die Beratungsleistung war eher mau? Na ja, sie kostet ja auch nichts, also halb so schlimm.

Generation Y fragt nach

Vor allem junge Kunden geben sich damit nicht zufrieden. Sie wollen wissen, wie hoch die Vergütung ist und welche Gegenleistung sie dafür erhalten. Das kann man doof oder gut finden. Einzig an dem Trend wird sich deswegen nichts ändern. Und dabei verrichtest du als guter Vermittler ja eine Menge Arbeit, die der Kunde im Zweifel gar nicht sieht: ständige Weiterbildung, Auswahl von Versicherern und Tarifen, Datenaufnahme, Bedarfsprüfung, Prüfung neuer Versicherer und Produkte, Schadensbegleitung, Beratung und Information, Risikovoranfragen, Antragsaufnahme, Korrespondenz mit Versicherern, Änderung von Adress- und Bankverbindungseinträgen usw.

Transparenz als erster Schritt

Im ersten Schritt geht es also mal darum, verständlich zu machen, was alles zur diffusen Leistung »Wir schließen mal eine Versicherung ab« gehört. Dafür nötig ist natürlich ein Beratungsprozess. Erstelle hierzu eine sogenannte fachliche Arbeitsrichtlinie, in der für jeden Schritt steht: Wer macht das? Was wird genau gemacht? Wann wird das gemacht? Wie wird das gemacht? Warum wird das gemacht? Wo wird das gemacht? Was ist alles Teil des eigenen Geschäftsmodells? Du solltest auch überlegen, was die Beratung denn wirklich bringt. Also: »Welchen Kundennutzen stifte ich?« Dabei geht es ebenso um den zeitlichen Aufwand, der dahintersteckt. Auf der anderen Seite geht es dann um die Vergütung. Also: »Wofür erhalte ich eigentlich meine Courtage und wie viel ist das?« Wir listen das in unserer Auswertung haarklein auf. Nun können wir sagen: »Das leisten wir. Das bringen wir dir, lieber Kunde!« Und das kosten wir.« Im besten Fall halten sich die beiden Seiten Leistung und Vergütung die Waage. Wenn nicht, droht bald Insolvenz oder aber die Kunden wandern ab.

Preisschild als zweiter Schritt

Davon ausgehend kannst du einen Stundensatz für dich ermitteln. Also: Wie viel kostest du beziehungsweise was ist deine Leistung pro Stunde wert? Ob du hier mit Pauschalen, Stundenhonoraren, Servicegebühren oder etwas ganz anderem arbeitest, hängt von der konkreten Zielgruppe und deinem Beratungsmodell ab. Egal wie es aussieht: Häng ein Preisschild an deine Leistung! Nun endlich haben deine Kunden etwas (An)greifbares in der Hand. Etwas, über das sich diskutieren und was sich tatsächlich verkaufen lässt.

Premium oder nullachtfünfzehn?

Die meisten nehmen für sich in Anspruch, Premium-Beratung beziehungsweise Betreuung anzubieten. Hand aufs Herz: Stimmt das wirklich? Oder ist es nicht doch eher nullachtfünfzehn? Sei hier kritisch und ehrlich mit dir selbst. Lass deine Leistungen auch einmal (oder immer wieder) von deinen Kunden bewerten. Unter Umständen wird deine Leistung sogar als höherwertig wahrgenommen, als du selbst sie einstufst. Dann fällt es noch viel leichter, Honorare oder Ähnliches einzufordern. Wer wirklich Premium-Beratung bietet – gleichgültig, ob für eine spezielle Zielgruppe oder zu einem speziellen Produkt –, kann ohne Probleme ein Honorar oder eine direkte Vergütung durch den Kunden einführen. Vor allem die junge Zielgruppe ist dazu bereit, für echten Mehrwert direkt Geld zu bezahlen. Das Schöne ist: Man macht sich dadurch unabhängiger von Produktgebern und deren Courtagesätzen sowie vom Gesetzgeber.

GASTBEITRAG INGO SCHRÖDER

Ingo Schröder ist ein erfahrener Honorarberater für Geldanlagen, ETFs und Finanzplanung und Geschäftsführer bei maiwerk Finanzpartner GmbH & Co. KG in Köln. Er verfügt über einen finanzpsychologischen Hintergrund und ist Podcaster bei »How I met my money« sowie Experte bei Madame Moneypenny. Seit dem Kauf seiner ersten Aktien im Alter von 14 Jahren ist er leidenschaftlich am Thema Geldanlage und Finanzen interessiert und verfügt mittlerweile über 20 Jahre Erfahrung.

So machen Makler den Vertretern der Generation Y Honorare schmackhaft

Provisionsverbote hängen immer wieder wie ein Damoklesschwert über den Köpfen der Berater. Wäre es da nicht toll, wenn du dich einfach unabhängiger davon machen könntest und statt der Provisionen Honorare erhalten würdest. »Aber wer zahlt denn schon für eine Dienstleistung?«, höre ich häufig auf diese Frage hin. Mehr Menschen, als du denkst. So machst du ihnen ein Honorar schmackhaft.

Grundvoraussetzungen erfüllen

1. **Was bin ich wert?**
   Errechne dir deinen benötigten Stundensatz, denn ohne wirst du nicht wissen, was du verlangen kannst und solltest.
2. **Was kosten meine Dienstleistungen?**
   Stundensätze von 150 bis 200 Euro sind gängig und Pauschalhonorare von 1.000 bis 3.000 Euro üblich. Und schreib sie transparent auf deine Webseite. Du willst doch auch gern wissen, was die Avocado im Supermarkt kostet oder was dein Anwalt nimmt, um dich zu unterstützen.

3. **Transparenz aus allen Rohren**
   Jemand, der den Preis sofort sieht, will meistens auch wissen, was er dafür bekommt. Mach daher deine Dienstleistungen, die Beratungsprozesse und ihren Mehrwert neben dem Preis transparent auf deiner Webseite sichtbar. Das schafft Vertrauen!

Honorare schmackhaft machen

Dann geht es darum, den Kunden davon zu überzeugen, dass es richtig ist, ein Honorar zu zahlen. Das kannst du auf verschiedenen Ebenen machen:

1. **Ergebnisoffene Beratung**
   »Lieber Kunde, da ich von dir bezahlt werde und von niemand anderem, kann ich dir alle Vor- und Nachteile aufzeigen. Es kann sogar sein, dass ich dir am Ende sage, dass du besser keinen Abschluss tätigen sollst. Denn ich werde nicht für den Abschluss, sondern für die Beratung bezahlt. Das Ergebnis unserer Beratung ist also komplett offen.« So ähnlich könntest du es gegenüber deinem Kunden kommunizieren. Und welcher Provisionsberater kann das schon sagen? Denn seien wir mal ehrlich: Der Abschluss ist natürlich gewollt. Und die Kunden? Die mögen offene und ehrliche Ansagen. Und dass du damit problemlos alle Vor- und Nachteile aufführen kannst, ermöglicht ein Gespräch auf Augenhöhe. Das liebt die Generation Y.
2. **Keine Interessenkonflikte**
   Wer hat schon gerne das Gefühl, etwas verkauft zu bekommen? Die Generation Y auf jeden Fall nicht und die darauffolgenden Generationen noch viel weniger. Umso besser, dass sie bei dir, wenn du ein Honorar nimmst, bedenkenlos in die Beratung gehen können, weil du ausschließlich von ihnen bezahlt wirst. »Ich bin also der Einzige, da draußen, der gar keinen Grund hat, Mist zu erzählen, weil ich überhaupt nichts davon habe«, könntest du zum Beispiel sagen.
3. **(Deutlich) Höhere Ablaufleistungen**
   Ich würde nie die höheren Ablaufleistungen als Erstes anführen, um einem Kunden mein Honorar schmackhaft machen. Aber nachrangig kannst du es auf jeden Fall einbringen. »Lieber Kunde, wenn du mir einmalig 2.000 Euro für die Beratung zahlst, erhältst du einen Nettotarif ohne Provi-

sionen. Das bringt dir am Ende 50.000 Euro mehr. Und mich hast du davon schon bezahlt. Es ist quasi dein Eintrittspreis für mehr Geld in deiner Rente.« So oder so ähnlich könntest du es im Kundengespräch anbringen.

Fazit

Immer mehr Menschen suchen nach Honorarberatung und sind bereit, ein Honorar zu zahlen. Du solltest also JETZT umdenken, und ich hoffe, ich konnte dir mit den letzten Sätzen ein paar Impulse mitgeben.

KAPITEL 05
Aftersales und Bestandspflege

05 AFTERSALES UND BESTANDSPFLEGE

Im fünften Abschnitt geht es um die erfolgreiche Betreuung nach dem Vertragsabschluss. Du erfährst, wie du mit System mehr aus dem Bestand herausholst und die Zielgruppe Generation Y begeisterst.

05.1 FEEDBACK RICHTIG EINHOLEN

Kontakte nützen dem, der sie hat. Genauso verhält es sich mit Feedback: Feedback nützt dem, der es bekommt. Wir erklären, wie du von der Generation Y konstruktives Feedback bekommst.

Warum NPS und Sterne wenig bringen

Fast jeder sammelt in irgendeiner Art Bewertungen und Meinungen seiner Kunden ein. Und fast jeder bewertet irgendwen beziehungsweise irgendwas im Netz: Hotel, Restaurant, »[...] das Brandenburger Tor (zu groß), Kriminalgerichte (zu ungerecht) und Meere (zu weit weg).«[29] Bewertungen gelten als Aushängeschild, den Bewertungen vertrauen wir. 95 Prozent zufriedene Kunden? Der Dienstleister muss klasse sein! Klar, im Schnitt 3,5 von 5 Sternen sind ausbaufähig. Aber was genau ist ausbaufähig? Gerade das erfährst du durch Sternchen, Punkte oder Freitexte eher nicht. Die einschlägigen Bewertungen und Siegel mögen für die Werbung taugen. Allerdings bringen sie dein Unternehmen nicht voran. Dafür musst du tiefer graben! Gerade die Generation Y ist im hohen Maße bereit, Feedback zu geben. Sie ist in einer Feedback-Kultur aufgewachsen und begreift Feedback als Chance, sich zu entwickeln.

Wie geht richtiges Feedback?

Zunächst einmal solltest du dir überlegen, was genau du damit bezweckst, Feedback einzuholen. Was soll dir das strukturierte Feedback sagen? Willst du mehr über die Qualität deiner Beratung beziehungsweise deiner Berater erfahren? Willst du wissen, an welchen Stellen die Kunden Fragen hatten, die unbeantwortet blieben? Möchtest du in Erfahrung bringen, an welchen Stellen du deine Dienstleistungen effizienter gestalten kannst?

Du solltest das Feedback unvoreingenommen einholen. Das heißt, nimm das Ergebnis nicht vorweg. Suche nicht nach Bestätigung deiner Wahrnehmung oder deiner Thesen. Feedback sollte konstruktiv sein. Deswegen sind Sternebewertungen oder simple Freitexte eher ungeeignet. Formuliere konkrete Fragen. Hol systematisch Feedback ein, also bei jedem Kunden. Ansonsten verzerrst du die Ergebnisse ins Positive oder Negative. Hol dir Feedback in strukturierter Form ein. Ein Fragebogen ist da das Mittel der Wahl. Ansonsten vergisst du Fragen beziehungsweise Themen oder vertauschst die Reihenfolge. Hol das gewünschte Feedback unmittelbar ein. Wenn zu viel Zeit zwischen Erleben und Erfragen vergeht, verzerrt das ebenfalls die Ergebnisse. Nutze eine Mischung aus Bewertungen (Skala, Schulnoten oder Ähnlichesm) und Freitexten zu konkreten Fragen.

Zu diesen Anlässen solltest du Feedback einholen

Wenn du deine Erstberatung abgeschlossen hast, solltest du dazu Feedback einholen. Dabei spielt es keine Rolle, ob du ganzheitlich berätst oder nur zu einem Produkt. Vorher war die betreffende Person im besten Fall Interessent, nun ist sie Kunde. Den Weg dahin solltest du nachzeichnen und auswerten können, indem du zum Beispiel folgende Fragen beantwortest: Wie ist der Kunde zu dir gekommen? Wie war die Kundenreise (Customer Journey) aus der Perspektive des Kunden? Wie war die Beratungs- und Vermittlungsqualität? Was war insgesamt gut oder außergewöhnlich? Was war ausbaufähig?

Daneben solltest du deine Bestandsbemühungen bewerten lassen. Wenn du einen strukturierten Bestandsprozess hast, gelingt dies erfahrungsgemäß leichter. Doch auch bei vermittlungsbezogener Bestandsarbeit oder Vertriebsaktionen kannst du Feedback einholen.

Das aus unserer Sicht wichtigste Feedback holst du nach der Schadensbegleitung beziehungsweise Schadensbearbeitung ein. Nirgendwo zeigt sich der Wert deiner Beratung deutlicher als im Leistungsfall. Vor dem Schadensfall hatte der Kunde einen Versicherungsvertrag, ein Stück Papier oder eine PDF-Datei. Nach einem Leistungsfall hatte er ein echtes Erlebnis. Nutze das!

So solltest du Feedback einholen und auswerten

Du hast verschiedene Möglichkeiten, Feedback einzuholen: im Gespräch, analog durch Fragebögen oder online durch Umfrage-Tools. Wir empfehlen die letzte Variante. Einfache, anonyme Umfragen kannst du beispielsweise mit Google Forms erstellen. Wenn du keine personenbezogenen Daten erhebst, brauchst du dir über das Thema Datenschutz nicht den Kopf zerbrechen. Für Google Forms brauchst du lediglich einen Google-Account und ein bisschen Zeit. Du kannst dort sehr intuitiv einen Fragebogen erstellen. Du kannst Bilder und Videos einbinden. Du hast verschiedene Frage- und Antworttypen zur Auswahl. Du kannst deine Umfrage in verschiedene Teile gliedern. Beschreibe am Anfang, warum du das Feedback einholst und wie lange der Kunde für die Beantwortung etwa benötigt. Du solltest deinen Fragegegenstand (zum Beispiel »Wie bewerten Sie die Beratungsqualität allgemein?«) zunächst anhand einer Skala (Schulnote, 0 – 10 oder Ähnliches) bewerten lassen und anschließend ein Feld für Anmerkungen beziehungsweise Erläuterungen lassen. So kannst du deine Fragen besser und tiefer auswerten. Außerdem kannst du Veränderungen im Laufe der Zeit ermitteln. Das Beste: Du erhältst automatisch eine grafisch aufbereitete Auswertung und csv-Datei.

Bitte deinen Kunden aktiv um Feedback. Entweder machst du das in deinem letzten Gespräch der Beratung oder in einer separaten E-Mail. Hake ruhig nach. Mach deutlich, dass es dir darum geht, besser zu werden. Dafür bist du auf die aktive Mithilfe deiner Kunden angewiesen.

Bestimme einen Turnus, an dem du gegebenenfalls mit deinen Mitarbeitern die Feedbacks auswertest. Überprüfe einerseits, inwiefern sich die Zahlenbewertungen im Laufe der Zeit ändern. Andererseits solltest du dir einzelne Impulse aus den Freitext-Antworten herauspicken und diese als Innovationsansätze verstehen. So machst du deine Kunden zu Komplizen und bindest sie aktiv in deine Unternehmensentwicklung ein!

GASTBEITRAG ANJA GLORIUS

Anja Glorius ist seit 2013 Geschäftsführerin des Unternehmens KVoptimal.de GmbH. Sie ist eine der führenden Expertinnen im Bereich der privaten Krankenversicherung in Deutschland. Mit ihrem Experten-Blog, der Fachpresse und ihrem Instagram-Kanal »Die Versicherungsfrau« teilt sie ihr Wissen zu PKV-Themen mit Endkunden und Vermittlern. Anja Glorius legt besonderen Wert auf individuelle Beratung und persönlichen Kontakt zu ihren Kunden sowie auf Transparenz und Verständlichkeit.

Alle wissen es: Kunden kaufen über Kunden. Also gibt es zwei Strategien: Empfehlungen und eine erfolgreiche Strategie mit Referenzen.

Seit zehn Jahren finden uns unsere Kunden und potenziellen Kunden über das Internet. Auch hier kaufen Kunden über die Bewertungen anderer Kunden. Denn wenn eine große Anzahl an Kunden den Service und die Dienstleistung gut findet, schafft das ernsthaftes Vertrauen.

Drei Dinge sind dabei für dich wichtig:

Referenzen müssen regelmäßig entstehen

Es bringt dich überhaupt nicht weiter, wenn du auf einmal all deine Kunden anschreibst, wenn du dann plötzlich 300 Bewertungen hast und wenn im Anschluss nichts mehr passiert. Da du regelmäßig Kunden berätst, schaffe einen Automatismus. Entweder sprichst du jeden Kunden einzeln zu einem festen Zeitpunkt an oder du automatisierst deinen Prozess. 3.500 Referenzen haben wir nur mit dem Hebel der Automatisierung erreicht, daher ist das auch unsere Empfehlung an dich.

Referenzen müssen ehrlich sein

Denk mal selber nach: Wie verhältst du dich, wenn du dir Empfehlungen ansiehst? Genau, du schaust dir auch mal schlechte Bewertungen an, denn dich interessiert, warum sich die Menschen beschweren. Sind es Gründe, die wirklich schwerwiegend sind, oder vertretbare Gründe? Gibt es keine schlechten Bewertungen, wirkt das nicht authentisch. Bei einer gewissen Größe ist es für jeden logisch, dass es auch mal Kritik geben muss.

Antworte auf Bewertungen

Lege einen Standard fest. Bewertungen unter vier Sternen werden bei uns vom Beschwerdemanagement bearbeitet. Wir wollen Kritik ernst nehmen, und in diesen Fällen schauen wir uns den Fall genau an und antworten immer. Königsklasse ist es aus unserer Sicht, auf jede Bewertung zu antworten. Das ist wertschätzend und zeigt, dass du aktiv bist.

Die Vorteile eines guten Prozesses für Kundenfeedback liegen auf der Hand: Die Kunden zeigen dir durch die Referenzen ihr Vertrauen, sie geben dir also oft einen Vertrauensvorschuss. Bist du, wie wir, führend in deinem Kernberatungsbereich, kriegst du im Wettbewerb häufiger den Zuschlag. Mit den richtigen Tools zum Kundenfeedback pusht das Kundenfeedback deine Online-Strategie.

Wir haben 3.500 Referenzen erreicht, indem wir unser Terminbuchungs-Tool und unser Referenz-Tool verbunden haben. Wir haben also zur Terminbuchung www.terminpilot.de und haben dies mit www.provenexpert.de verknüpft. Hat ein Kunde also eine gewisse Terminart gebucht, dann erhält er danach einen Bewertungslink. Außerdem kannst du einstellen, ob du noch ein Follow-up beim Kunden möchtest, also eine Erinnerung, damit er dich bewertet.

Nach dem Ende der Beratung erhalten unsere Kunden noch eine E-Mail mit der Verknüpfung zur Bewertung unseres Beraters für Google, denn für den organischen Suchbereich ist Google My Business sehr wichtig.

05.2 BESTANDSPFLEGE IN DER GENERATION Y

Statt immer neuer Vertriebs- und Produktaktionen ist es an der Zeit, die Bestandspflege zu systematisieren und sie auf die Anforderungen der Kunden auszurichten. In diesem Kapitel zeigen wir, wie das gelingt.

Jeder kennt es: Wenn ich irgendwo Kunde werden soll, wird alles für mich getan. Wenn ich dann einmal Kunde bin, tut man so, als kenne und brauche man mich nicht mehr. Im Folgenden ist das wunderbar grafisch aufgearbeitet:

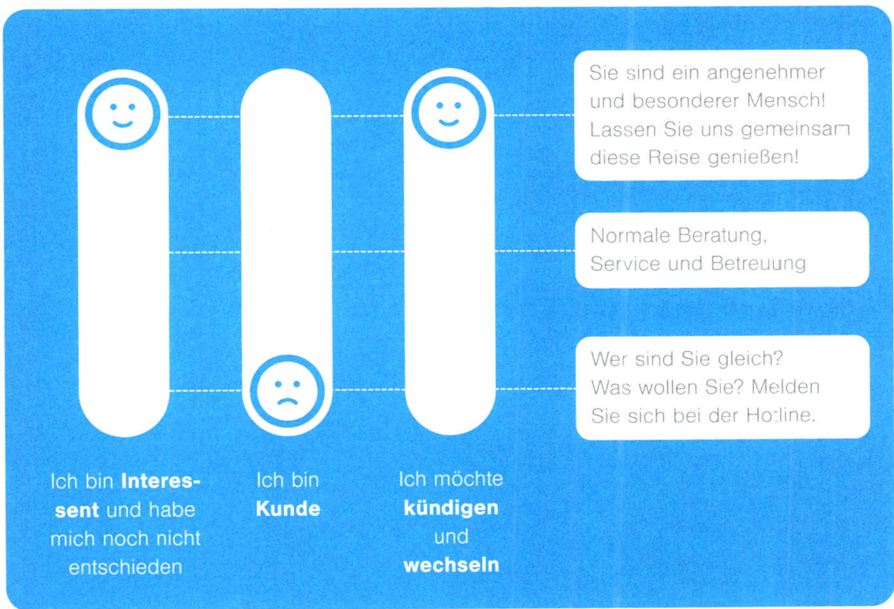

Abbildung 26: Kundenservice Quelle: www.graphitty-blog.de

Dabei wissen wir doch alle, dass Bestandskunden viel günstiger als Neukunden sind. Einen Bestandskunden zu verlieren ist also richtig teuer. Selbstredend müssen der »normale« Service, also Schadensmanagement und notwendige Anpassungen, vernünftig laufen. Wie kann so etwas aussehen?

Jährlicher Check

Max ist 25 und hat die Erstberatung bei uns absolviert. Wir haben seine existenziellen Risiken abgesichert und gemeinsam einen Fahrplan für die nächsten Jahre erstellt. Nach einem Jahr bekommt Max eine E-Mail mit einem Fragebogen von uns. Dort erfragen wir Änderungen, die womöglich Auswirkungen auf seine Finanzen und Versicherungen haben. Max schickt uns den Bogen ausgefüllt zurück. Anschließend bekommt er von uns die Info, ob er Anpassungs- und Beratungsbedarf hat. Wenn er zum Beispiel mehr verdient, weil er befördert wurde, müssen wir seine Einkommensabsicherung prüfen und anpassen. Letztlich ist der jährliche Check wie ein Finanz-TÜV: Jawohl, Max kann ein Jahr weiterfahren oder aber er muss zu uns in die »Finanzwerkstatt«.

Die Rücklaufquote – also die Zahl derer, die uns auf den jährlichen Check antworten – liegt bei circa 60 Prozent.

Lebensphasenberatung

So läuft das drei Jahre. Max ist gut in das Berufsleben gestartet, hat eine Freundin und beide planen nun eine Familie. So ähnlich läuft es bei den meisten Vertretern der Generation Y. Es gibt einige Lebensphasen, die starken Einfluss auf deren Finanzen und Versicherungen haben.

Bei all diesen Lebensphasen kommen Max zahlreiche Fragen. Nicht alle davon können oder dürfen wir beantworten. Aber wir können Hilfestellungen geben. Max kommt nun also mit der frohen Botschaft zu uns und wir vereinbaren ein erstes Gespräch. Dabei gehen wir eine standardisierte Checkliste durch, die alle wesentlichen Punkte abdeckt. Des Weiteren haben wir eigens entwickelte Aufklärungsbögen. Dabei berücksichtigen wir auch Themen, die nicht unmittelbar etwas mit Versicherungen zu tun haben. Ausgehend von diesem Gespräch vereinbaren wir mit Max, was wir prüfen, ändern, abschließen oder kündigen. Außerdem bekommt Max Empfehlungen zu Netzwerkpartnern bei Themen, die wir nicht beraten dürfen. Punkte, die Max selber klären oder unverändert lassen möchte, erfassen wir ebenfalls.

Von diesem Prozess profitieren beide Seiten. Max kann sich ganz auf die aktuelle Lebensphase konzentrieren. Denn er weiß, dass wir alle nötigen und gewünschten Änderungen vornehmen. Wir haben einen haftungssicheren, dokumentierten Beratungsprozess. Nebenbei dürfte die Vertragsdichte steigen und die eine oder andere Empfehlung sinnvoll sein.

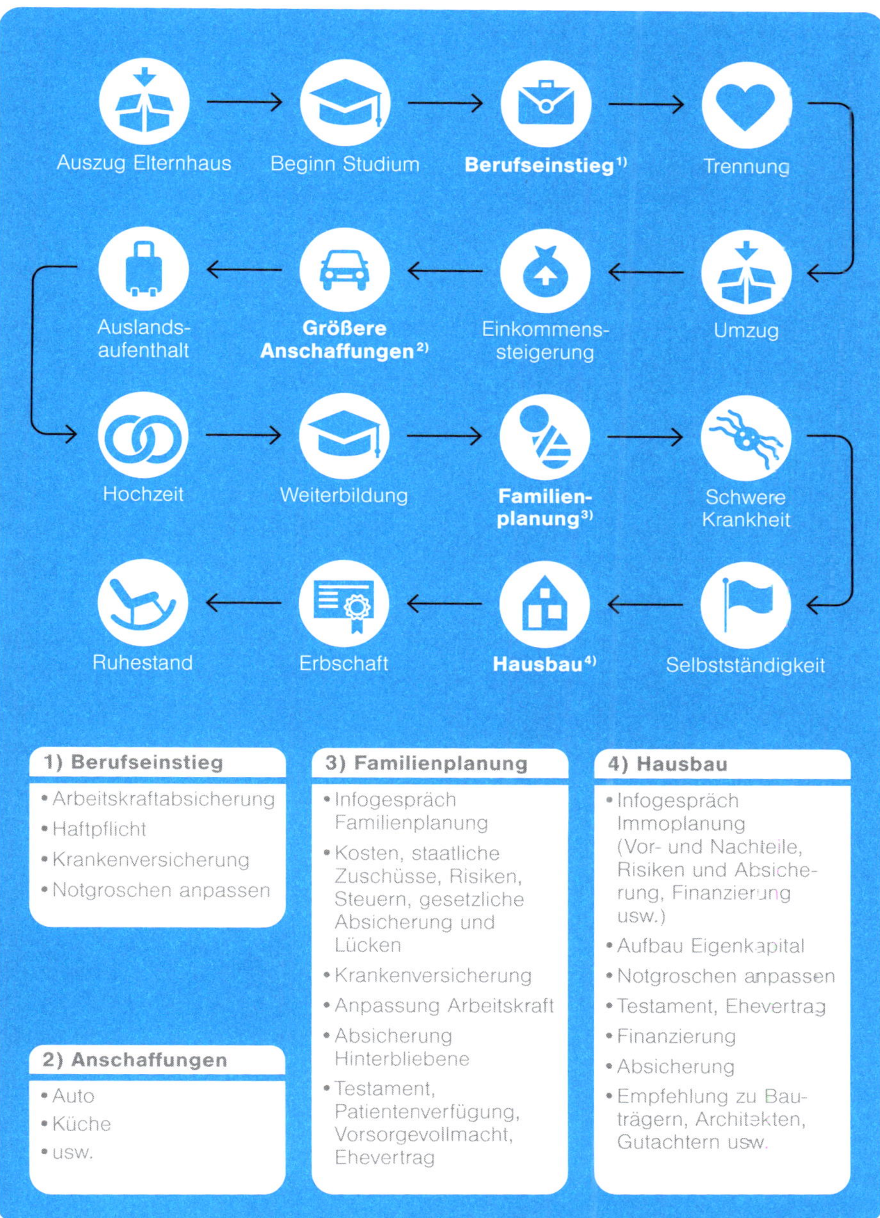

Abbildung 27: Lebensphasen mit starkem Einfluss

05.3 SO GELINGT ZIELGRUPPEN-MARKETING IM BESTAND

Wie hebt man sich mit cleverem Marketing im Bestand von der Konkurrenz ab? Das erfährst du in diesem Kapitel.

Es ist Zeit, sich Gedanken über nette Aufmerksamkeiten zu machen. Selbstredend müssen der »normale« Service, also Schadensmanagement und notwendige Anpassungen, vernünftig laufen.

»Danke für ein Jahr Zusammenarbeit!«

Die erste Idee besteht darin, sich für die Zusammenarbeit zu bedanken. Und zwar jedes Jahr zur gleichen Zeit. Wie das aussehen kann? Der Fantasie sind keine Grenzen gesetzt! Das kann eine kurze E-Mail oder SMS mit ein paar netten Worten sein. Das kann eine Postkarte mit persönlicher Widmung sein. Das kann auch eine Sprachnachricht oder ein kurzes Video sein. Bei »runden« Jubiläen kann das auch mal ein kleines Präsent sein. Nutze aber auf jeden Fall die Chance, dich angenehm in Erinnerung zu bringen.

Erwähne dabei ruhig, dass du immer daran arbeitest, besser zu werden. Sollte mal etwas nicht so funktionieren, lade den Kunden zum kritischen Feedback ein. Wenn alles mehr als zufriedenstellend läuft, darf dein Kunde gern über dich sprechen. Getreu dem Motto, das man in einigen REWE-Märkten sieht: »Sie sind mit etwas nicht zufrieden? Sprechen Sie mich (Filialleiter) an! Sie sind zufrieden? Sagen Sie es weiter!« Übrigens: Anders als bei Weihnachts- oder Geburtstagspost hast du am Jubiläumstag vermutlich keine »Aufmerksamkeitskonkurrenz«.

»Danke für die Weiterempfehlung!«

Jeder würde gern ausschließlich über Empfehlungen zu Neukunden kommen. Die Bücher über Empfehlungs-Marketing füllen ganze Regale. Ist dazu alles gesagt? Vielleicht! Aber probiere doch statt Tank- oder Amazon-Gutscheinen mal etwas Persönliches als Dankeschön aus. Im Nachgang. Frage den Empfohlenen, worüber sich der Empfehlungsgeber freuen würde. Organisiere ein persönliches und individuelles Geschenk und zeige so, dass du an ihm als Menschen interessiert bist. Standard und Nullachtfünfzehn treffen wir überall an und erwarten es nicht anders. Mit einem persönlichen Geschenk überraschst du die Person und bleibst nachhaltiger im Gedächtnis.

Eine weitere Möglichkeit wäre es, mit kleinen Firmen, Händlern, Dienstleistern in deinem Netzwerk zusammenzuarbeiten. So profitieren der Empfehlungsgeber und dein Netzwerkpartner. Außerdem festigst du so dein Netzwerk bei deinen Firmenkunden. Das ist eine schöne Win-win-win-Situation.

Eins noch: Hast du mal daran gedacht, für jede Empfehlung einen Baum zu pflanzen oder deinem Lieblingsverein etwas zu spenden?

Erinnerung an wichtige Termine

Hand aufs Herz: Weißt du, wann dein Personalausweis abläuft und du einen neuen beantragen musst? Nein? Ich auch nicht. Und dein Kunde vermutlich auch nicht. Wenn du eine Lebensversicherung vermittelst, gehört die Kopie des Personalausweises mittlerweile zum Standard. Wir lassen uns daher die Kopie gleich beim ersten Termin geben. Die entsprechenden Daten erfassen wir in unserem Verwaltungssystem. Anschließend legen wir uns eine Erinnerung einen Monat vor Ablauf des Personalausweises an. Dann bekommt der Kunde von uns kurz per E-Mail den Hinweis, dass das Dokument bald abläuft und neu beantragt werden muss. Für uns ist das fast kein Aufwand und der Kunde freut sich. Wieder haben wir seine Aufmerksamkeit gewonnen, ohne ihn zu belästigen. Und wieder haben wir zum betreffenden Zeitpunkt keine Konkurrenz.

Bonusmaterial A: Jungmakler

Was zeichnet Jungmakler aus?

Gastbeitrag Norman Wirth

Der Bedarf von Jungmaklern

Gastbeitrag Steffen Ritter

Themen für Jungmakler

Gastbeitrag Björn Jöhnke

Kanäle, um Jungmakler zu erreichen

Pack-ans, um Jungmakler zu gewinnen

BONUSMATERIAL A: JUNGMAKLER

In diesem Kapitel dreht sich alles um die Jungmakler. Du erfährst, wie du diese erreichst und bindest, um damit mehr Geschäft über die Vertreter der Generation Y zu platzieren.

WAS ZEICHNET JUNGMAKLER AUS?

Die Ansprüche und Erwartungen junger Kunden ändern sich. Das gilt ebenso für junge Makler. Es ist also an der Zeit, sich auch mit ihren Bedürfnissen auseinanderzusetzen. Für alle, die Jungmakler zukünftig erreichen und binden wollen, geben wir auf den folgenden Seiten Antworten, Tipps und Tricks.

Jungmakler versus »alte Hasen«

Jungmakler sind – Überraschung! – jung. Sie sind Teil der Generation Y und Z. Deren Besonderheiten haben wir in zahlreichen Beiträgen in diesem Buch beleuchtet. Richten wir jetzt den Blick also auf den kleinen Ausschnitt der Jungmakler als Teil der Generation Y und Z.

Zwischen 2011 und 2020 nahm die Zahl der Vermittler um circa 25 Prozent ab. Der überwiegende Teil geht auf das Konto der Versicherungsvertreter. Die Gründe sind vielfältig. Wir glauben aber, dass ein wesentlicher Grund in der Besonderheit der Makler zu finden ist. Viele der »alten Hasen« melden das Gewerbe schlichtweg nicht ab. Solange das Gewerbe angemeldet ist, fließen Bestandscourtagen. Allerdings arbeiten diese »alten Hasen« nur noch wenig dafür. Ihre Versicherungsbestände sterben gewissermaßen aus. Die Zahlen sind also verzerrt. Viel spannender wäre also nicht die Zahl der eingetragenen Vermittler, sondern die der aktiven Vermittler. Dazu gibt es nach unserem Wissens leider keine Statistiken.

Im Ergebnis ist die Maklerschaft jedoch deutlich älter als die durchschnittliche Bevölkerung. Je nach Umfrage und Untersuchung liegt das Durchschnittsalter bei circa 53 Jahren. Es liegt in der Natur des Durchschnitts (Medians), dass 50 Prozent älter, 50 Prozent jünger als 53 Jahre sind. Das heißt, ein riesiger Teil wird in den nächsten 15 Jahren aus dem Markt verschwinden. Ein winziger Teil der Maklerschaft ist jung. Wir definieren »jung« mit »jünger als 40 Jahre«. Darüber darf gern gestritten werden. Selbst mit dieser sehr großzügigen Definition von »jung« reden wir gerade einmal über circa 16 Prozent. Das sind etwa 6.300 Personen. 6.300 Personen um die du, lieber Maklerbetreuer, und all deine Kollegen kämpfen.

Jungmakler streben vermehrt eher nach Sinn statt Status. Der 7er-BMW oder Audi A8 spielt nicht mehr die entscheidende Rolle. Früher waren Courtagesätze und Incentives (mittlerweile ja sowieso verboten) ausschlaggebende Gründe für eine Anbindung, heute werden sie nach und nach immer unwichtiger. Nichtsdestotrotz ist die Vergütung selbstverständlich ein Hygienefaktor. Damit einher geht der Wunsch nach Work-Life-Balance. Mathematisch gesprochen gilt heute: Work = Life statt Work > Life. Jungmakler wollen dem Job und der Karriere nicht mehr alles unterordnen.

Jungmakler sind in der Mehrheit Unternehmer statt Verkäufer. Bevölkerten noch in den 1990er- und 2000er-Jahren Quereinsteiger und Verkäufer den Markt, wandelt sich das Bild jetzt zum Glück. Auch hier sind die Ursachen vielfältig: steigende Regulierung, sinkende Courtagen, wachsende Ansprüche der Kunden. Spätestens seit der großen Versicherungsvermittlerreform 2007 setzte eine begrüßenswerte Professionalisierung ein.

Es gibt inzwischen mehr weibliche Jungmakler als früher. Zwar sind im Vertrieb – je nach Umfrage – immer noch 90 Prozent Männer, aber die Frauen holen gerade in den jüngeren Jahrgängen auf. Damit ändern sich auch hier Ansprüche und Erwartungen. Weniger ICH, mehr WIR.

Jungmakler sind selbstverständlich online und offline unterwegs, statt ausschließlich offline. Sie sind mit digitalen Tools und sozialen Medien aufgewachsen und nutzen sie auch privat. Sie erreichen dort ihre Communitys und Kunden. Dabei verbinden sie pragmatisch beide Welten, ohne dogmatisch eine Welt auszuschließen oder zu bevorzugen. Also müssen sich auch die Maklerbetreuer fragen, wie und wo sie diese Zielgruppe erreichen.

Jungmakler (bis 40 Jahre) sind seit maximal 15 Jahren am Markt. Das heißt, sie sind in den Markt eingetreten, als die erste Regulierungswelle durchrauschte. Es ist also für sie keine Veränderung gewesen, über die man trefflich streiten und meckern konnte, sondern der Zustand danach war für sie einfach gegeben. Sie mussten und müssen sich schlicht damit arrangieren und der Regulierung genügen. Auch hier regiert aus unserer Erfahrung schlicht der Pragmatismus.

Merkmale und Besonderheiten

Jungmakler sind meistens echte Unternehmer. Sie arbeiten *im* und *am* Unternehmen. Sie machen nicht alles selbst, sondern delegieren oder lagern aus. Sie bilden Netzwerke und Kooperationen. Sie haben klare Wachstums- und Entwicklungsperspektiven, für die sie das entsprechende Personal einstellen.

Aus diesem Selbstverständnis heraus entwickeln sie ein klares, meist verschriftlichtes Geschäftsmodell. Das zeigen die zahlreichen tollen Beispiele des jährlichen Jungmakler-Awards. Aus einem klaren Geschäftsmodell leitet sich in der Regel ein Zielgruppen- oder Produktfokus ab. Dadurch zeichnet sich das Ende des Bauchladen-Einzelkämpfer-Maklers ab. Jungmakler kennen ihre Zielgruppe(n) ganz genau und wissen, was nötig ist, um diese zu erreichen und zu beraten. Wer sich auf Produkte spezialisiert, eignet sich wertvolles Tiefenwissen an, was die betreffende Person von der Konkurrenz abhebt.

Aus den beiden vorgenannten Punkten lassen sich Alleinstellungsmerkmale entwickeln. Diese wiederum erleichtern die Positionierung und die Akquise von Neukunden. Der teure und häufig wenig erfolgreiche Kauf von Leads wird auf diese Weise überflüssig. Das Problem ist nicht die Neukundenakquise, sondern eher die professionelle Bearbeitung aller Anfragen. Der Jungmakler braucht kein Vertriebstraining.

Um langfristig zu reüssieren, ist ein hoher Grad an Professionalisierung nötig. Das gilt für alle Bereiche: Akquise, Beratung, Verwaltung, Marketing, Unternehmensführung oder Personalentwicklung. Das ist den Jungmaklern bewusst. Entsprechend qualifiziert sind die meisten, und sie erkennen den Bedarf an Weiterbildung. Dafür haben sie eine (hohe) Zahlungs- und Investitionsbereitschaft. Kamen früher Makler zur Weiterbildung, weil sie kostenfrei war und es ein leckeres Mittagessen gab, muss heute von vornherein klar sein, worin der Nutzen der Veranstaltung besteht. Dann lässt sich zügig der *Return on Investment* überschlagen und entscheiden, ob die Investition sinnvoll ist. Das Gleiche gilt für Software, Personal oder externe Beratung. Die Kostenlos-Mentalität dürfte vorbei sein.

Jungmakler sind online und digital. Das erwarten sie auch von Versicherern und Maklerbetreuern. Jungmakler wollen nicht den x-ten Maklerbetreuer oder die x-te Maklerbetreuerin zum Kaffee im Büro haben, um sich die neusten Produkte vorstellen zu lassen. Neue Wege der Bereitstellung von Informationen und News sind gefragt.

Bekannte Beispiele

Schauen wir uns zuletzt noch ein paar prominente Beispiele erfolgreicher Jungmakler an:

- Rainer Schamberger – Handwerksmakler
- Anja Glorius – KVoptimal
- Miriam Pöllath – Antragsnanny
- Ingo Schröder – maiwerk
- Bastian Kunkel – Versicherung mit Kopf
- Franziska Zepf – Premius Makler
- Patrick Hamacher – was-ist-versicherung.de

Jeder und jede Einzelne von ihnen vereint alle oben genannten Punkte. Sicherlich sind sie herausragende Beispiele. Doch sie sind nur die Speerspitze einer aus unserer Sicht grundlegenden Veränderung und Weiterentwicklung am Markt. Diese acht Personen sind stellvertretend für Tausende Jungmakler, die die Branche ein gehöriges Stück voranbringen werden. Es lohnt sich also, sich mit ihnen zu beschäftigen.

Im Folgenden besprechen wir die besonderen Anforderungen und Bedürfnisse der Jungmakler. Anschließend wird es um Themen der Jungmakler gehen. Dann beschäftigen wir uns mit Kanälen, auf denen sich die Jungmakler erreichen lassen. Und schließlich geben wir praktische Pack-ans als Impulse für die Maklerbetreuung der Zukunft.

GASTBEITRAG NORMAN WIRTH

Norman Wirth gründete 1998 die Kanzlei Wirth-Rechtsanwälte und ist seit 2004 Fachanwalt für Versicherungsrecht. Seine Tätigkeitsschwerpunkte sind Versicherungs-, Vertriebs-, Vermittler- sowie Kapitalanlagerecht. Er war bereits mehrfach als Sachverständiger im Deutschen Bundestag und bei einzelnen Bundestagsfraktionen. Zudem ist er Vorstand im Bundesverband Finanzdienstleistung AfW und in der Bundesfachkommission Arbeitsmarkt und private Alterssicherung im Wirtschaftsrat Deutschland.

Was macht die neue Generation der Makler aus?

Natürlich ist es problematisch, eine ganze Berufsgruppengeneration pauschal zu betrachten. Andererseits ist aber sehr deutlich zu sehen, dass eine neue Generation step by step die Branche übernimmt. Das betrifft noch nicht so sehr die Führungsetagen, wo es zwar schon einige herausragende jüngere, engagierte Menschen gibt, aber lange nicht genug und vor allem noch lange nicht genug Frauen.

Aber schauen wir in die ganz normalen Maklerunternehmen – von den Einzelkämpfern bis zu den größeren Maklerunternehmen. Die Branche hat zwar grundsätzlich ein Nachwuchsproblem, Überalterung ist ein großes Thema. Aber es ist nicht zu übersehen: Die Digital Natives sind im Kommen. Und was zeichnet sie aus, die jungen Wilden der Millennials und der Generation Z?

Viele von ihnen kenne ich und schätze ich sehr, wie zum Beispiel Bastian Kunkel, Franziska Zepf oder Patrick Hamacher. Sie sind das Gegenteil von konservativ – ob im politischen Sinne weiß ich gar nicht, ganz sicher aber in Bezug auf die Berufsausübung. So müssen die ständigen Änderungen in der Kommunikationstechnik begleitet und verarbeitet werden. Daher sind sie in der Lage, schnell auf Veränderungen in der Branche zu reagieren und sich auch an neue Geschäftsmodelle anzupassen. Sie sind vertraut mit digitalen Tools und Technologien und nutzen diese, um ihre Arbeit effizienter und effektiver zu gestalten. Dabei wird verstärkt das Miteinander gesucht, statt gegeneinander in Wettbewerb zu treten. Gerade das ist wirklich neu in der Branche. Die Community #Die34er, welche durch den Vermittlerverband AfW ins Leben gerufen wurde, zeigt das eindrücklich: Hier trifft man sich, tauscht sich aus, Erfahrungen wollen gemacht und geteilt werden, Erfahrungen anderer werden gesucht. Und nicht nur dort. Auch bei vielen anderen Branchen-Events, persönlich, in Gruppen bei Facebook, LinkedIn oder Instagram oder über eigene Kanäle und Videos auf YouTube oder auf TikTok. Dabei hilft ein ausgeprägtes Selbstbewusstsein und ein ständiges Über-den-Tellerrand-Schauen. Die sichtbaren, erfolgreichen Kollegen der jüngeren Generationen fallen mir vor allem dadurch auf, dass sie sich stark spezialisieren, was über die Social-Media-Möglichkeiten heute natürlich viel besser umsetzbar ist als noch vor 20 Jahren. Zielgruppen können viel zielgerichteter und trotzdem breiter gefächert angesprochen werden. Das sind etwa Zielgruppen wie Pferdebesitzer, Taucher, Hundehalter, Zahnärzte, Anwälte. Und bei aller Arbeit gilt hier mehr denn je: »Work hard, play hard«, mit einer gesunden Work-Life-Balance. Ich persönlich halte die Generation Y und Z für eine absolute Bereicherung für die Branche.

DER BEDARF VON JUNGMAKLERN

Jungmakler »ticken« ganz anders als alte Hasen. Es ist also an der Zeit, sich mit ihren Bedürfnissen auseinanderzusetzen. In diesem Abschnitt untersuchen wir, was sie brauchen.

Anforderungen an Produkte

Jungmakler erreichen häufig Kunden, die ähnlich alt sind wie sie selbst. Das gilt unserer Erfahrung nach sowohl für Privatkunden als auch für Gewerbekunden. Es liegt also auf der Hand, dass clevere und passende Produkte für die Zielgruppengeneration Y und Z erforderlich sind, um die Jungmakler zu binden. Drei Stichworte hierzu wollen wir uns näher anschauen.

Das erste Stichwort heißt Verständlichkeit. Wie bereits dargelegt, will die Generation Y verstehen, was sie da abschließt. Gleichzeitig wissen die Millennials, dass sie nichts wissen. Beides zusammen verlangt deshalb möglichst verständliche Produkte. Das dürfen wir nicht mit »einfach« verwechseln. Es gibt komplizierte Produkte, die dennoch verständlich erläutert und beschrieben sein können. Die Versicherer sollten sich mehr als bisher um möglichst verständliche Angebote und Produktunterlagen bemühen. Das erleichtert auch die Beratung für die Jungmakler. Einige Versicherer machen hier bereits erste zaghafte Schritte. Beispielsweise indem sie die sogenannte leichte Sprache verwenden.

Das zweite Stichwort betrifft die Transparenz. Dieser Punkt korrespondiert mit der Verständlichkeit. Je weniger transparent ein Produkt ist, desto unverständlicher ist es und vice versa. Transparenz betrifft weiterhin die Kosten. Es geht an der Stelle nicht um »teuer« oder »billig«, sondern um nachvollziehbar und passend – oder eben nicht. Ein Service-Versicherer kann höhere Verwaltungskosten haben. Wer Service sucht, wird diesen bezahlen. Aber selbstverständlich spielt die relative und absolute Höhe der Kosten vor dem Hintergrund von Direktversicherern und günstigen Indexfonds eine große Rolle. Transparenz betrifft nicht zuletzt noch den Bereich der Kapitalanlage und der Unternehmensführung im Sinne der Nachhaltigkeit.

Nachhaltigkeit ist denn auch das dritte Stichwort. Hierzu haben wir in vorigen Beiträgen einige Anregungen zusammengestellt und der Anhang B liefert weiteren, vertieften Input. Darüber hinaus ist das Thema derzeit überall präsent und ungeheuer wichtig. Nachhaltigkeit wird in absehbarer Zeit ein ebenso grundlegender Faktor bei der Auswahl von Versicherern und Produkten sein wie der Preis oder die Rendite.

Produkte für Privatkunden

Die Einkommensabsicherung dürfte die größte und wichtigste Rolle für die Generation Y und Z spielen. Entsprechend gut aufgestellt solltest du sein, wenn du Jungmakler erreichen willst. Besonderes Augenmerk solltest du auf die Ausgestaltung der Nachversicherungsoptionen legen.

Die Generation Y und Z ist mobiler als alle Generationen vorher. Daher sind Lösungen für Expats eine gute Möglichkeit, sich bei Jungmaklern zu positionieren. Vor allem für Hochqualifizierte ist der zeitweilige Auslandsaufenthalt Teil der normalen Erwerbsbiografie.

Die beiden vorgenannten Punkte verlangen sogenannte Lebensphasenmodelle. Die Finanz- und Versicherungslösungen sollten »atmen« und sich ändernden Gegebenheiten anpassen können. Junge Menschen sind Flexibilität in vielen Bereichen ihres Lebens gewohnt. Diesen Maßstab legen sie dann bei ihren Finanzen und Versicherungen ebenfalls an.

Produkte für Gewerbekunden

Auch im Gewerbekundenbereich gibt es spannende und lohnende Entwicklungen, für die die Jungmakler entsprechende Lösungen suchen. Neue Geschäftsmodelle entstehen oder fusionieren im digitalen Raum mit Altbekanntem. Drei Beispiele haben wir herausgegriffen.

Marktschwärmer: Das ist ein Konzept, das aus Frankreich kommt und mittlerweile in ganz Europa verbreitet ist. Im Prinzip ist Marktschwärmer ein Online-Wochenmarkt. Der Verbraucher kann online über die Plattform die vor Ort angebotenen Lebensmittel vorbestellen und bezahlen. An einem festen Tag in der Woche geht man zur Verteilung und holt seine Lebensmittel ab. Die Erzeuger bringen die bestellten und bezahlten Lebensmittel mit und stehen für Gespräche zur Verfügung. Der Bauer oder die Bäuerin weiß, was verkauft ist, es gibt also keinen Schwund. Die Gastgeber organisieren die Erzeuger und die Verteilungen und bringen so Verbraucher und Landwirte der Region zusammen. Die Gastgeber vor Ort sind dabei die Adressaten für die Jungmakler. Vielfältige Versicherungsfragen tauchen hierbei auf.

Co-Working: Ein Betreiber mietet Bürofläche an und stattet sie entsprechend aus. Freelancer und kleinere Unternehmen können sich stundenweise, tageweise oder dauerhaft einmieten. So kommen unterschiedliche Branchen auf engstem Raum zusammen. Im besten Fall entstehen Kollaborationen. In jedem Fall sparen sich die Selbstständigen das eigene Büro nebst Ausstattung und vereinsamen nicht im Home-Office. Die Betreiber der Co-Working-Spaces sind die Kunden für die Jungmakler.

Food Truck: Klar, den Imbisswagen oder die Gulaschkanone gibt's schon ewig. Aber damit hat der Food Truck wenig gemein. Häufig sind das in Marke Eigenbau um- und aufgerüstete Liefer- oder Imbisswagen. Meistens findet sich hochwertiges Design und Interieur. Food Trucks richten sich meistens an eine zahlungsbereite Klientel. Auch sie erfordern spezifische Versicherungslösungen.

Alle drei Beispiele stehen für moderne Geschäftsmodelle und Konzepte, die ganz neue Anforderungen an Produktentwicklung und Maklerbetreuung stellen.

Flexible Vergütung

Frische Beratungskonzepte und Geschäftsmodelle bei den Jungmaklern verlangen neue Wege in der Vergütung. Diese sollte frei einstellbar sein, sodass ein Jungmakler die Vergütung passend zum Beratungsaufwand und zum individuellen Modell justieren kann. Hier sind aus unserer Sicht alle Varianten denkbar: reine Courtage-Modelle, Honorare und Nettotarife oder Mischmodelle. Notwendig dafür sind natürlich echte Nettotarife. Dies gilt insbesondere für den Bereich der Altersvorsorge.

Die Jungmakler sind offen für neue Vergütungsformen. Denn diese eröffnen die Möglichkeit neuer Beratungsansätze. Wenn Versicherer und Maklerbetreuer Unterstützung bei Honoraren und Gebührenmodellen bieten, stößt das unserer Erfahrung nach auf große Resonanz.

Methoden

Jungmakler wollen mehr lernen als Einwandbehandlung oder das neueste Produkt. Die Maklerbetreuung muss sich also an höhere Anforderung gewöhnen. Wir sollten daher unsere Weiterbildungs- und Trainingsangebote weiterentwickeln. Bereiche und Themen, die dafür infrage kommen, sind: Betriebswirtschaft, Geschäftsmodellentwicklung, Marketing, hochwertige Beratung. Die meisten bringen ein gutes Wissensfundament mit. Dennoch steht auch hier die Welt nicht still und entwickelt sich weiter. Die Maklerbetreuer müssen selbstverständlich nicht alle selbst das Wissen und die Methoden haben. In den Bereichen bietet sich die Arbeit mit externen Kräften an. Entscheidend ist aus unserer Sicht, den geeigneten Rahmen hierfür in Form von digitalen oder analogen Veranstaltungen zu schaffen.

Zugänge

Nicht zuletzt besteht großer Bedarf an Zugängen zu Dienstleistern, Experten, Beratern oder Branchenkollegen. Auch hier können Versicherer und Maklerbetreuer wertvolle Unterstützung leisten. Sie haben diese Zugänge und Netzwerke meistens. Warum sie nicht den Jungmaklern zur Verfügung stellen oder Empfehlungen aussprechen? Gerade am Anfang mangelt es an einem: Kontakten. Auch und vor allem innerhalb der Branche. Wer sich hier klug positioniert und hilft, bleibt als wertvoller und gewinnbringender Kontakt im Gedächtnis.

GASTBEITRAG STEFFEN RITTER

Steffen Ritter ist Wirtschaftstrainer, Wirtschaftsautor und Redner. Er ist außerdem Geschäftsführer des Institut Ritter, das sich seit 1992 auf die vertriebsstarke Entwicklung der Vermittlerbetriebe von Banken, Versicherungsgesellschaften und Finanzdienstleistern konzentriert.

Welche Fragen Jungmakler heute bewegen

Jungmakler gestern

Wer ein Unternehmen gründet, möchte Erfolg haben. Das trifft auf jedwede Branche zu, es ist selbstverständlich. Wie genau sich aber Gründer die eigene Entwicklung vorstellen, wie mutig oder wie defensiv sie die eigene Gründung angehen, das verändert sich über die Zeit.

Noch vor wenigen Jahren, bereits deutlich im neuen Jahrtausend, waren auch junge Makler mehr oder weniger konservativ unterwegs. Langsam einen meist bunt gemischten Bestand aufbauen und sukzessive wachsen war die Devise. »Auf Sicht fahren«, dieser Ausdruck beschrieb es recht gut. Selbst Gründungen 2010 bis 2015 unterschieden sich nur unwesentlich von denen der frühen 90er-Jahre. Sicher: Ein paar Kommunikationskanäle waren neu, aber das war's.

Jungmakler heute

Heute ticken Jungmakler in neun von zehn Fällen entscheidend anders. Gründungen erfolgen professioneller und deutlich planvoller. Folgende sieben Gedanken machen sich Jungmakler heute meistens; vor Kurzem war das noch die Ausnahme.

1. Welche Zielgruppe will ich konkret als Makler erreichen?
2. Über welche Kanäle wird meine 1:1- und 1:N-Kommunikation erfolgen?
3. Werden meine Beratungen offline, hybrid oder rein online durchgeführt?
4. Welche wenigen Kernprozesse wird es bei der operativen Arbeit geben?
5. Wie können die Prozesse per EDV sehr einfach abgebildet werden?
6. Wie wird meine Kundengewinnung ohne zeitlichen Mehraufwand skalierbar?
7. Welche Aufgabenprofile ergeben sich für mich und für eventuell Dritte?

Die Gedanken beziehen sich auf Kundengewinnung, auf Terminierung sowie auf Beratung und Service, am Ende also auf Vertrieb und Betrieb. Junge Makler nehmen ihre Gründung heute ernster als noch vor wenigen Jahren. Zufallsgeprägte Entwicklungen sind seltener, das hat mehrere Gründe.

Die neuen Entrepreneure der Assekuranz

Auch wenn es branchenübergreifend in Deutschland nicht mehr Unternehmer und Entrepreneure gibt, im Bereich Assekuranz ist das anders. Wer sich heute als Vermittler oder Makler für eine Selbstständigkeit entscheidet, möchte die Chancen unserer Zeit nutzen. Und diese bieten Möglichkeiten wie nie zuvor. Wie zum Beispiel heute über soziale Medien die eigene Kundengewinnung zielgruppenkonzentriert vorgenommen werden kann, das war früher Utopie.

So ist immer noch verwunderlich, dass etablierte Vermittler an diesen Möglichkeiten konsequent vorbeigehen, als gäbe es sie nicht. Jungmakler wiederum gehen im besten Sinne dieser Beschreibung »positiv neugierig« ihren Weg, erschließen neue Wege, lernen von Kollegen. Sie sind begierig, Automatismen kennenzulernen, die gestern noch unmöglich waren. Insbesondere der Wunsch nach einem passiven Einkommen und einfachen, von selbst laufenden Prozessen sind Treiber dieser Entwicklung.

Das Institut Ritter gibt's seit 1992. Wir initiieren seit den frühen 2000er-Jahren Unternehmer-Awards in der Assekuranz, küren die besten Versicherungsagenturen und Versicherungsmakler Deutschlands, sind Mitiniator des Jungmakler-Awards in Österreich und Deutschland.

Die Professionalität der heute noch jungen Betriebe lässt erahnen, wohin die Reise geht. Allen Gründern der Branche, aber auch allen etablierten Playern im Markt empfehle ich, für sich selbst mindestens Antworten auf die genannten sieben Fragen zu finden. Und wer es ernst meint, der stellt sich noch ein paar Fragen mehr. Final ist das vielleicht sogar die Frage: Wie kann es gelingen, sich selbst nach geraumer Zeit von der eigenen Firma zu emanzipieren?

Unternehmertum ist auf dem Vormarsch. Mir macht es Spaß, diesen Prozess zu begleiten.

THEMEN FÜR JUNGMAKLER

Was ist Jungmaklern besonders wichtig? Womit kann ein Maklerbetreuer ihr Interesse wecken und sie an sich binden? In diesem Kapitel stellen wir Themen für die Ansprache der Jungmakler vor.

Nachhaltigkeit

Klar, es ist *das* Thema der Stunde. Aber Nachhaltigkeit ist gekommen, um zu bleiben. Immer mehr Kunden fragen explizit nachhaltige Finanz- und Versicherungsprodukte an. Dabei geht es im ersten Schritt aus unserer Sicht um die allgemeine Aufklärung und um Infos zur Nachhaltigkeit. Neben den Produktinfos zur Nachhaltigkeit sind also auch und vor allem Informationen zur Nachhaltigkeit auf Unternehmensebene wichtig. Je klarer und aussagekräftiger diese sind, desto besser. Wischiwaschi und Greenwashing sind hier definitiv fehl am Platz.

Digitale Unterstützung

Jungmakler sind häufig digital und internetaffin. Ihre Zielgruppe(n) erwarten auch im Finanz- und Versicherungsbereich funktionierende digitale Lösungen. Zeige auf, was deine Gesellschaft hier zu bieten hat. Das können digitale Antragsstrecken, Risikoprüfungen, digitale Kundenordner, Extranets oder digitale Beratungsunterstützung wie Rechner und Tools sein. Zeig die Vorteile für Makler und Kunden auf. Vergiss jedoch nicht absehbare Hürden oder technische Schwierigkeiten. Nichts ist so nervig wie ein angepriesenes Tool, das dann nicht funktioniert. Alles, was wirklich Arbeit abnimmt und nicht neue Baustellen schafft, wünschen sich die Jungmakler.

Hintergrundinfos

Die Millennials wissen, dass sie nichts (oder zumindest wenig) wissen. Das möchten sie ändern und sie wollen entsprechend aufgeklärt werden. Nun kann nicht jeder Jungmakler alle Studien, Zahlen, Daten und Fakten kennen. Umso besser, wenn du hier helfen kannst und solche möglichst gesellschafts- und produktunabhängigen Informationen lieferst. Gerade Zahlen, die nicht jeden Tag durch die einschlägigen Fachmagazine laufen, sind Gold wert. Wer bestimmte Zielgruppen bedient, braucht spezifische Informationen. Wenn du deine Jungmakler und ihre Zielgruppen kennst, bist du in der Lage, die gewünschten Infos zu liefern. So hilfst du ihnen, ihr Angebot weiter zu verfeinern. Vor allem Marktforschung ist für die meisten Makler nicht zu leisten. Entsprechend spannend sind solche Infos.

Moderne (Zielgruppen-)Lösungen

Wie im ersten Teil unserer Serie gezeigt, haben die meisten Jungmakler bestimmte Zielgruppen oder einen Produktfokus. Du beziehungsweise deine Gesellschaft muss gar nicht in allem super sein. Es reicht, in den anvisierten Zielgruppen ihrer Jungmakler passende und moderne Lösungen anzubieten.

Auf die Produkte und Produktanforderungen sind wir bereits eingegangen. Wenn du diese erfüllst, solltest du die zugehörigen Informationen leicht verständlich aufbereiten und präsentieren. Die drei Schwerpunkte sind unserer Meinung nach: Lösungen zur Einkommensabsicherung, zur Altersvorsorge und für Start-ups. Dabei musst du nicht jedes Schleifchen des Produkts erklären, sondern den Nutzen und die Mehrwerte für die Zielgruppe(n) auf den Punkt erläutern können.

GASTBEITRAG BJÖRN JÖHNKE

Rechtsanwalt Björn Jöhnke ist dreifacher Fachanwalt, und zwar für Versicherungsrecht, gewerblichen Rechtsschutz und Informationstechnologierecht (IT-Recht). Er ist Partner der Kanzlei Jöhnke & Reichow in Hamburg.

»Jungmakler auf dem Vormarsch – Chancen und Risiken?«

Was treibt den Jungmakler heutzutage an?

Die Versicherungsbranche verändert sich stetig und mit ihr auch die gesamte Vermittlerschaft. Viele entscheiden sich für einen Weg in das Handelsvertreterverhältnis und fühlen sich in Finanzvertrieben zu Hause, einige werden Versicherungsvertreter (gebunden oder ungebunden), und noch weniger wagen den Weg in die Selbstständigkeit als Versicherungsmakler.

Insbesondere unter den Versicherungsmaklern ist es interessant zu beobachten, wie die jungen Makler die Finanzdienstleistungsbranche »aufräumen« und damit neue Statements in der Akquisition und Beratung sowie Betreuung von Versicherungskunden setzen. Erfreulicherweise ist zu konstatieren, dass für die Jungmakler nicht nur ein großer Markt vorhanden ist, sondern dass ihnen auch durch die stetig voranschreitende Digitalisierung die Möglichkeit gegeben wird, sich in der Versicherungsbranche mit optimierten digitalen Workflows einen festen Platz zu sichern.

Es ist äußerst begrüßenswert, dass immer noch junge Makler in die Versicherungsbranche stoßen und sich dort ihre Nische suchen. Das ist nicht selbstverständlich. Denn vor allem die gesetzgeberische Regulierung und die damit verbundenen stetig wachsenden Pflichten sorgen eher für eine Unattraktivität des Berufsbildes. Hinzu kommt das weitverbreitete Image der Vermittlerschaft, welches nicht dazu beiträgt, junge Menschen für die Versicherungsbranche zu begeistern. Umso erfreulicher ist es, wenn sich junge Versicherungsmakler auf eine bestimmte Kundensparte spezialisieren und sich damit den Weg zur Erschließung eines großen Kundenstamms ebnen.

Jungmakler brauchen ein gewaltiges Rüstzeug für die Branche

Jungmakler müssen sich heutzutage mit einigen rechtlichen Themen befassen, damit sie möglichst nicht angreifbar sind und bestenfalls nicht in die Haftung als sogenannter Sachwalter des Kunden geraten. Deshalb ist ein gewisses Grundverständnis für rechtliche Fragestellungen unabdingbar. Ebenso notwendig ist es, dass Versicherungsmakler die höchstrichterliche Rechtsprechung aus dem Bereich des Versicherungs- und Haftungsrechts kennen. Denn viele Problemfelder tangieren die Beratung des Vermittlers bei der Anbahnung eines Mandates, aber auch im Rahmen der Bestandsbetreuung sowie der Begleitung des Kunden im Schadensfall. Hierzu eignen sich auch Newsletters von versierten Rechtsanwaltskanzleien, um sich mit aktuellen Rechtsinformationen zu versorgen.

Ebenso sollte der Makler vollständige und rechtlich sichere Maklerunterlagen verwenden. Denn die rechtliche Relevanz der Maklerunterlagen ist sehr hoch. Es ist unbedingt ratsam, dass Versicherungsmakler einen entsprechenden Versicherungsmaklervertrag mit dem Kunden schließen. Denn bekanntermaßen kommen Maklerverträge schon mündlich zustande, wenn zum Beispiel der Kunde mit dem Makler über seinen Bedarf spricht und er den Makler bittet, Angebote zu kalkulieren beziehungsweise Versicherungen zu vergleichen. In diesem Fall gelten ausschließlich die gesetzlichen Regelungen für den Makler, da zwischen den Parteien keine vertraglichen Abreden getroffen wurden. Dieses könnte sich negativ für den Makler auswirken. Ein Versicherungsmaklervertrag schafft da Abhilfe. In diesem Vertrag könnten beispielsweise auch dem Kunden Obliegenheiten auferlegt werden, sodass nicht nur Pflichten für den Makler bestehen. Ebenso sollte auch daran gedacht werden, den Maklervertrag wieder zu kündigen für den Fall, dass man sich vom betreffenden Kunden trennen möchte.

Zu den Maklerunterlagen gehören selbstverständlich auch die gesetzlichen Pflichtinformationen sowie eine Datenschutzerklärung. Die gesetzlichen Pflichtinformationen des Maklers ändern sich bedauerlicherweise von Zeit zu Zeit, sodass sie stets angepasst werden sollten. Hinzu kommen noch spezifische Angaben zur Nachhaltigkeit in der Beratung als auch spezifische Angaben zum Geschäftsmodell, beziehungsweise zum Vermittlerstatus. Auch die Informationspflichten als Webseitenbetreiber (zum Beispiel Impressumsangaben) sowie auch Cookie-Hinweise sollten beachtet und erfüllt werden.

Courtage versus Honorar beziehungsweise Servicegebühren

Wenngleich sich in Deutschland Honorare für die Vermittlung von Versicherungsverträgen noch in Durchsetzung befinden, sollten sich gerade Jungmakler mit Honorarmodellen und Servicegebühren beschäftigen. Viele Jungmakler sind im Bereich »Leben« unterwegs und von daher eher kaum im Bereich der Bestandsprovisionen verankert. Daher erscheint es äußerst sinnvoll, sich mit Nettotarifvermittlung gegen Vermittlungshonorar zu beschäftigen. Stornofreiheit sowie der Umstand, hinsichtlich der Vergütung nicht von den Versicherungsunternehmen abhängig zu sein, kann Vorteile schaffen.

Auch Servicegebühren von Kunden zu verlangen für Tätigkeiten, die nichts mehr mit der Versicherungsvermittlung an sich zu tun haben, gehört heute zum guten Ton. Solche Gebühren werden von den Versicherungskunden durchaus akzeptiert. Gerade die Möglichkeit, im Bestand weiteren Umsatz zu generieren, dürfte für Jungmakler von Interesse sein, um weitere Unabhängigkeit zu schaffen. Auch die Tatsache, dass viele Makler buchstäblich über Gebühr für ihre Kunden tätig sind, ohne dafür vergütet zu werden, sollte zu einem Umdenken führen.

Internetvertrieb und Digitalisierung

Gerade der Digitalvertrieb über das Internet schreitet weiter voran und gibt den jungen Maklern die Möglichkeit, sich über die Webseite zu präsentieren, Kunden zu akquirieren und auch entsprechende Abschlussmöglichkeiten im Rahmen von digitalen Antragsstrecken zu bieten. Hierbei ist ein besonderes Augenmerk auf die rechtlichen Fallstricke für den Online-Vertrieb zu richten. Nicht nur die spezifischen Informationspflichten des Versicherungsmaklers müssen eingehalten, sondern auch die diesbezügliche Rechtsprechung entsprechend berücksichtigt werden. Viele Digitalvermittler sahen sich schon kostenpflichtigen Abmahnungen ausgesetzt, da natürlich auch Konkurrenten wachsam sind.

Der Digitalvertrieb bringt viele Vorteile für Jungmakler. Gerade in Krisenzeiten haben sich Videoberatung sowie digitale Abschlussstrecken etabliert. Auch Versicherungsinteressenten und Versicherungskunden sehen heutzutage die Vorteile einer Videoberatung, was früher weniger der Fall war. Gerade in diesem Bereich können Jungenmakler, die eine Affinität zum digitalen Vertrieb haben, durchaus profitieren und ihr Geschäftsmodell ausbauen.

Chancen für Jungmakler und Fazit

Für die jungen Makler stehen die Chancen in der Versicherungsbranche sehr gut. Die weiter voranschreitende Digitalisierung und ebenso der Digitalvertrieb über das Internet sorgen ausreichend für Möglichkeiten, den Maklerbetrieb mit optimierten Workflows zu betreiben. Gerade auch vor dem Hintergrund, dass viele ältere Makler in den kommenden Jahren in Rente gehen werden, dürften viele Möglichkeiten für junge Makler bestehen, Bestandskäufe durchzuführen, um auf diese Weise das eigene Unternehmen zu vergrößern. Hierzu sollten sich Versicherungsmakler rechtzeitig für eine entsprechende Rechtsform des Unternehmens entscheiden, um rechtliche Flexibilität zu gewinnen. Denn ob bei einem Verkauf an einen Dritten oder einer Übertragung des Maklerunternehmens an die nächste Generation: Die richtige Gesellschaftsform vereinfacht die Übertragung des Maklerunternehmens. Aus diesem Grunde sollten Jungmakler sich auch mit diesen rechtlichen Themen frühestmöglich beschäftigen.

KANÄLE, UM JUNGMAKLER ZU ERREICHEN

Die Bedürfnisse der Jungmakler lassen sich klar umreißen, ebenso die Themen, für die sie sich interessieren. In diesem Kapitel zeigen wir nun die Kanäle, auf denen sie sich am besten erreichen lassen.

Social-Media-Gruppen

Gruppen auf den verschiedenen Social-Media-Plattformen sind eine gute Möglichkeit der Positionierung. Es gibt sie auf Facebook, Xing oder LinkedIn. Gruppen haben zahlreiche Vorteile für die geschäftliche Kontaktaufnahme. Erstens bieten sie eine hohe Sichtbarkeit. Wer drin ist, bekommt Beiträge und Nachrichten direkt angezeigt. Zweitens strahlen Gruppen eine gewisse Exklusivität aus. Drittens fördern sie den Austausch. Viertens haben sie einen klaren beruflichen Kontext. In der Gruppe »Versicherungsmakler Deutschland« geht es um Versicherungen und Maklertum und nicht um Katzen oder die neuesten Rezepte. Fünftens hat man über Gruppen einen direkten Kontakt. Entweder man schreibt Antworten zu Beiträgen oder man schreibt einzelne Personen per Direktnachricht an. Und nicht zuletzt geht diese Kontaktmöglichkeit mit einer gewissen Messbarkeit einher, vor allem, wenn man die jeweilige Gruppe selbst führt.

Allerdings brauchst du hier Ausdauer. Ein »Hallo, ich bin der Maklerbetreuer der XYZ-Versicherung!« führt nicht zum Ziel. Wer jedoch regelmäßig eigene Beiträge verfasst oder konstruktiv antwortet, steigert seine Sichtbarkeit nachhaltig.

Newsletter

Ein *guter* Newsletter ist ein genialer Kanal, um Jungmakler zu erreichen. Doch was ist ein *guter* Newsletter für Jungmakler? Zunächst einer, der sich klar und deutlich an sie richtet. Dieser sollte die für Jungmakler relevanten Infos und Themen inhaltlich und optisch gut aufbereitet enthalten. Auch wenn E-Mail der naheliegendste und geeignetste Kanal zur Aussteuerung ist, sollte er auch mobil funktionieren, da viele Jungmakler ihre Mails übers Handy abrufen. Schriftliche Newsletters sind der Standard. Doch warum nicht auch hier neue Wege gehen und den Newsletter oder das wöchentliche Update als Podcast oder Video-Botschaft ausstrahlen? Der große Vorteil von Newslettern: Der Erfolg ist klar messbar: die Zahl der Abonnenten, die Öffnungsrate usw., all das lässt sich beziffern. Zuletzt kannst du noch überlegen, ob du andere Kanäle als die E-Mail nutzen willst. Das können WhatsApp oder andere direkte Messenger-Dienste sein. So kommst du unmittelbar ins Sichtfeld.

Fachzeitschriften

Fachzeitschriften sind eine weitere geeignete Möglichkeit der Positionierung, auch wenn sie unter Umständen etwas angestaubt daherkommen. Der große Vorteil ist, dass sie ein hohes Ansehen genießen. Und die guten Magazine werden definitiv auch von den Jungmaklern gelesen. Die guten Magazine verbinden den Online- und den Offline-Bereich ganz selbstverständlich und bieten ihre Inhalte teilweise crossmedial an. Der entscheidende Faktor für den Erfolg sind informative, nutzenstiftende Inhalte (»Content«) statt platter Werbung. Manche Beiträge lesen sich, als kämen sie direkt aus der Marketingabteilung. Das sollten Sie besser vermeiden.

Instagram und Facebook?

Firmenseiten beziehungsweise -kanäle in den sozialen Netzwerken halten wir für weniger geeignete Zugangswege. Die Gründe sind vielfältig. Erstens weisen sie meistens eine geringe Sichtbarkeit auf. Die organische Reichweite wird immer geringer. Nur ein Bruchteil der nicht promoteten Beiträge erreicht überhaupt die Fans oder Abonnenten. Wer auf Werbung setzt, sieht sich mit steigenden Kosten und hohem Aufwand konfrontiert. Der für uns ausschlaggebende Punkt ist jedoch, dass es nicht auf der Hand liegt, auf diesen Kanälen zu suchen. Wenn ich als Jungmakler privat durch Facebook oder Insta scrolle, erwarte ich keine beruflichen Inhalte. Ich nutze diese sozialen Netzwerke für den privaten Austausch oder um mit meinen Kunden und Fans in Kontakt zu bleiben. Sich auf Gruppen in beruflichen Netzwerken zu konzentrieren, halten wir für besser.

Firmenzeitung?

Zahlreiche Gesellschaften liefern regelmäßig Firmenzeitungen oder -magazine. Auch diese halten wir für eher ungeeignet, um Jungmakler zu erreichen. Sie zu erstellen ist ein enormer Aufwand. Die Sichtbarkeit ist eher gering und der Erfolg ist nicht oder kaum messbar. Zuletzt ist die Firmenzeitung auch einfach »oldschool«.

PACK-ANS, UM JUNGMAKLER ZU GEWINNEN

Jungmakler sind eine lohnende Zielgruppe für Maklerbetreuung. Wer sie ansprechen möchte, sollte sich möglichst zielgerichtet an die Arbeit machen. In diesem Abschnitt klären wir, was zu tun ist.

Erstelle Templates

Templates oder Vorlagen helfen bei der Social-Media-Kommunikation. Solche Templates können mit eigenem Content gefüllt beziehungsweise personalisiert werden. Inhalte könnten Informationen zu allgemeinen Themen, zu bestimmten Fragestellungen von Kunden oder zu Produktinfos sein. In jedem Fall sollen sie sich an die Kunden der Makler richten. Wichtigster Punkt ist, dass sie optisch ansprechend und für das jeweilige soziale Netzwerk geeignet sind. Diese Templates können dann die Jungmakler für ihre eigene Social-Media-Kommunikation anpassen und verwenden. So sparen sie viel Zeit. Denn gerade die Auswahl von geeignetem Bildmaterial und das Setzen erfordert gewisses Geschick und kostet vor allem viel Zeit.

Werde aktiv in einer Gruppe in sozialen Netzwerken

Werde aktiv und sichtbar in Gruppen in sozialen Netzwerken. Gruppen gibt es bei Facebook, Xing und LinkedIn. Entweder beteiligst du dich an bereits bestehenden Gruppen oder du gründest eine neue. Beide Optionen haben Vor- und Nachteile. Mit vertretbarem Aufwand zu bewältigen ist sicherlich die Beteiligung an bestehenden Gruppen, aufwendiger ist die Gründung einer neuen. Sofern du eine neue Gruppe gründest, lade Jungmakler explizit mit Begründung ein. Der Hauptgrund für einen Beitritt sollte die Bereitstellung von relevantem Content sein. Liefere Impulse und fördere aktiv den Austausch der Jungmakler. Mach dir klar, dass die Moderation einer eigenen Gruppe notwendig und ist und viel Zeit kostet.

Organisiere einen Kennenlernworkshop

Ein Kennenlernworkshop ist eine sehr niedrigschwellige Möglichkeit, interessante Jungmakler kennenzulernen. Für ein solches Format eignen sich fünf bis acht Teilnehmer. Leitfragen für eine solche halbtägige Veranstaltung könnten sein:

- Wer seid ihr?
- Was ist euer Geschäftsmodell?
- Was braucht ihr?
- Welche Themen sind relevant für euch?

So lernst du die Teilnehmer unmittelbar kennen und bekommst die Informationen, die du für eine optimale Betreuung brauchst. Ist das Format gut gestaltet, lernen sich natürlich auch die Teilnehmer gegenseitig kennen und entwickeln eventuell gleich Kooperationen, die für alle von Vorteil sind.

Starte eine Mastermind-Gruppe

Eine Mastermind-Gruppe ist ein ausgewählter Kreis an Teilnehmern, der sich regelmäßig trifft und austauscht. Die Teilnehmer arbeiten gemeinsam an einem Thema oder auf ein Ziel hin. Dabei unterstützen sich die Teilnehmer gegenseitig. Starte also eine solche Mastermind-Gruppe speziell für Jungmakler. Biete den Rahmen für den regelmäßigen Austausch und die gemeinsame Entwicklung. Die Treffen können online oder offline stattfinden. Lade gegebenenfalls externe Fachreferenten oder Experten für bestimmte Themen ein. Liefere Input und Impulse, um die Teilnehmer immer wieder zur Teilnahme zu motivieren.

Biete eine Ideenwerkstatt an

Eine Ideenwerkstatt ist ein halb- bis ganztägiges Format zur gemeinsamen Produktentwicklung. Dabei nutzt du die Methoden der Co-Creation und des Design Thinking. Statt also allein im stillen Kämmerlein über Problemen zu brüten, holt man sich die Impulse der potenziellen Teilnehmer direkt ab und entwickelt gemeinsam mit ihnen Lösungen. Wir haben das Format bereits mehrfach erfolgreich für unsere eigene Produktentwicklung mit Privat- und Gewerbekunden genutzt. In einem solchen Format kannst du neue, moderne Zielgruppenlösungen für dein Haus entwickeln. Die geeignete Teilnehmerzahl für eine solche Ideenwerkstatt liegt bei fünf bis zehn Personen. Auch hier sollten der informelle Austausch und das Kontakteknüpfen Zeit und Raum bekommen.

Veranstalte eine Innovation Challenge

Eine Innovation Challenge ist ein mehrtägiges interaktives Format zur gemeinsamen Ideen- und Lösungsentwicklung zu einem bestimmten Thema. Unter Anleitung von Experten und Moderatoren entwickeln die Teilnehmer Lösungsansätze und Prototypen zu realen Herausforderungen und Problemen im Geschäftsalltag. Dafür wenden die Teilnehmer Methoden des Design Thinking und des Business Model Canvas an. So entstehen in wenigen Tagen spannende Lösungsansätze, die Teilnehmer lernen neue Methoden kennen, knüpfen neue Kontakte und tauschen sich aus. Kennenlernworkshop,

Mastermind-Gruppe, Ideenwerkstatt und Innovation Challenge lassen sich darüber hinaus sehr gut medial begleiten und helfen so, das Image einer modernen, innovativen Maklerbetreuung zu vermitteln.

Bonusmaterial B: Nachhaltigkeit

BONUSMATERIAL B: NACHHALTIGKEIT

In diesem Kapitel widmen wir uns dem Megatrend Nachhaltigkeit. Zunächst geht es um die theoretischen Grundlagen zur Nachhaltigkeit im Bereich der Finanzen und um die Bedeutung des Themas für das eigene Geschäftsmodell als Maklerunternehmen.

WAS IST NACHHALTIGKEIT?

Ganz allgemein gesprochen bedeutet Nachhaltigkeit, nur so viele Ressourcen zu entnehmen, wie natürlicherweise nachwachsen beziehungsweise verstoffwechselt werden können. Es geht darum, die Lebensgrundlagen für zukünftige Generationen zu erhalten. Von echter Nachhaltigkeit sprechen wir, wenn drei Dimensionen erfüllt sind:

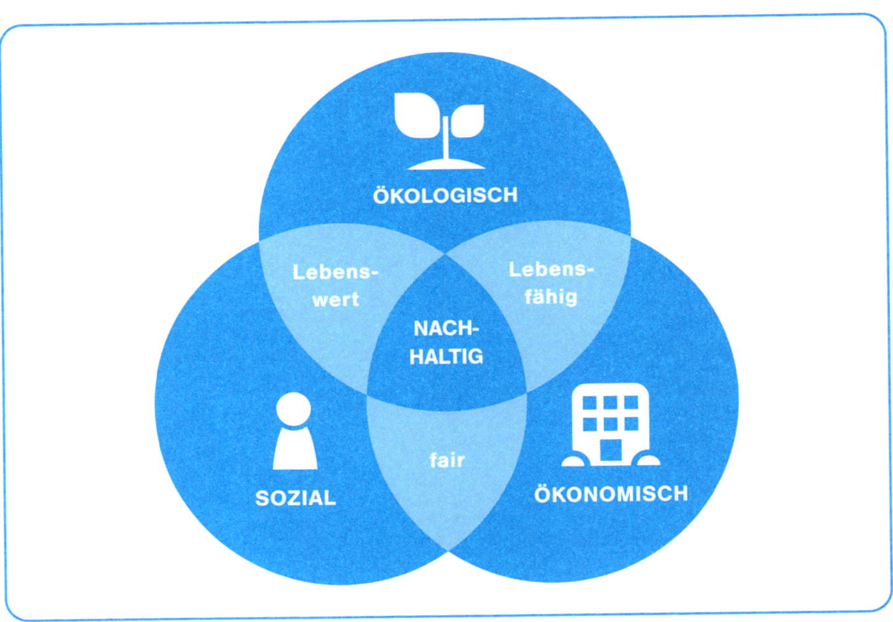

Abbildung 28: Die drei Dimensionen der Nachhaltigkeit

Diese eher allgemeine Definition konkretisierte die UN in ihren 17 UN-Nachhaltigkeitszielen (»SDG«: Sustainable Development Goals).

Diese Nachhaltigkeitsziele gelten global. Da sich jedoch die Entwicklungsniveaus der einzelnen Länder global sehr stark voneinander unterscheiden, gibt es für jedes einzelne Land eigene Ziele. Von den 17 UN-Zielen sind nicht alle für Finanzdienstleister relevant. Außerdem haben die Akteure einen unterschiedlichen Einfluss auf die relevanten Ziele. Manche liegen eher in der Sphäre der Makler, andere eher in der Sphäre der Versicherer.

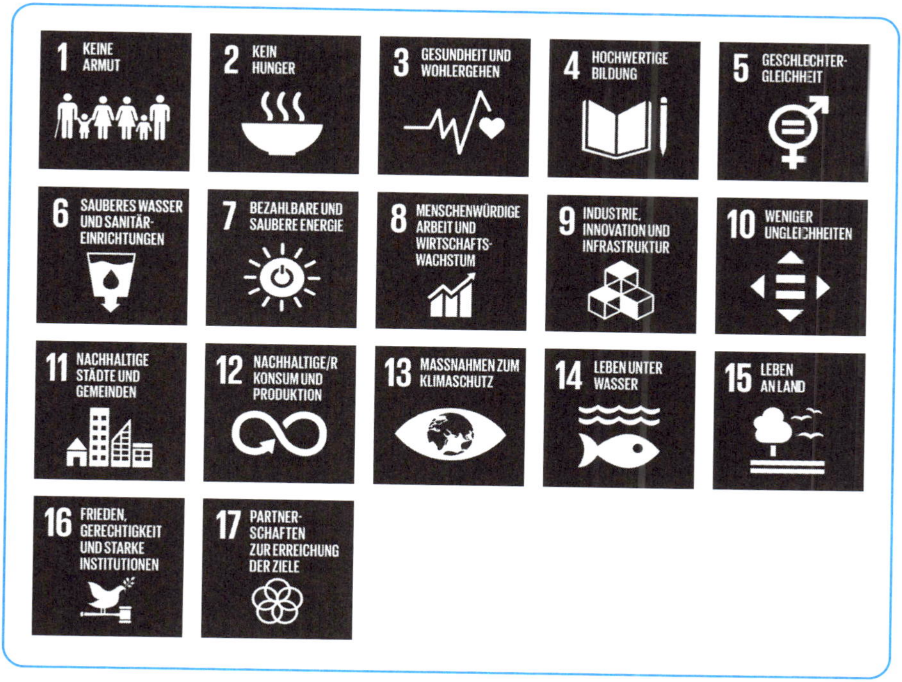

1 KEINE ARMUT
2 KEIN HUNGER
3 GESUNDHEIT UND WOHLERGEHEN
4 HOCHWERTIGE BILDUNG
5 GESCHLECHTER-GLEICHHEIT
6 SAUBERES WASSER UND SANITÄR-EINRICHTUNGEN
7 BEZAHLBARE UND SAUBERE ENERGIE
8 MENSCHENWÜRDIGE ARBEIT UND WIRTSCHAFTS-WACHSTUM
9 INDUSTRIE, INNOVATION UND INFRASTRUKTUR
10 WENIGER UNGLEICHHEITEN
11 NACHHALTIGE STÄDTE UND GEMEINDEN
12 NACHHALTIGE/R KONSUM UND PRODUKTION
13 MASSNAHMEN ZUM KLIMASCHUTZ
14 LEBEN UNTER WASSER
15 LEBEN AN LAND
16 FRIEDEN, GERECHTIGKEIT UND STARKE INSTITUTIONEN
17 PARTNER-SCHAFTEN ZUR ERREICHUNG DER ZIELE

Abbildung 29: Die 17 Nachhaltigkeitsziele der Vereinten Nationen

1 KEINE ARMUT
3 GESUNDHEIT UND WOHLERGEHEN
4 HOCHWERTIGE BILDUNG
10 WENIGER UNGLEICHHEITEN
12 NACHHALTIGE/R KONSUM UND PRODUKTION
5 GESCHLECHTER-GLEICHHEIT
7 BEZAHLBARE UND SAUBERE ENERGIE
8 MENSCHENWÜRDIGE ARBEIT UND WIRTSCHAFTS-WACHSTUM
9 INDUSTRIE, INNOVATION UND INFRASTRUKTUR
13 MASSNAHMEN ZUM KLIMASCHUTZ
Makler:in
Versicherer

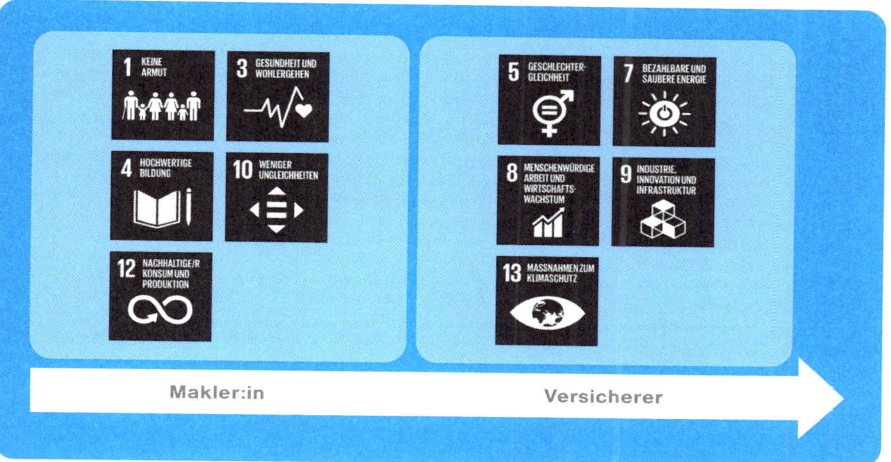

Abbildung 30: In welche Sphäre die verschiedenen Nachhaltigkeitsziele fallen

AUF WELCHEN EBENEN SPIELT NACHHALTIGKEIT BEI FINANZEN UND VERSICHERUNGEN EINE ROLLE?

Wir haben vier Ebenen identifiziert. Auf diesen vier Ebenen sind sowohl die Wirkung nachhaltigen Handelns als auch der Einfluss der Einzelperson unterschiedlich. Wirkung und Einfluss sind dabei gegenläufig. Das heißt: Da, wo mein Einfluss am größten ist (bei mir als Einzelperson beziehungsweise in meinem Haushalt oder meiner Firma), ist die Wirkung oder der Hebel am kleinsten.

Ich kann jetzt sofort für mich entscheiden, nachhaltiger zu leben und den Vertrag für ein nachhaltiges Finanzprodukt abzuschließen. Die Wirkung ist jedoch überschaubar. Die Beratungsebene hat schon eine etwas größere Wirkung, da sie mehrere Hundert Einzelpersonen erreicht. Nachhaltige Finanzprodukte sind die nächste Wirkungsebene. Ein einzelnes gut laufendes nachhaltiges Produkt erreicht womöglich bis zu 100.000 Personen.

Die größte Wirkung liegt bei den Versicherern als die zweitgrößten Kapitalanleger. Hier geht es um Millionen Kunden mit Milliarden Euro Kapital. Bei denen habe ich als Einzelperson jedoch kaum einen nennenswerten Einfluss. Es zeigt sich: Mit dem Finger auf andere zu zeigen und zu sagen, »Ihr müsst was tun«, reicht nicht aus. Alle müssen sich bewegen.

Einen ähnlichen Zusammenhang haben wir auf der Produktebene: Sachversicherungen kann ich schnell umstellen oder wechseln. Die Auswirkung auf die Nachhaltigkeit ist jedoch gering. Lebens- und Rentenversicherungen haben mit ihrem Fokus auf Kapitalanlage eine große Wirkung. Doch kann beziehungsweise sollte ich sie nicht leichtfertig wechseln. Dazwischen liegen Biometrie- und Krankenversicherungsprodukte. Das wiederum bedeutet, dass beispielsweise reine Sachmakler wenig für das Thema Nachhaltigkeit tun können. Die Kollegen, die auch Lebens- und Rentenversicherungen vermitteln, können mit der Produktauswahl beziehungsweise -empfehlung durchaus Einfluss nehmen.

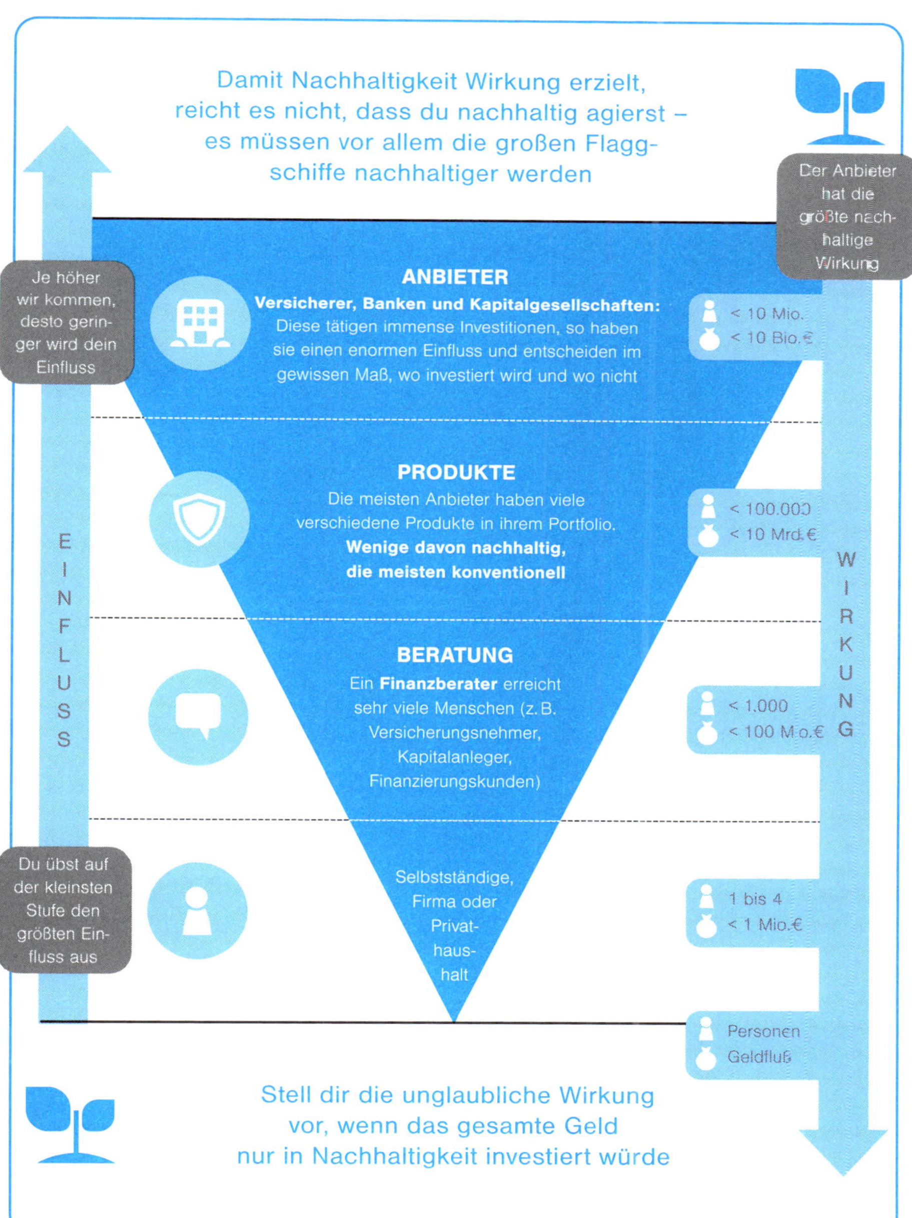

Abbildung 31: Wirkung und Einfluss beim Thema Nachhaltigkeit im Finanzbereich

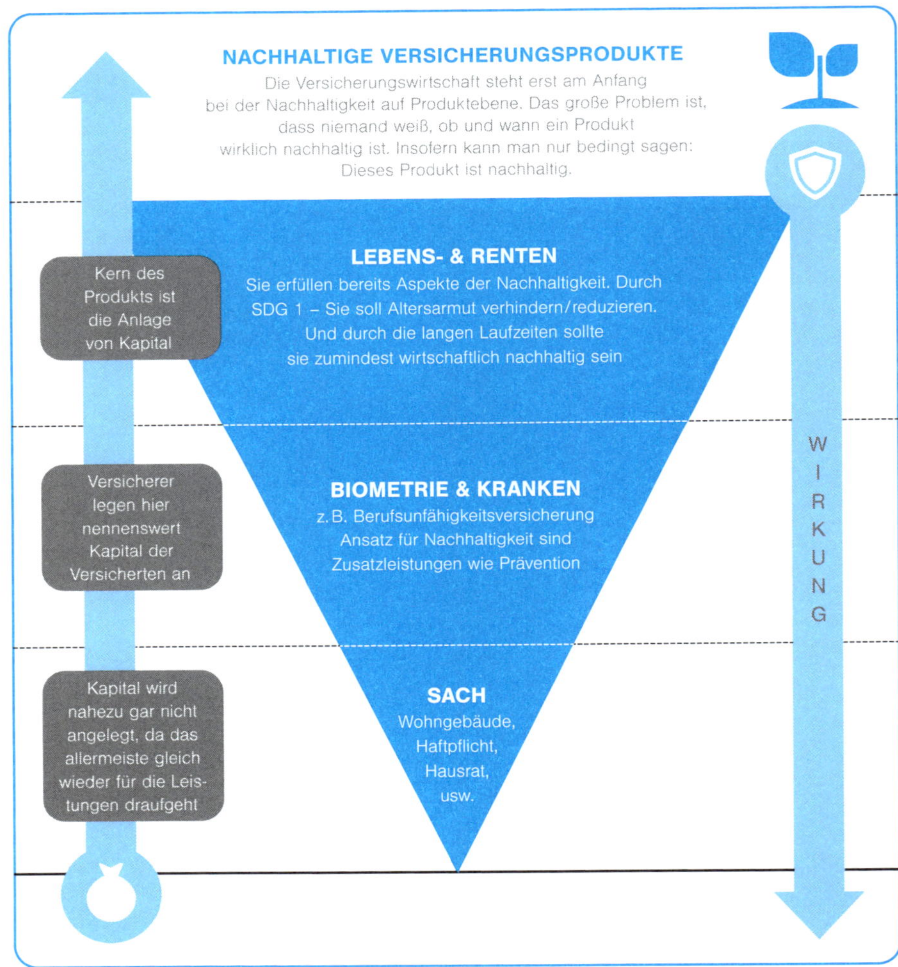

Abbildung 32: Nachhaltigkeit bei Versicherungsprodukten

WAS SIND NACHHALTIGE VERSICHERUNGEN?

Das führt uns zur nächsten Frage: Was sind eigentlich nachhaltige Finanzen und Versicherungen und woran erkenne ich sie?

Vorab: Das Geschäftsmodell einer Versicherung ist per Definition nachhaltig. Das dürfen wir in den Beratungsgesprächen gern einmal unterbringen. Versicherer legen Kundengelder für Jahrzehnte an. Sie transformieren Unsicherheiten in versicherbare Risiken. Sie übernehmen Risiken, die den Einzelnen existenziell gefährden. Mit ihrer Forschung helfen sie, Schäden zu verhindern und zu reduzieren.

Nachhaltige Versicherer (und Banken beziehungsweise Kapitalanlagegesellschaften) weisen vier Merkmale auf:

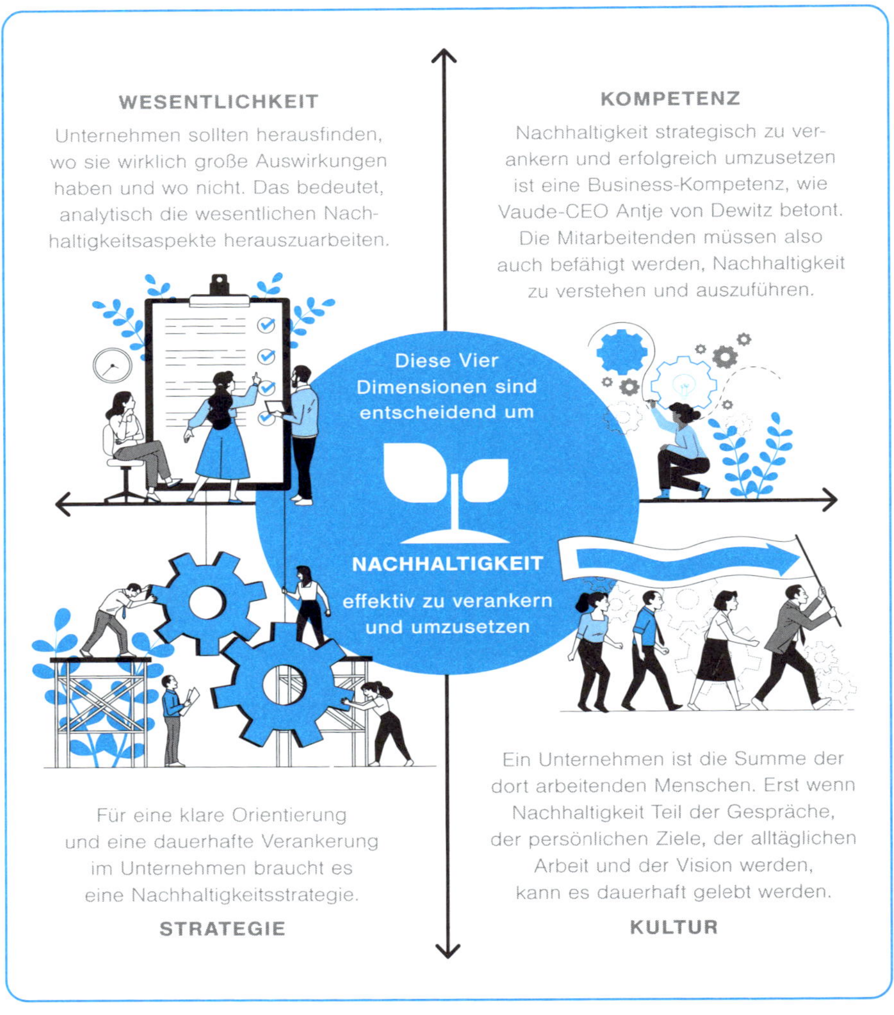

Abbildung 33: Die vier Merkmale nachhaltiger Versicherer Illustration: storyset/Freepik.com

Leider kann man zum aktuellen Zeitpunkt noch nicht exakt sagen, was ein nachhaltiger Versicherer ist. Das gehört (im Beratungsgespräch) zur Wahrheit dazu. Umgekehrt können wir jedoch sagen, was nicht nachhaltig ist. Solche Unternehmen kann man zukünftig in der Auswahl ausklammern. Dazu gibt es verschiedene prüfbare, eingeschränkt prüfbare und bislang nicht prüfbare K.-o.-Kriterien. Das sind:

Prüfbar

Illegale Wirtschaftspraktiken
Rechtliche Feststellung bzw. Verurteilung
Über Ausschlussdauer wird qualitativ entschieden

Kein Statement zu Nachhaltigkeit
Prüfung von Veröffentlichungen oder Rückfrage beim Unternehmen

Intransparenz (Berichterstattung über HGB-Anforderungen)
Prüfen, ob Unternehmen über gesetzliche Anforderung hinausgeht

Teilweise prüfbar

Menschenrechtsverletzungen
Laufender Blick auf Fachpresse und Newsletter (z.B. Human Rights Watch)

Keine Vielfalt im Unternehmen (Widerspruch zur Diversität)
Grundsätzlicher Ausschluss oder Prüfung der gelebten Praxis

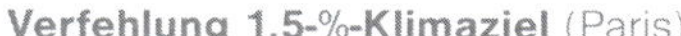

Keine Nachhaltigkeitsstrategie
Checkfragen: Wird Nachhaltigkeit im Kerngeschäft angegangen? Langfristige Transformationsambitionen? Mehr als nur Einzelaktionen? Sind drei Nachhaltigkeits-Dimensionen einbegriffen? Antworten findest du in deren Berichterstattung

Verfehlung 1,5-%-Klimaziel (Paris)
Prüfkriterien sind Science Based Targets (SBT), perspektivisch werden immer mehr das zeichnen

Widerspruch SDG
Aktuell keine Vergleichbarkeit möglich; perspektivisch ein Positiv-Kriterium; Top 5 SDGs

3 5 8 9 12

Nicht prüfbar

Arbeitsrechtsverletzungen
Laufender Blick auf Fachpresse und Newsletter (z.B. ILO-Normen zugestimmt)

Biodiversitätsschaden/Kontroverses Umweltverhalten
Noch keine einheitliche Beurteilung möglich
Perspektisch: Bio-Scope nutzen oder vergleichbare Indikatoren

Abbildung 34: K.-o.-Kriterien bei der Auswahl nachhaltiger Versicherer

WARUM IST NACHHALTIGKEIT RELEVANT UND WIE INTEGRIERE ICH SIE INS EIGENE GESCHÄFTSMODELL?

Kunden wollen nachhaltige Produkte und Lösungen. Spätestens mit #FridaysForFuture und der sogenannten Letzten Generation ist das Thema in der Mitte der Gesellschaft angekommen. Millennials und nachfolgende Generationen haben ein verändertes Verhältnis zum Geld und zur Finanzindustrie. Mittlerweile schlägt vielfach Sinn den Status. Das heißt, althergebrachte Ansprachen (Kfz als Türöffner) und Themen (Absicherung von Besitz) verlieren ihre Bedeutung. Andere Themen wie (finanzielle) Freiheit und Unabhängigkeit gewinnen an Bedeutung. Das heißt nicht, dass Versicherungen keine Rolle mehr spielen würden, im Gegenteil. Eine Berufsunfähigkeitsversicherung sorgt dafür, auch im Krankheitsfall finanziell frei und unabhängig zu bleiben.

Der Lifestyle »öko« ist hip geworden. Das Kundenpotenzial ist groß. Circa 31 Millionen Deutsche richten Konsumentscheidungen auch nach Nachhaltigkeitsaspekten aus, knapp 7 Millionen sogar ausschließlich.[30] Sie sind oft jung, gut gebildet, mit überdurchschnittlichem Verdienst und Vermögen, und weiblich. Eine hoch attraktive Zielgruppe.[31] Über die Hälfte der Deutschen legt Wert darauf, dass ihr Versicherer nachhaltig handelt und den Umweltschutz beachtet.[32] Ob die Menschen für nachhaltige(re) Versicherungsprodukte mehr zahlen würden, ist unklar. Es gibt Studien, die Belege für eine höhere Zahlungsbereitschaft gefunden haben wollen, und Studien, die zu anderen Ergebnissen kommen.

Was ist die gesellschaftliche Aufgabe, vor der wir stehen?

Doch auch aus gesellschaftlicher und makroökonomischer Sicht ist es sinnvoll, sich mit dem Thema intensiv auseinanderzusetzen. Durch die Wende zur Nachhaltigkeit und die Dekarbonisierung sprechen wir von der Transformation der gesamten Wirtschaft. Das birgt Risiken, aber auch große Chancen und Möglichkeiten. Finanzwirtschaft und Versicherungsindustrie müssen, können und werden diesen Wandel mitfinanzieren. Das hat Auswirkung auf die Anbieter- und Produktauswahl.

Wir als Makler können und sollen unsere Kunden aufklären und befähigen. Es geht gerade nicht darum, neue Produkte mit einem grünen Schleifchen oder Flyer zu verkaufen, sondern unsere Kunden in die Lage zu versetzen, gute Entscheidungen auf Basis objektiver Kriterien und subjektiver Wünsche treffen zu können. Dazu gehört zu erklären, was derzeit geht und was vor allem (noch) nicht geht. Denn Fakt ist: Die Versicherungswirtschaft hängt hinterher.

Und zuletzt können und müssen wir auch unsere eigenen Betriebe umstellen. Auch das birgt Risiken, aber eben auch großartige Möglichkeiten.

Was will die Regulierung?

Ein weiterer Grund, sich mit Nachhaltigkeit auseinanderzusetzen, wenn schon Angebot (nachhaltige Versicherungen) und Nachfrage (Kunden wollen Nachhaltigkeit) nicht ausreichen, ist die Regulierung. Wer die EU-Regulierung verfolgt, kann Änderungen in Deutschland antizipieren und sich darauf vorbereiten. Daher lohnt es sich immer wieder, sich auch als »kleiner« Makler mit den Debatten und der Regulierung der EU auseinanderzusetzen. Die Richtung ist klar: Versicherungen, Banken, Kapitalanlagegesellschaften und alle Vertriebskanäle sollen irgendwann einheitlich reguliert werden. Was also bei Banken und/oder Kapitalanlage bereits heute schon gilt, kommt über kurz oder lang auch bei uns an.

Und das heißt: Nachhaltigkeit wird ein wichtiges Kriterium bei der Auswahl geeigneter Produkte werden. Erste »Einschläge« gibt es ja schon: die Transparenzverordnung, die Pflicht zur Präferenzabfrage und die Taxonomie.

Was bedeutet es für das eigene Geschäftsmodell?

Fassen wir alle oben aufgeführten Punkte zusammen und überlegen wir uns, was Nachhaltigkeit für das Geschäftsmodell eines Versicherungsmaklers bedeutet.

Die Nachfrage steigt. Immer mehr Kunden wollen Nachhaltigkeit. Im ersten Schritt bedeutet das vor allem Aufklärung. Dafür haben wir einen Leitfaden entwickelt. Er hilft dir, das komplexe Thema deinen Privat- und Gewerbekunden adressatengerecht zu vermitteln. Teile davon hast du schon im Beitrag gesehen. Für viele wird Nachhaltigkeit über kurz oder lang zum Hygienefaktor bei der Wahl des Beraters und der Produktgeber. Die steigende Nachfrage trifft auf ein steigendes, aber unübersichtliches Angebot. Da der Aufwand bislang kaum im Verhältnis zur Vergütung stehen dürfte, wird die Frage nach dem richtigen Geschäfts- und Ertragsmodell immer wichtiger. Spätestens jetzt solltest du dich ernsthaft mit alternativen Erlösquellen wie Servicegebühren oder Honoraren auseinandersetzen.

Da also vieles unklar ist, geht es jetzt darum, »vor die Welle« zu kommen, um gerüstet zu sein. Jetzt kannst du deine Kunden und ihre Wünsche besser kennenlernen. Jetzt kannst du die Möglichkeiten und Fallstricke in Erfahrung bringen. Jetzt kannst du dich mit den Do's and Dont's auseinandersetzen. Jetzt kannst du beginnen, deinen Betrieb umzustellen. Jede einzelne Maßnahme lässt sich zum Beispiel in den sozialen Netzwerken gut kommunizieren. Jetzt ist die Zeit, die richtige Strategie zu entwickeln. Darum wird es im Folgenden gehen.

Welche strategischen Optionen gibt es?

Grundsätzlich hast du drei Optionen für deine Nachhaltigkeitsstrategie (in Anlehnung an den Ansatz des Bundesverbands Deutscher Versicherungskaufleute BVK):

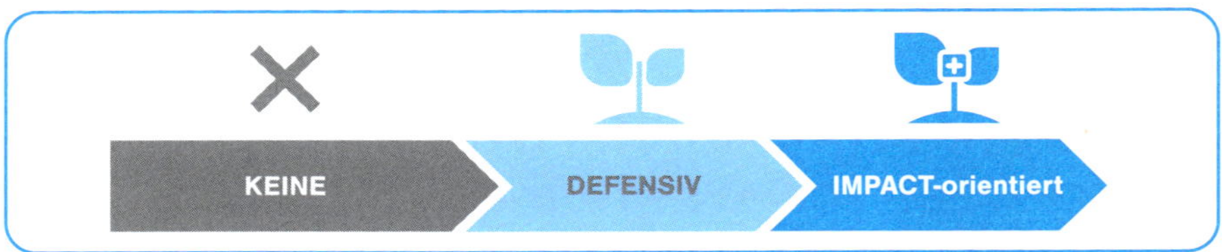

Abbildung 35: Die drei Optionen bei der Frage nach der Nachhaltigkeitsstrategie

Wenn du dich entscheidest, **keine Nachhaltigkeitsstrategie** umzusetzen, erfüllst du lediglich die gesetzlichen Offenlegungspflichten, ohne strategische Ziele zu erfüllen. Das heißt, deine einzige Aktivität beschränkt sich darauf, auf deiner Homepage darüber zu informieren, dass du keine Nachhaltigkeitsstrategie hast und welche Gründe das hat.

Mit der **defensiven Nachhaltigkeitsstrategie** unterstützt du die Nachhaltigkeitsziele der Versicherungswirtschaft und erfüllst die gesetzlichen Pflichten hierzu. Das heißt, du formulierst strategische Ziele (bezogen auf Nachhaltigkeit). Das kann zum Beispiel sein, dass du nachhaltige Versicherungen in dein Angebot integrieren möchtest. Hierfür absolvierst du die notwendigen Weiterbildungen. Du definierst dein Produktspektrum im Bereich der ungeförderten Versicherungsanlageprodukte (VAP) anhand von Mindeststandards. Nachhaltige VAP bietest du auf Nachfrage an. Du klärst deine Kunden anhand von Produktgebern bereitgestellter Informationen über Nachhaltigkeit auf und führst die erweiterte Geeignetheitsprüfung für VAP durch. Für Bestandskunden berücksichtigst du das Thema Nachhaltigkeit ebenfalls nur auf Nachfrage. Insgesamt agierst du also hauptsächlich reaktiv.

Mit der **impact-orientierten Nachhaltigkeitsstrategie** entwickelst du eigene Nachhaltigkeitsziele und setzt sie in geeigneter Weise um. Das bedeutet, du formulierst konkrete eigene Nachhaltigkeitsziele. Das könnten zum Beispiel sein: ein bestimmter Anteil nachhaltiger Versicherungen im Neugeschäft oder die Erhöhung des Frauenanteils in deinem Betrieb auf x Prozent. Du absolvierst umfassende und regelmäßige Weiterbildungen zu nachhaltigen Versicherungsprodukten. Du ergreifst Nachhaltigkeitsmaßnahmen im eigenen Betrieb wie etwa die Messung und Reduktion des CO_2-Fußabdrucks oder eine verbesserte Mülltrennung. Du ergreifst Maßnahmen in Bezug auf deine Dienstfahrzeuge (z. B. Umstellung oder Abschaffung) und Mitarbeiter respektive Mitarbeiterinnen (z. B. equal pay, Beteiligungsmöglichkeiten). Du definierst dein Produktspektrum und nutzt so weit wie möglich überall nachhaltige Versicherungsprodukte. Ein nachhaltiges Produktangebot ist obligatorisch. Du befragst und informierst deine Kunden mithilfe selbst gestalteter Unterlagen und für beziehungsweise über alle Versicherungs-/Finanzprodukte und nicht nur die Versicherungsanlageprodukte. Auch deine Bestandskunden prüfst und befragst du regelmäßig zum Thema Nachhaltigkeit. Insgesamt agierst du also proaktiv.

Wie lässt sich Nachhaltigkeit ins eigene Geschäftsmodell implementieren?

So wie du jedes andere strategische Thema (hoffentlich) selbst beziehungsweise womöglich auch mit externer Unterstützung bearbeitest und nicht delegierst, so sollte auch die Nachhaltigkeit deine Aufgabe als Geschäftsführer oder Inhaber sein. Das heißt, Nachhaltigkeit darf sich nicht in werbewirksamen Einzelmaßnahmen (»Wir pflanzen jetzt einen Baum für jeden Neukunden!«) erschöpfen, sondern muss ganzheitlich und strategisch verstanden werden. Damit du also nicht nur nachhaltige Rentenversicherungen verkaufst oder Hafermilch im Büro anbietest, empfiehlt sich folgendes Vorgehen:

Abbildung 36: Vorgehen bei der Implementierung des Themas Nachhaltigkeit im Maklerbüro

Schauen wir uns die Schritte im Detail an:

Ausgangspunkt ist dein **Status quo**. Es spielt überhaupt keine Rolle, wo genau du stehst. Entscheidend ist dein Commitment, loslegen zu wollen. Nutze eine Stakeholder-Analyse (Stakeholder = Anspruchsgruppe). Stakeholder können sein: Mitarbeiter, Kunden, Produktpartner usw. Eine solche Analyse hilft dir, einen Überblick zu bekommen, mit wem du interagierst und wer ein Interesse an dir hat. Diese Anspruchsgruppen befragst du im nächsten Schritt zur Nachhaltigkeit. So erhältst du einen ersten externen und internen Blick auf dein Unternehmen. Ermittle deinen CO_2-Fußabdruck soweit möglich. Erstelle eine Wesentlichkeitsanalyse. Sie zeigt, wo in deinem Geschäftsmodell Nachhaltigkeit wesentlich wirkt. Stelle, gern gemeinsam mit deinen Mitarbeiteren, alle Maßnahmen und Bemühungen zusammen, die du jetzt schon durchführst. Erfahrungsgemäß sind das schon viele. Wenn du mit den Methoden und Werkzeugen haderst, hol dir externe Beratung ins Haus!

Ausgehend von deiner grundsätzlichen Nachhaltigkeitsstrategie (defensiv oder impact-orientiert) und deinem Status quo entwickelst du deine **Gesamtstrategie**. Darin formulierst du, wie du ganz grundsätzlich mit Nachhaltigkeitsaspekten in deinem Betrieb umgehen willst und welche **Ziele** du aus dieser Haltung ableitest. Du weißt nun, wo du stehst und wo du hinwillst. Nun geht es um das »Wie«, also den Weg zu deinen Zielen.

Nachdem du deine Ziele aufgestellt hast, überträgst du sie in einen **Maßnahmenfahrplan**. Er dient der Kommunikation nach innen und außen. Mache ihn sichtbar in deinem Betrieb. Das erhöht einerseits den Druck, auch wirklich aktiv zu werden, und andererseits das Commitment deiner Mitarbeiter.

Eine zentrale Rolle in der Nachhaltigkeitsstrategie nimmt die **Berichterstattung** ein. Auch sie wirkt nach innen und außen. Damit erhöhst du die Verbundenheit aller Anspruchsgruppen mit ihrem Unternehmen. Eine gute Möglichkeit ist die Vorlage des BVK, den du online abrufen kannst unter dem Link: www.nachhaltiger-vermittlerbetrieb.de. Selbstverständlich kannst du auch andere Standards verwenden (wie z.B. nach DNK, abrufbar unter: www.deutscher-nachhaltigkeitskodex.de). Sie sind aber beide sehr ausführlich und dürften die meisten Kleinbetriebe überfordern. Veröffentliche deinen Bericht auf deiner Homepage, in deinem Blog und auf Social Media. Passe deinen Bericht jährlich an, indem du die Fortschritte (und Rückschritte) prüfst.

Wie lässt sich die Beratung nachhaltig gestalten?

Einer der wesentlichsten Aspekte der Nachhaltigkeit ist die Beratung. Entsprechend sollte hier also der Fokus auf Verbesserungen liegen. Konstituierend dafür ist zu erkennen, dass nachhaltige Finanzen ein ganz wesentlicher Teil von Nachhaltigkeit sind. Hier liegt aus unserer Sicht eine große Verantwortung der Makler. Dafür reicht jedoch der Blick nur auf den Ausschnitt der Versicherungen nicht aus. Um wirklich nachhaltig zu beraten, ist eine ganzheitliche Finanzberatung unerlässlich. Das heißt übrigens nicht, dass du zu jedem Thema beraten (und jedes Thema beherrschen) musst. Wenn du nicht jedes Thema abdecken kannst oder willst, brauchst du ein gutes Netzwerk.

Um zu einer nachhaltigen Beratung zu kommen, musst du die Perspektive vom Versicherungsprodukt zur Kundenlösung wechseln. Versicherungsprodukte können am Ende stehen. Sie sollten jedoch nie der Ausgangspunkt der Überlegungen sein. Die DIN 77230 (Basisanalyse für Privathaushalte) bietet dafür eine gute Grundlage. Sie stellt ein Framework zur Analyse und Priorisierung von Risiken in Privathaushalten dar. Die Ableitung von Lösungen und konkreten Produktempfehlungen obliegt weiterhin dir. Sie nimmt eine klare Priorisierung anhand von vier objektiven Prinzipien vor:

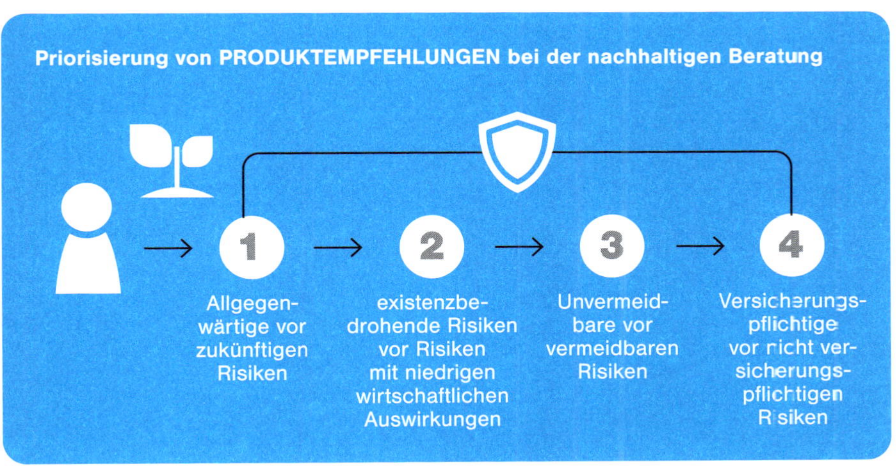

Abbildung 37: Priorisierung von Produktempfehlungen bei der nachhaltigen Beratung

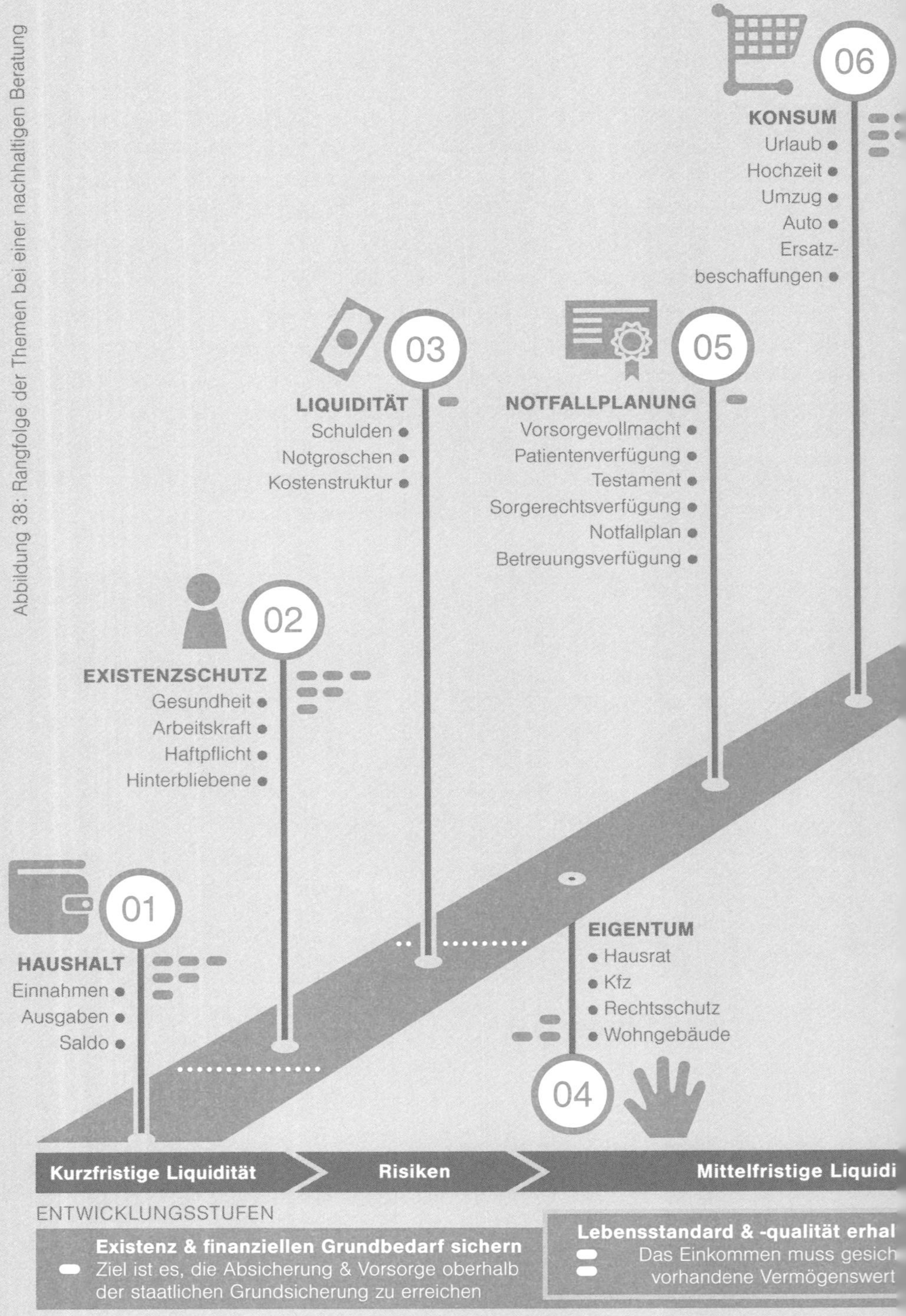

Abbildung 38: Rangfolge der Themen bei einer nachhaltigen Beratung

01 **HAUSHALT**
- Einnahmen
- Ausgaben
- Saldo

02 **EXISTENZSCHUTZ**
- Gesundheit
- Arbeitskraft
- Haftpflicht
- Hinterbliebene

03 **LIQUIDITÄT**
- Schulden
- Notgroschen
- Kostenstruktur

04 **EIGENTUM**
- Hausrat
- Kfz
- Rechtsschutz
- Wohngebäude

05 **NOTFALLPLANUNG**
- Vorsorgevollmacht
- Patientenverfügung
- Testament
- Sorgerechtsverfügung
- Notfallplan
- Betreuungsverfügung

06 **KONSUM**
- Urlaub
- Hochzeit
- Umzug
- Auto
- Ersatzbeschaffungen

Kurzfristige Liquidität › **Risiken** › **Mittelfristige Liquidi**

ENTWICKLUNGSSTUFEN

Existenz & finanziellen Grundbedarf sichern
Ziel ist es, die Absicherung & Vorsorge oberhalb der staatlichen Grundsicherung zu erreichen

Lebensstandard & -qualität erhal
Das Einkommen muss gesich
vorhandene Vermögenswert

Abbildung 38

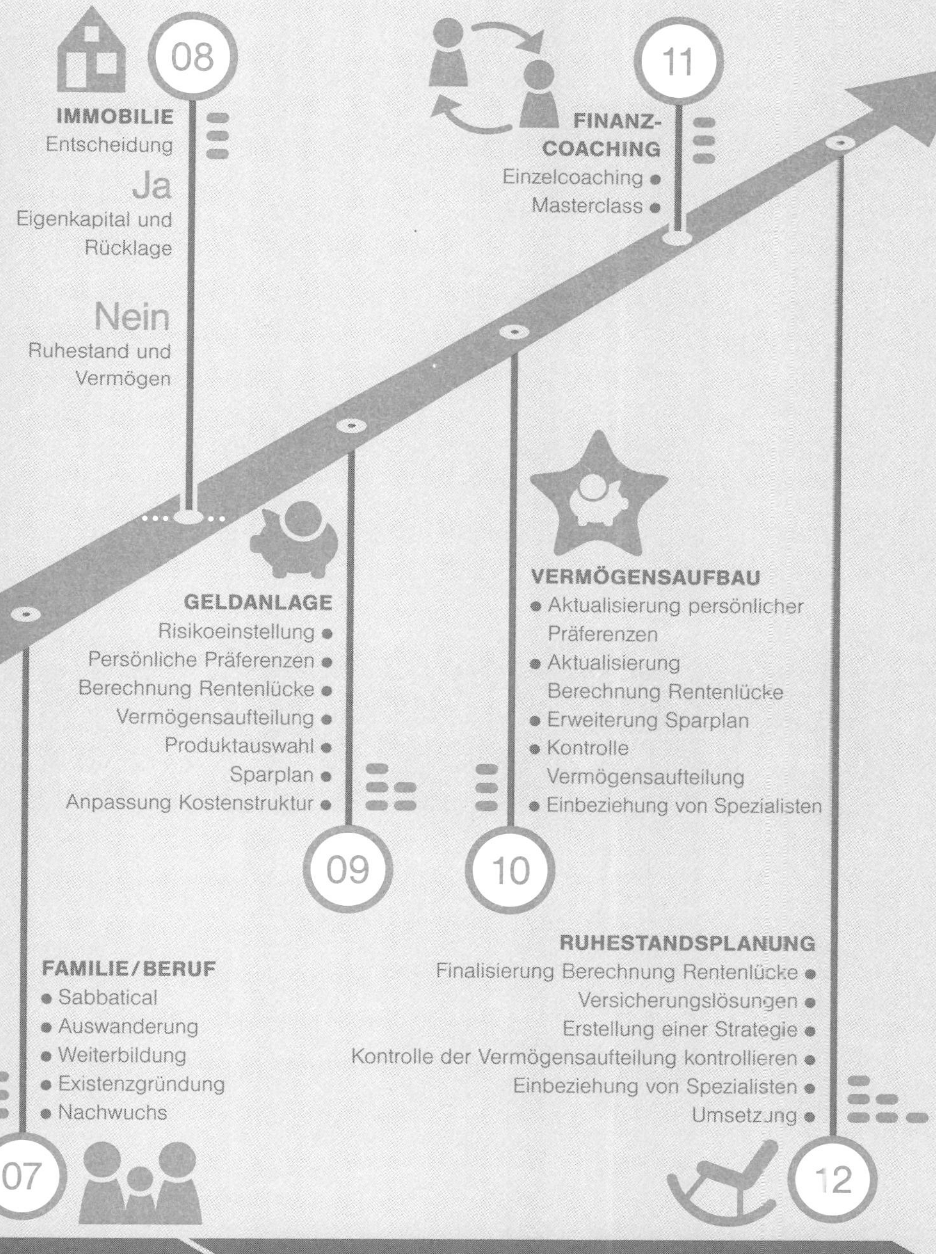

Langfristige Liquidität

ıüssen geschützt
orsorge für Ersatz
chaffen werden

Lebensstandard & -qualität ausbauen
Hier werden Sparziele berücksichtigt, die über dem heutigen Lebensstandard liegen

So gelingt es uns, die Finanzen unserer Mandanten nachhaltig und gesund aufzustellen. Oftmals sind Versicherungen dafür ungeeignet. Diese Aspekte stellen die für uns notwendige Bedingung für eine nachhaltige Beratung dar. Sie sind gewissermaßen das Fundament. Doch es fehlen noch die hinreichenden Bedingungen. Das sind aus unserer Sicht diese fünf:

- Bedarf und Bedürfnis des Mandanten im Mittelpunkt und nicht Ertragsinteressen
- Wertschätzende Beratungs- und Geschäftskultur mit dem Bewusstsein der eigenen sozialen, ethischen und ökologischen Verantwortung
- Aufklärung und Vermittlung von Nachhaltigkeits-Basics
- Abfrage und Berücksichtigung von Nachhaltigkeitspräferenzen
- Auswahl der Kooperations-/Netzwerkpartner anhand von Nachhaltigkeitskriterien

Wenn du die notwendigen und die hinreichenden Bedingungen erfüllst, leistest du einen erheblichen Beitrag zur Nachhaltigkeit. Konkret realisierst du damit fünf der SDG (siehe oben):

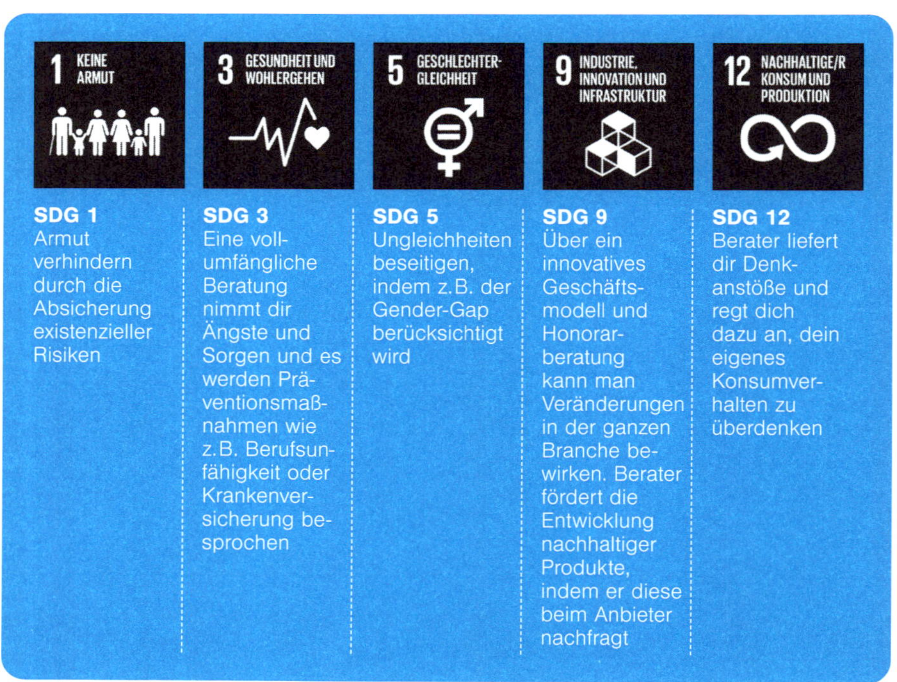

Abbildung 39: Die fünf SDG, die sich durch nachhaltige Beratung realisieren lassen

Wie klärt man die eigenen Kunden über Nachhaltigkeit auf?

Zu guter Letzt stellt sich noch die Frage, wie du deine Kunden über das komplexe Thema Nachhaltigkeit leicht verständlich und dennoch ausreichend aufklären kannst, sodass sie fundierte Entscheidungen treffen. Hier bieten sich zwei grundsätzliche Richtungen an: passiv und aktiv.

Mit dem Wort »passiv« meinen wir, dass du dem Kunden Informationen zum Beispiel auf der Homepage, auf deinem Blog, in einem Video, Newsletter oder auf einem Social-Media-Kanal adressatengerecht zur Verfügung stellst. Du produzierst einmal diesen Content und veröffentlichst ihn. Damit klärst du passiv, also ohne weiteres Zutun, auf.

Der Begriff »aktiv« bezeichnet dein Vorgehen im Rahmen eines Beratungsgesprächs. Hierfür kannst du entweder von Versicherern beziehungsweise Produktgebern bereitgestellte Informationen (defensive Strategie) nutzen oder selbst welche erstellen. Sofern du auf bestehende Lösungen zurückgreifen möchtest, kannst du dich auch den von uns mit Pfefferminzia erstellten Leitfaden anschauen.

Wie lässt sich der eigene Status quo ermitteln?

Die Stakeholder-Analyse sollte der Ausgangspunkt deiner Nachhaltigkeitsbemühungen sein. Eine Möglichkeit, relevante Stakeholder zu identifizieren, ist die Stakeholder-Map. Sie unterteilt die Stakeholder in direkte und indirekte Stakeholder sowie ein Umfeld. Für ein Maklerunternehmen könnte das beispielsweise so aussehen:

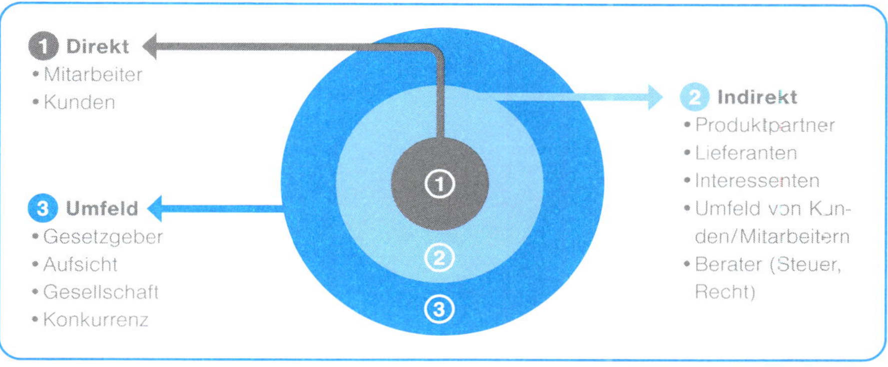

Abbildung 40: Die Stakeholder-Analyse als Ausgangspunkt der Nachhaltigkeitsbemühungen

Es geht zunächst nur darum herauszufinden, wer alles ein Interesse am Unternehmen beziehungsweise Ansprüche darauf hat, und auch, an wem das Unternehmen Interesse hat. Im zweiten Schritt bringst du in Erfahrung, was Vertreter dieser Anspruchsgruppen zum Thema Nachhaltigkeit erwarten oder sich wünschen und wie du dein Unternehmen dahingehend einschätzt. Das kannst du über persönliche Gespräche, Telefonate, Veranstaltungen oder eine Umfrage herausfinden. Außerdem kannst du die Studien und die Fachpresse dahingehend untersuchen. Stelle die Ergebnisse deiner Selbsteinschätzung gegenüber. Stelle gegebenenfalls gemeinsam mit deinen Mitarbeitern alle Bemühungen und Maßnahmen zusammen, die du bereits umsetzt.

Die Wesentlichkeitsanalyse dient dazu, relevante Punkte für die Veränderung herauszufinden. Es ist schön, wenn du Bäume pflanzt oder eine Tierpatenschaft übernimmst. Das ist jedoch nicht wesentlich. Dafür nutzt du einerseits die Erkenntnisse aus deiner Stakeholder-Analyse und andererseits aus deiner Selbsteinschätzung. Frage dich hierfür:

1. Welche Aktivitäten des Vermittlerbetriebes sind mit ökologischen und sozialen Problemen des Umfelds verknüpft? (»Inside-out-Perspektive«)
2. Welche ökologischen und gesellschaftlichen Einflüsse wirken von außerhalb des Vermittlerbetriebes auf das Geschäftsmodell ein? (»Outside-in-Perspektive«)

Für die Swiss Life sieht die Wesentlichkeitsmatrix beispielsweise so aus:

Abbildung 41: Wesentlichkeitsmatrix am Beispiel der Swiss Life

Du kannst die Matrix auch gemeinsam mit Mitarbeitern und/oder externen Stakeholdern ausfüllen. Du brauchst jedoch eine grundlegende Kenntnis über die Nachhaltigkeitsthemen. Hier kann externe Unterstützung sinnvoll sein.

Den Hand- oder Fußabdruck des Betriebs zu ermitteln ist nicht ganz einfach. Zunächst ist wichtig zu wissen, dass es drei Geltungsbereiche gibt:

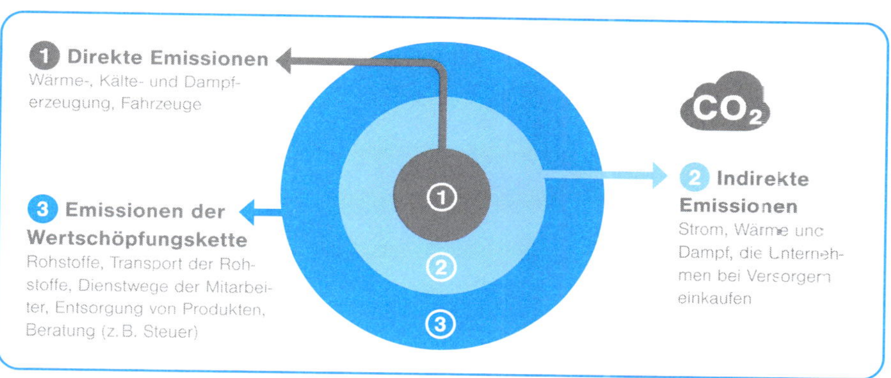

Abbildung 42: Drei Geltungsbereiche bei der Ermittlung des Nachhaltigkeitsfußabdrucks

Scope 1 spielt für Maklerbetriebe als Dienstleistungsunternehmen in der Regel eine untergeordnete Rolle. Scope 2 trifft zu, da du ein Büro oder Homeoffice hast. Wesentlich sind die Emissionen hier jedoch ebenfalls nicht. In Erfahrung bringen kannst du diese über deinen Versorger. Die größten Emissionen dürften in Scope 3 anfallen. Diese lassen sich zum aktuellen Zeitpunkt jedoch nicht oder nur unzureichend ermitteln. Für einige Emissionen gibt es mittlerweile Online-Rechner. Ansonsten sind die IHKs ein Ansprechpartner.

Aus unserer Sicht ist eine externe Beratung bei der Analyse des Status quo durchaus ratsam. Erstens kannst du dir auf diese Weise die nötige Expertise einkaufen, sparst Zeit und erhältst oftmals einen objektiveren Blick, als wenn du die Analyse selbst vornehmen würdest.

Wie kommt man zur eigenen Strategie?

Die Nachhaltigkeitsstrategie sollte sich in deine Gesamtstrategie einfügen. Als Gesamtstrategie begreifen wir das Geschäftsmodell. Vorab sollte also dein Geschäftsmodell klar sein. Sofern das noch nicht der Fall ist, hier die Kurzübersicht, welche Themen zum Geschäftsmodell gehören:

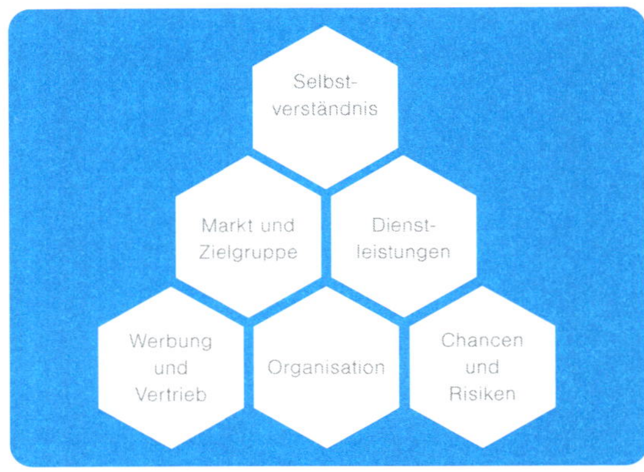

Abbildung 43: Themen im Maklerbüro, die zum Geschäftsmodell gehören

Alternativ oder ergänzend kannst du dein Geschäftsmodell auch mit dem Business Model Canvas beschreiben.

Ausgehend von deinem aktuellen Geschäftsmodell beschreibst du nun:

- welche Bedeutung Nachhaltigkeit für das eigene Geschäftsmodell hat,
- ob bereits eine Nachhaltigkeitsstrategie verfolgt wird,
- ob irgendwelche Standards dabei angewendet werden und welche das gegebenenfalls sind,
- wie darüber berichtet wird oder werden soll.

Die Strategie erklärt das »Wie«, davon lassen sich Maßnahmen als das »Was« ableiten. Berücksichtige dabei die Wesentlichkeit (siehe oben).

Erkläre weiterhin:

- welche Bestandteile der eigenen Wertschöpfung auf Nachhaltigkeitsaspekte ausgerichtet werden;
- ob geprüft wird, dass Geschäftspartner Nachhaltigkeitsaspekte berücksichtigen;
- ob geprüft wird, dass die vermittelten Produkte Nachhaltigkeitsaspekte berücksichtigen;
- ob und wie diese Prüfung Auswirkungen auf die Geschäftstätigkeit der Beratung und Vermittlung hat.

Ein zentraler Punkt, vor allem wenn du Versicherungsanlageprodukte (VAP) vermittelst, ist die Umstellung der Produktpalette. Prüfe zunächst, welche Produkte du im Portfolio hast (Versicherungen, Anlagen, Immobilien usw.) und welche Kundengruppen welche

Produkte am meisten nachfragen. Prüfe als Nächstes, welche Produkte wesentlich sind (siehe oben). Anschließend untersuchst du den Markt, zu welchen Produkten es nachhaltige Alternativen gibt und welche Standards du anlegen möchtest.

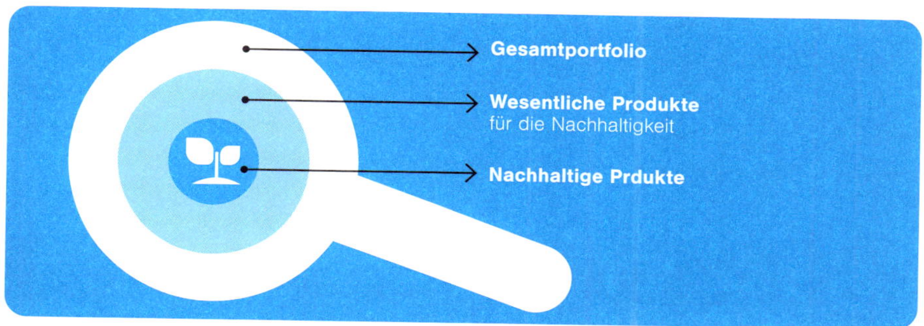

Abbildung 44: Die Suche nach nachhaltigen Produktalternativen

Mit diesen Produkten startest du. Die zweite Gruppe nimmst du in die mittelfristige Planung hinein. Wo es keine (sinnvollen) nachhaltigen Alternativen gibt, solltest du zumindest deine Kunden darüber aufklären.

Den Wandel durchzuführen, ohne die Organisation mitzunehmen, wird nicht gelingen. Es ist also entscheidend, deine internen Stakeholder wie Mitarbeiter und/oder Gesellschafter frühzeitig ins Boot zu holen. Das gelingt einerseits, indem du sie in die Transformation einbeziehst, wie oben bei der Status-quo-Analyse gezeigt, und indem du das Unternehmen insgesamt transformierst. Das gelingt mit der richtigen Firmenkultur und -politik. Sie sollte (wie oben geschrieben) Gegenstand der Geschäftsmodellbeschreibung sein. Das können Leitplanken und Regeln sein, zum Beispiel dass regionale Anbieter oder Lieferanten gegenüber den überregionalen vorzuziehen sind, auch wenn sie teurer sind. Das kann auch eine einfache Heuristik wie »Bestands- vor Neukunde« sein. Wichtig ist: Das muss gelebt und nicht nur geschrieben sein. Eine klare Unternehmensvision, -mission und -ethik komplettiert das Ganze und sorgt für Identifikation der Mitarbeitenden.

Wie lassen sich gute Ziele definieren?

Damit die Strategie greifbar wird, sind gute Ziele erforderlich. Das gelingt am besten mit Zielen, die SMART sind:

Spezifisch: Was genau? Wie genau sieht das Ergebnis aus? Nicht: »Feststellen, was wichtig ist«, sondern: »Erstellung einer Prioritätenliste«.

Messbar: Nicht nur bei quantitativen Zielen: »Umsatzsteigerung um 2 Prozentpunkte«, sondern auch bei qualitativ messbaren Größen: »Verdoppelung der Anzahl zufriedener Kunden bei jährlicher Kundenzufriedenheits-Befragung«.

Attraktiv: Einbeziehung der Adressaten in die möglichst gemeinsame Zielformulierung, um Widerstand bei der Zielverfolgung zu vermeiden. Nicht: »Wir wollen 10 Prozent Mülltrennung«, sondern: »Wir wollen 100 Prozent Mülltrennung«.

Realistisch: Ziele müssen so formuliert sein, dass sie quantitativ und qualitativ auch tatsächlich erreichbar sind. Nicht: »Wir wollen morgen nur noch nachhaltige Produkte vermitteln«, sondern: »Wir wollen Nachhaltigkeit bei jedem Termin ansprechen«.

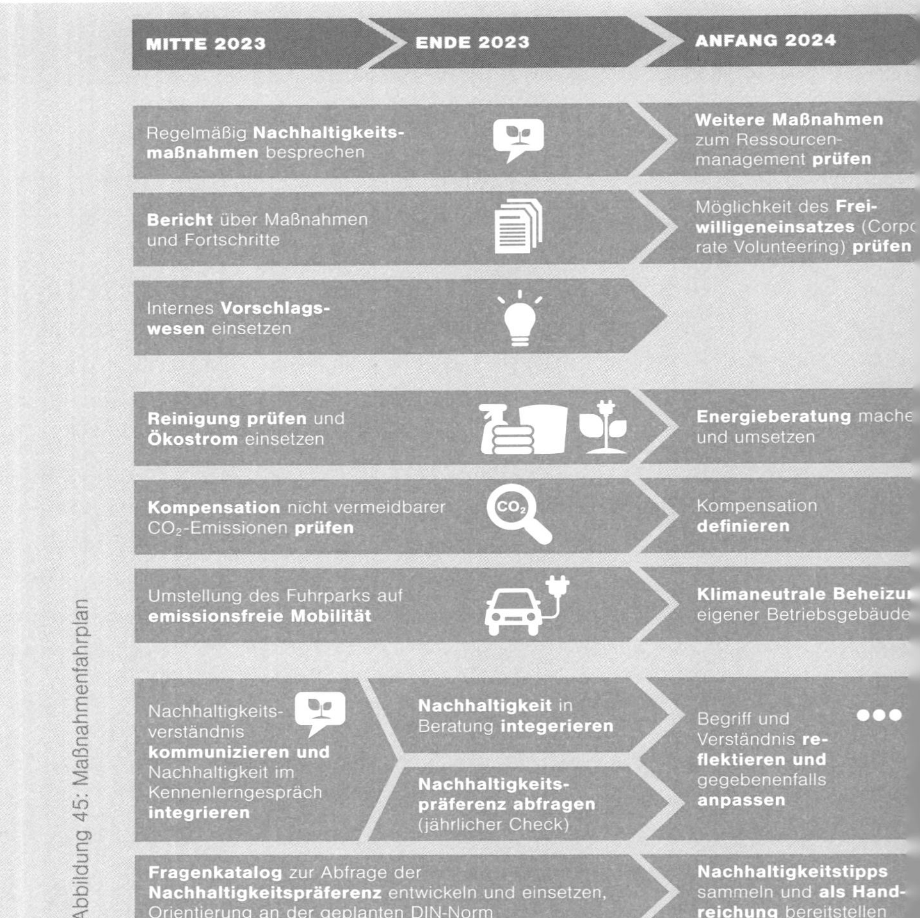

Abbildung 45: Maßnahmenfahrplan

Terminiert: Zielvorgaben ohne Angabe des Zeitpunkts, zu dem sie fällig sind, bleiben ungefähr und unverbindlich, vor allem aber: nicht überprüfbar. Nicht: »Wir wollen mit jedem Bestandskunden über Nachhaltigkeit sprechen«, sondern: »Wir wollen mit jedem Bestandskunden bis 31.12. über Nachhaltigkeit gesprochen haben«.

Wie wird ein Maßnahmenfahrplan erstellt?

Ausgehend von der Strategie und ihren Zielen erstellst du den Maßnahmenfahrplan. Er kann so aussehen:

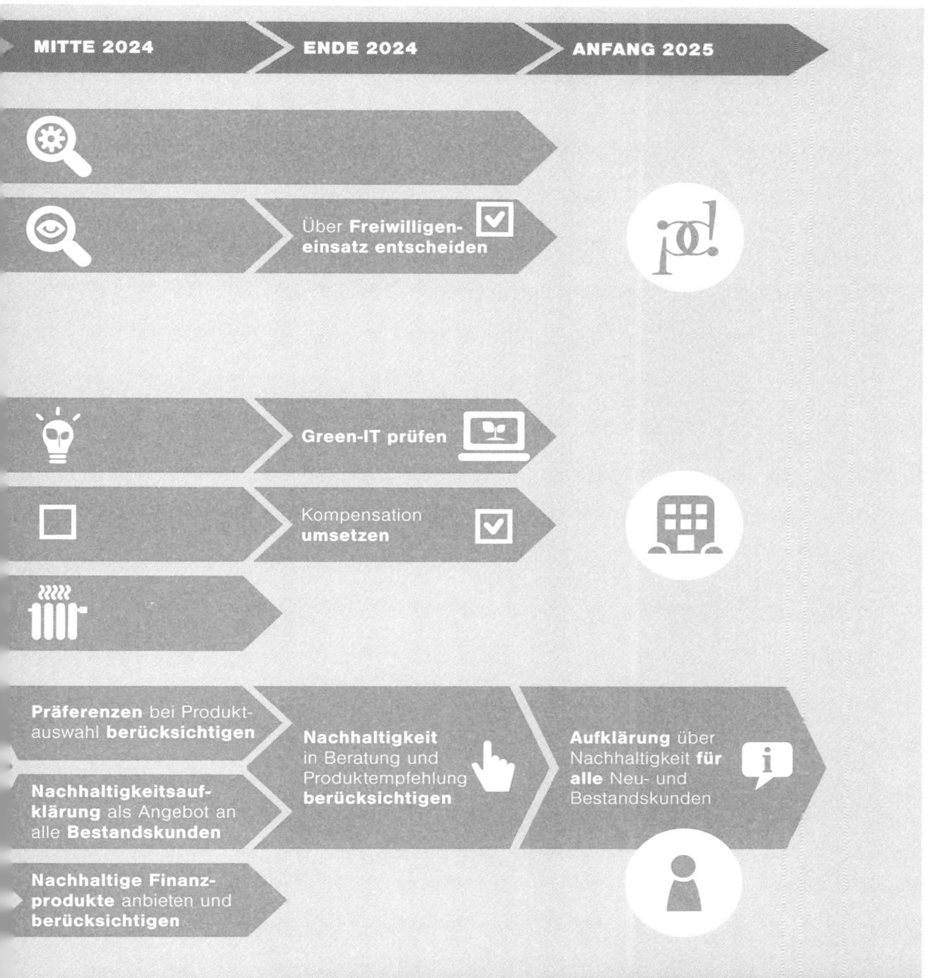

Einzelmaßnahmen sind hervorragend, um zu zeigen, dass du es ernst meinst. Sie dürfen nur nicht einzeln bleiben, sondern sollten in eine Gesamtstrategie eingebettet sein. Wir fassen das unter dem Begriff Green Office zusammen. Was du konkret tun kannst:

1. Energieberatung durchführen lassen
2. Ökostromanbieter wählen
3. Raumtemperatur senken
4. Klimaanlage herunterdrehen
5. den Mitarbeitern ein Jobticket oder Betriebsrad statt eines Dienstwagens anbieten
6. Videoberatung durchführen, statt Kundenbesuche zu machen
7. Flugreisen reduzieren, Zug nutzen
8. Suchmaschine Ecosia benutzen
9. Mit einem papierlosen Büro, doppelseitigem Druck und der Akzeptanz von Graustufen statt Farbdruck den Verbrauch von Papier und Toner reduzieren
10. Reinigung prüfen
11. Bio-/Fairtrade-Produkte anbieten
12. Müll konsequent trennen
13. Hafer-, Mandel-, Soja-Milch anbieten
14. Leitungswasser statt Mineralwasser trinken
15. Betriebliches Gesundheitsmanagement anbieten
16. Vereinbarkeit von Familie und Beruf fördern, zum Beispiel durch flexible Arbeitszeiten
17. Angestellte, Partner und Kunden sensibilisieren
18. über die Plattform Wecanhelp einkaufen
19. Buchhaltung umstellen
20. kochen, anstatt sich von Fast-Food zu ernähren
21. ein Sharing-Regal nutzen

Wie werden die eigenen Nachhaltigkeitsbemühungen öffentlich?

Hierfür eignet sich, wie im vorigen Beitrag geschrieben, der Nachhaltigkeitsbericht des BVK. Er besteht aus folgenden Elementen:

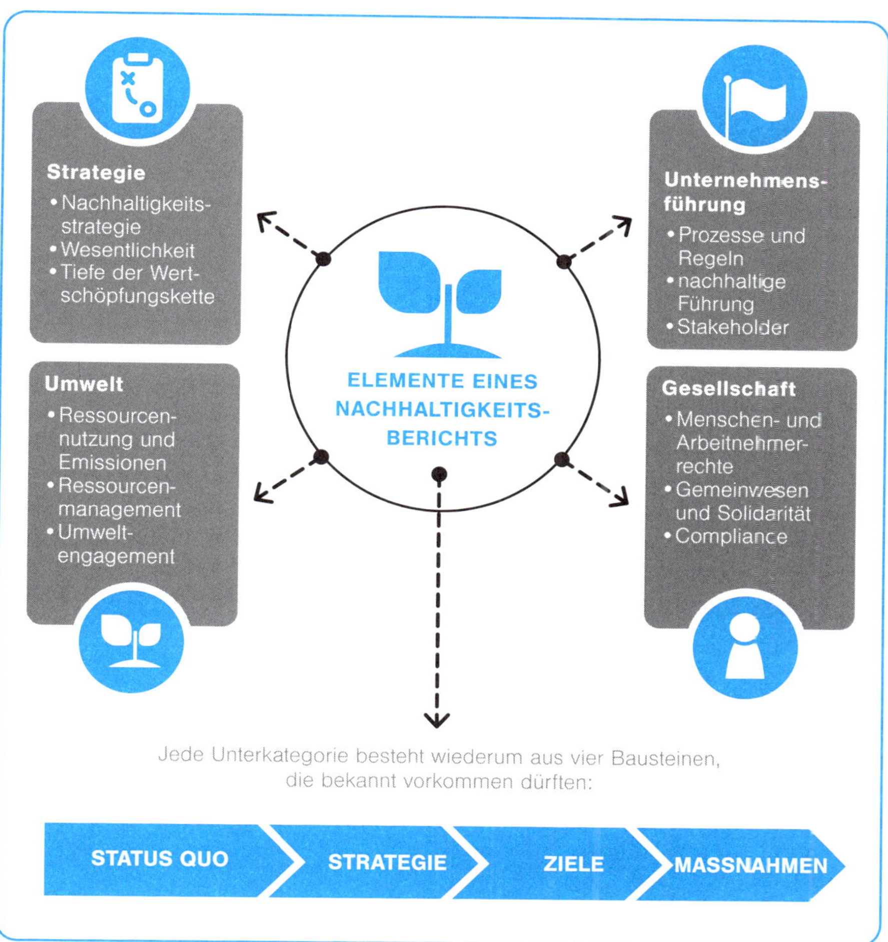

Abbildung 46: Elemente eines Nachhaltigkeitsberichts

Wenn du deine Nachhaltigkeitsstrategie, Ziele und Maßnahmen für dich definiert hast, fällt das Ausfüllen der Vorlage denkbar leicht. Mache deinen Bericht mit Fotos und Bildern anschaulicher und greifbarer.

Nachhaltigkeitsbemühungen eignen sich ganz besonders für die dialogorientierte Kommunikation mit Kunden und Interessenten via Social Media. Das kann die Begleitung der internen Workshops oder die Umsetzung konkreter Maßnahmen sein. Erzähle authentische Geschichten. Biete einen exklusiven Blick hinter deine Kulissen. Ein besseres Branding wird es kaum geben.

Wie lässt sich die Präferenzabfrage umsetzen?

Bevor es an die Präferenzabfrage geht, solltest du deine Kunden aufklären. Vor allem der Begriff ESG sollte erläutert werden, da er zentral für die Präferenzabfrage ist. ESG ist ein Akronym und steht für:

- Ecological (ökologisch),
- Social (Soziales),
- Governance (Gute Unternehmensführung).

Anhand dieser Aspekte sollen sich nachhaltige Unternehmen und Anlageziele beziehungsweise Finanzprodukte unterscheiden lassen. Nun gibt es jedoch ein gewichtiges Problem: Bislang gibt es keine einheitlichen Definitionen oder Standards, was genau sozial ist oder was als gute Unternehmensführung angesehen werden darf und damit nachhaltig ist. Wir finden: Das solltest du in der Aufklärung oder Beratung proaktiv kommunizieren. Die Versicherungswirtschaft steht noch ziemlich am Anfang, was Nachhaltigkeit anbelangt. Lediglich auf der Ebene der Ökologie gibt es eine Taxonomie. Governance wird dabei gar nicht zur Disposition gestellt, sondern einfach vorausgesetzt. Man kann also nicht ein Unternehmen oder Produkt auswählen, das Governance als Ziel hat. Das führt zu folgendem Schema bei der Bewertung von VAP:

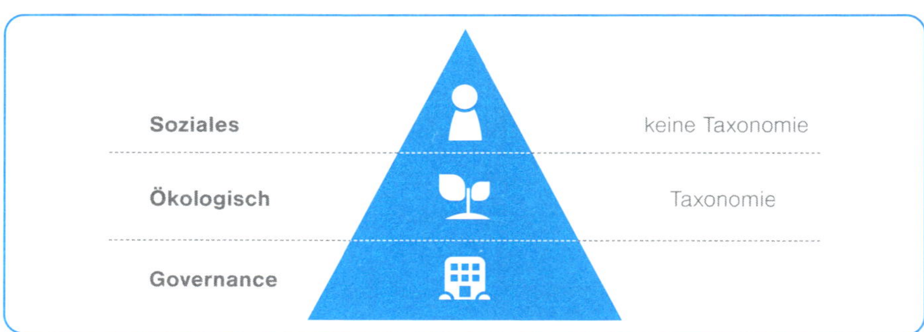

Abbildung 47: Bewertungsschema

Du hast zusammen mit deinem Kunden nun vier Möglichkeiten, in welchem Rahmen ihr Nachhaltigkeit bei der Produktauswahl von VAP berücksichtigen könnt:

1. Das Thema Nachhaltigkeit kann dem Kunden komplett egal sein. Dann kommen logischereise alle Produkte in die Auswahl.
2. Der Kunde kann schädliche Auswirkungen vermeiden wollen. Das sind die sogenannten PAI- (Principal Adverse Impacts oder wesentliche nachteil ge Auswirkungen) oder C-Produkte.
3. Der Kunde kann einen einfachen Beitrag zur Erreichung eines sozialen oder ökologischen Ziels wollen. Dann sind wir im Bereich der Offenlegungs- oder B-Produkte (SFDR = Offenlegungsverordnung).
4. Oder aber der Kunde möchte einen wesentlichen Beitrag zur Erreichung eines ökologischen Ziels leisten. Dann sind wir im Bereich der Taxonomie- oder A-Produkte. Da es für den sozialen Bereich erst ab 2027 eine Taxonomie geben soll, können bei den A-Produkten derzeit nur ökologische Ziele berücksichtigt werden.

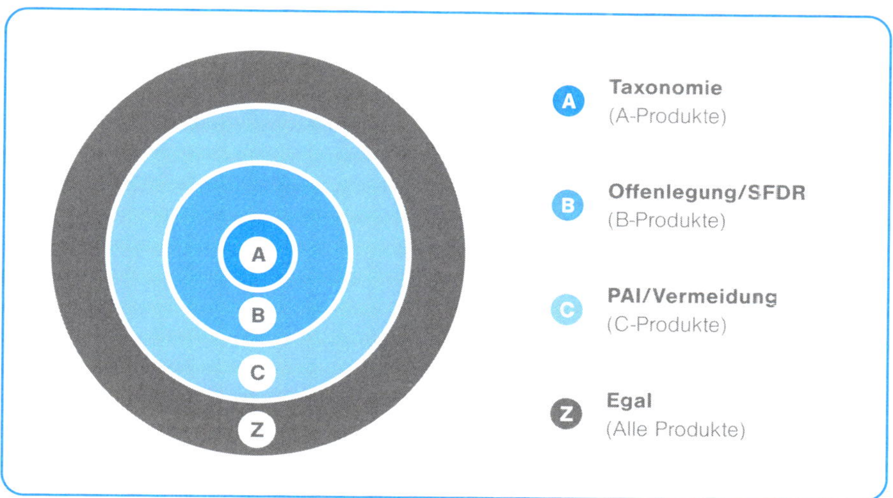

Abbildung 48: Die vier Möglichkeiten der Produktauswahl – je nach Präferenz des Kunden

Davon leiten wir ein Schema zur Präferenzabfrage ab:

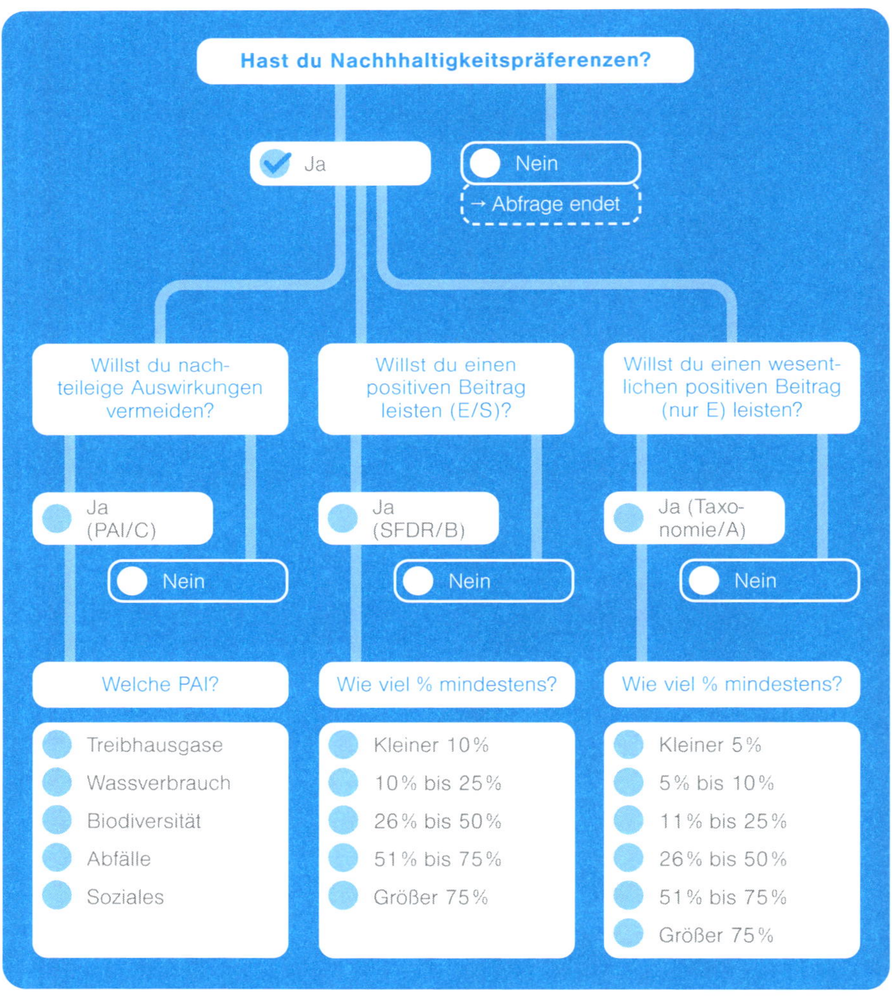

Abbildung 49: Schema für die Präferenzabfrage

Wichtig: Dieses Schema gilt bislang nur für die VAP. Für alle anderen Bereiche wie biometrische Versicherungen, Kranken- oder Sachversicherungen gibt es keine Standards.

Wonach richtet sich die Auwahl geeigneter Produkte?

Zunächst solltest du dich fragen, ob du einen Filter in deine Anbieterauswahl einbaust. Als Makler musst du zwar den gesamten Markt berücksichtigen. Du kannst jedoch selbstverständlich bestimmte Anbieter aufgrund schlechter Kennzahlen oder Erfahrungen nicht in die engere Auswahl nehmen. Du musst das nur dokumentieren. Genau so kannst du dich bezüglich der Nachhaltigkeit verhalten. Einen Vorschlag für K.-o.-Kriterien haben wir bereits vorgestellt. Einen ersten Eindruck über die Nachhaltigkeit von (wenigen) Versicherern findest du im Fairfinance-Guide, der im Internet unter der folgenden Adresse abrufbar ist: www.fairfinanceguide.de/ffg-d_pensions.

Die Produktgeber sind verpflichtet, die nötigen Informationen bereitzustellen. Sie ergänzen damit die bisherigen Produktinformationsblätter. Du kannst also (eingeschränkt) die Präferenzen des Kunden mit den Angaben der Anbieter vergleichen und bei Übereinstimmung die entsprechenden Produkte auswählen.

Weiterhin bieten erste Vergleichsprogramme Nachhaltigkeitsprüfungen an. Letztlich haftest du aber weiterhin für die Korrektheit. Du kommst also nicht umhin, zumindest nachzuvollziehen, was genau der Vergleicher verglichen hat.

Nun solltest du in der Lage sein, Nachhaltigkeit auf normativer, strategischer und operativer Ebene umzusetzen.

SCHLUSSWORT

Herzlichen Glückwunsch, du hast es geschafft! Wir hoffen, das Buch konnte dir gewinnbringende Einblicke in die Zielgruppe der Generation Y geben und dir zeigen, wie du sie erreichen, beraten und begeistern kannst.

Natürlich kann ein Buch nur Impulse und Denkanstöße zur Veränderung geben. Der weitaus schwierigere und größere Teil der Arbeit kommt jetzt: die Umsetzung.

Bevor du dieses Buch zur Seite legst und ins Regal stellst, solltest du noch ein paar Minuten deine Motivation hochhalten und aktiv werden. Nimm dir ein leeres Blatt Papier und einen Stift. Notiere dir jetzt:

- was du konkret gelernt hast;
- was dich überrascht hat;
- welche Erkenntnis du als am wichtigsten für deinen zukünftigen Erfolg erachtest;
- was sich konkret für dich ändern könnte, wenn du bei der Zielgruppe Generation Y erfolgreich bist;
- was du jetzt, morgen, in einer Woche, in einem Monat und in einem Jahr machen willst, um die Zielgruppe für dich zu erschließen.

Nutze das Blatt als Gedächtnisstütze, Motivation und Maßnahmenfahrplan für deinen persönlichen Weg zur Generation Y.

Wir wünschen dir dabei gutes Gelingen und viel Freude. Folge uns gern bei LinkedIn oder dem Fachmagazin *Pfefferminzia*.

ANMERKUNGEN

1 AOK+: https://www.aok.de/pk/plus/inhalt/bonusprogramm/
2 http://www.bu.edu/articles/2014/bu-research-riddle-reveals-the-depth-of-gender-bias/
3 Statista 2020
4 Statistisches Bundesamt 2012
5 Statistisches Bundesamt 2012
6 Umfrage AssCompact bbg 2020
7 https://www.destatis.de/DE/Themen/Arbeit/Arbeitsmarkt/Qualitaet-Arbeit/Dimension-1/gender-pay-gap.html
8 https://www.boeckler.de/pdf/p_wsi_report_38_2017.pdf
9 Statistisches Bundesamt Mikrozensus 2010
10 Statistisches Bundesamt 2012
11 AssCompact 02/2016, Seite 86 f.
12 https://www.cash-online.de/investmentfonds/2018/drei-mythenmillennials-finanzen/441831
13 https://www.cash-online.de/versicherungen/2018/studie-digitalemedien-stressen-mehr-als-jeden-dritten-jungen-bundesbuerger/442380
14 https://onlinemarketing.de/news/aufmerksamkeit-goldfisch-mythos
15 Pfefferminzia 10.11.2016
16 https://www.pfefferminzia.de/studie-millennials-ziehen-offline-beratung-vor/
17 YouGov Marktforschung zum Online-Kaufverhalten Versicherung im Auftrag der BCG, 2019
18 Bitkom Research
19 Studie Nürnberger und FAZ-Institut 2018
20 Deutsche Rentenversicherung 2017
21 Studie »Junge Erwachsene & Versicherungen 2017« von YouGov
22 https://diefarbedesgeldes.de/triodos-bank-legt-co2-fussabdruck-von-krediten-und-investments-offen/?fbclid=IwAR06u7uzf8S7q8SCtXTiVUveUxOgEGwLF0w0VoCzjkiltCBdP9zUURPl0CQ
23 https://www.adfc.de/neuigkeit/kosten-nutzen-analyse-auto-vs-rad/
24 https://de.statista.com/statistik/daten/studie/1323581/umfrage/beliebteste-informationsquellen-der-generation-y-zum-thema-finanzen/
25 Quelle: YouGov Deutschland – Repräsentative Studie, an der 5.069 Personen im November 2020 teilnahmen
26 http://vjournal.de/-121626
27 https://www.cash-online.de/wp-content/uploads/2013/04/Grafik_Jugend-Studie_TNS_Metall-Rente.jpg
28 Capital, 24.08.2019
29 https://www.brandeins.de/magazine/brand-eins-wirtschaftsmagazin/2019/qualitaet/wieso-sollte-man-ein-tor-bewerten
30 https://goodimpact.eu/dialog/kommentar/polycore-studie-die-leute-wollen-einen-unterschied-machen
31 https://heuteundmorgen.de/wp-content/uploads/2022/12/PM_HUM_FDL_Nachhaltigkeit_GenZ_2022_fin.pdf
32 https://www.presseportal.de/pm/139186/5304939

STICHWORTVERZEICHNIS